Raum und Recht

bibliothek altes Reich

Herausgegeben von
Anette Baumann,
Stephan Wendehorst und
Siegrid Westphal

Band 29

Raum und Recht

Visualisierung von Rechtsansprüchen
in der Vormoderne

Herausgegeben von Anette Baumann,
Evelien Timpener und Sabine Schmolinsky

DE GRUYTER
OLDENBOURG

Gefördert durch das Hessische Ministerium der Justiz

ISBN 978-3-11-068329-5
e-ISBN (PDF) 978-3-11-068342-4
e-ISBN (EPUB) 978-3-11-068350-9
ISSN 2190-2038

Library of Congress Control Number: 2020935554

Bibliografische Information der Deutschen Nationalbibliothek
Die Deutsche Nationalbibliothek verzeichnet diese Publikation in der Deutschen Nationalbibliografie; detaillierte bibliografische Daten sind im Internet über http://dnb.dnb.de abrufbar.

Einbandabbildung: Eine Beweiskommission bei der Arbeit: Ein Notar protokolliert die Zeugenaussagen. Detail aus der Augenscheinkarte Thüngen gegen Würzburg Bay. HStA München, PlSlg 10788, Jakob Cay 1584
Druck und Bindung: CPI books GmbH, Leck

www.degruyter.com

Vowort

Vorliegender Band beruht auf der Tagung „Raum und Recht“, die vom 13. bis zum 15. September 2018 in den Räumen der Forschungsstelle der Gesellschaft für Reichskammergerichtsforschung in Wetzlar abgehalten wurde. Am Gelingen der Tagung und der Verwirklichung des Bandes waren zahlreiche Personen und Institutionen beteiligt. Ihnen allen möchten die Herausgeberinnen an dieser Stelle ihren herzlichen Dank aussprechen.

Zuerst möchten wir dem Hessischen Ministerium der Justiz herzlich danken. Sie hat sowohl die Tagung als auch den vorliegenden Tagungsband finanziert. Besonders bedanken möchten wir uns auch bei der Gesellschaft für Reichskammergerichtsforschung. Sie hat Räumlichkeiten und Personal zur Verfügung gestellt.

Tagungen und Tagungsbände bedürfen der konzisen Vorbereitung, Absprache und Koordinierung. Andrea Müller, die schon seit mehr als 20 Jahren als Sekretärin der Gesellschaft arbeitet, sei hier besonderer Dank für ihre zuverlässigen und hilfsbereiten Dienste ausgesprochen. Auch Lena Frewer sei gedankt. Sie hat als wissenschaftliche Hilfskraft die Realisierung des Tagungsbandes begleitet.

Unser Dank gilt auch den Reihenherausgebern für die Aufnahme in die Reihe bibliothek Altes Reich und Frau Neuhoff vom Oldenbourg Verlag/De Gruyter. Nicht zuletzt schulden wir den Autorinnen und Autoren unseren allerherzlichsten Dank für die konstruktive und gute Zusammenarbeit.

Wetzlar im März 2020 — Die Herausgeberinnen

https://doi.org/10.1515/9783110683424-001

Inhalt

Anette Baumann, Sabine Schmolinsky und Evelien Timpener

Einführung

Am Donnerstag, den 3. November 1558 nahm eine Gruppe von Menschen eine Weide unweit des Dorfes Niederdorfelden in Augenschein. An der Inspektion der umstrittenen Wiese waren, im Rahmen eines Prozesses am Reichskammergericht, Personen von unterschiedlichem Rang und Stand beteiligt: Die Prozessparteien[1], ihre Anwälte, die vereidigten Zeugen und die Mitglieder der eigens dazu benannten Beweiskommission.[2] Ab diesem 3. November sind verschiedene Handlungen im Raum und im Recht erkennbar: Der Raum wurde abgeschritten und die Begehung wurde in einem Protokoll verschriftlicht und später als Karte visualisiert. Zur Verdeutlichung wurde die umstrittene Wiese mit der Aufschrift *das felt darumb man zankt* versehen (siehe Abb. 1).[3]

Abb. 1: HStA Darmstadt, P I 2190.

Das obengenannte Beispiel illustriert nicht nur die enge Verbindung zwischen Raum und Recht, sondern auch die performativen Handlungen und medialen Konfigurationen, welche die Begehung ausmachen. Linien und Flächen erzeugende Bewegungen der Körper im Raum, die überdies der besonderen raumzeit-

1 Die Prozessparteien: Der Hanauer Amtmann Philip von Budenheim vs. Burggraf Johann Brendel von Homburg und die Baumeister der Burg Friedberg.

2 Vgl. HStA Marburg, Bestand 81, Nr. D 1/24, f. 33 ff; HStA Darmstadt, Bestand F 3, 22/1.

3 Karte in: HStA Darmstadt, P 1, Nr. 2190.

https://doi.org/10.1515/9783110683424-002

lichen Bedingung, alle zu gleicher Zeit am gleichen Ort anwesend sein zu müssen, unterworfen sind, konstituieren die Begehung. Vor dem Hintergrund eines Geflechts mündlicher Äußerungen wird auf der Basis einschlägiger Formulare und Formeln ein Protokoll erzeugt, das die gewesenen Kommunikationen und Argumentationslinien bündelt. Der Repräsentanz behaupteter Sachverhalte in Sprache und Schrift wird, medial anders verfasst, eine Karte als Visualisierung zur Seite gestellt. In mancher Karte wird der Weg der Begehung oder gar die Kommission abgebildet (Abb. 2).

Da sich die Praktiken der Inaugenscheinnahme und der Regionalkartographie auch auf Verwaltung, Jurisprudenz, Theorien zur Evidenz und Augenzeugenschaft sowie außergerichtliche Verfahren auswirkten, werden diese Themenbereiche in dem vorliegenden Band von unterschiedlichen Disziplinen aus betrachtet. Zusammengeführt werden hierzu historische, kunsthistorische, kartographiegeschichtliche, rechtshistorische und archivarische Überlegungen zu Raum und Recht. Da die verschiedenen Herrschaftsinteressen in Bezug auf den regionalen Raum besonders in der Periode zwischen 1450 und 1800 in der schriftlichen wie auch visuellen Überlieferung sichtbar geworden sind, findet dieser Zeitraum im vorliegenden Tagungsband besondere Beachtung: Gerade der regionale und der lokale Raum waren eng mit Rechtsansprüchen und Gerichtsbarkeit verbunden und wurden seit dem späten Mittelalter zunehmend mit Hilfe von räumlichen Visualisierungen dargestellt.[4]

Zwar hat die Forschung seit dem sogenannten *spatial turn*[5] das Thema der Regionalkartographie immer wieder in Zusammenhang mit dem fürstlichen Ver-

---

4 Wie Paul D.A. Harvey bereits in den 1980er Jahren eindrucksvoll beschrieb, hat die Lokal- und Regionalkartographie seit dem 15. Jahrhundert einen starken Aufschwung in Europa genommen: *P.D.A. Harvey:* Local and Regional Cartography in Medieval Europe, in: J.B. *Harley/David Woodward* (Hrsg.), The History of Cartography, Bd. 1: Cartography in Prehistoric, Ancient, and Medieval Europe and the Mediterranean. Chicago 1987, S. 464–501, hier S. 464. Besonders seit dem letzten Viertel des 15. Jahrhunderts kamen immer schneller neue Karten hinzu: Vgl. *David Woodward:* Cartography and the Renaissance: Continuity and Change, in: *David Woodward* (Hrsg.), The History of Cartography, Bd. 3.1: Cartography in the European Renaissance. Chicago/London 2007, S. 3–24, hier S. 11. Die Neuentdeckung und Ausgabe einer koordinatenbasierten Abhandlung von Claudius Ptolemäus im 15. Jahrhundert befeuerte sowohl die Kartographie als auch die Geographie, besonders in Italien. Vgl. *P.D.A. Harvey:* The History of Topographical Maps. Symbols, Pictures and Surveys. London 1980, S. 74–75.

5 Im Rahmen des sogenannten *spatial turn* haben sich, seit den 1980er Jahren, die Geographie und die Sozial- und die Kulturwissenschaften (wie auch einige andere Fächer) unter Einbeziehung von Raum und Zeit einander erneut interdisziplinär zugewandt. An dieser Stelle wird auf eine Auflistung der zahlreichen Publikationen zu diesem *turn* verzichtet und stattdessen auf die folgenden Übersichten verwiesen: *Jörg Döring/Tristam Thielmann:* Einleitung: Was lesen wir im Raume? Der Spatial Turn und das geheime Wissen der Geographen, in: *dies.* (Hrsg.), Spatial Turn.

Abb. 2: HStA Marburg, P II 22057. Die Karte bildet verschiedene Stationen der Inaugenscheinnahme durch die Kommission ab, HStA Marburg, P II 22057.

waltungsausbau benannt, jedoch fanden lange Zeit weder die Karten noch die korrespondierenden Akten eine eingehende Betrachtung. Durch Kartenauflistungen und Archivausstellungen wurde das Thema der Regionalkartographie seit den späten 1970er Jahren in den Fokus gerückt.[6] Verschiedene deutsche Archivare wiesen auf die zahlreichen Regionalkarten hin, die aufgrund von Aufbewahrungs-, Restaurierungs- und Zuordnungsproblemen teils nahezu unerforscht in den Archiven schlummerten.[7] Auch wenn rasch erkannt wurde, dass die Funktion

---

Das Raumparadigma in den Kultur- und Sozialwissenschaften. Bielefeld 2008, S. 7–45, bes. S. 7–13. Eine Begriffsfassung und Bewertung des *spatial turn* für die Geschichtswissenschaft gibt *Susanne Rau:* Räume. Konzepte, Wahrnehmungen, Nutzungen. Frankfurt/New York 2014, S. 8–14.

6 Der Zugriff auf Regionalkarten im deutschsprachigen Raum erfolgte hauptsächlich von den Landes- bzw. Staatsarchiven aus. Vgl. als wichtigste Studien in chronologischer Reihenfolge: *Edgar Krausen:* Die handgezeichneten Karten im Bayerischen Hauptstaatsarchiv sowie in den Staatsarchiven Amberg und Neuburg a. d. Donau bis 1650. Neustadt a. d. Aisch 1973; *Fritz Hellwig:* Zur älteren Kartographie der Saargegend, in: Jahrbuch für westdeutsche Landesgeschichte 3 (1977), S. 193–227; *Gerhard Taddey:* Von der Entstehung eines Augenscheins. Landkarten als Beweismittel im historischen Gerichtsprozeß. Ein Beispiel aus Hohenlohe, in: Beiträge zur Landeskunde Baden-Württemberg 1 (1980), S. 9–15; *Reimer Witt:* Die Anfänge von Kartographie und Topographie Schleswig-Holsteins 1475–1652. Heide in Holstein 1982; *Hans Vollet:* Oberfranken im Bild alter Karten. Ausstellung des Staatsarchivs Bamberg. Neustadt Aisch 1983; *Hans-Jürgen Becker:* Zur Bedeutung der Landkarte für die rechtsgeschichtliche Forschung, in: *Kurt Schmitz* (Hrsg.), Landkarten als Geschichtsquellen. Köln 1985 (Archivberatungsstelle Rheinland, Archivheft 16), S. 9–19; *Gerhard Aymans:* Die handschriftliche Karte als Quelle geographischer Studien, in: *Schmitz* (Hrsg.), Landkarten als Geschichtsquellen, ebd., S. 21–46; *Hainz Musall* u. a. (Hrsg.): Landkarten aus vier Jahrhunderten. Karlsruhe 1986; *Hansmartin Schwarzmaier:* Kartographie und Gerichtsverfahren. Karten des 16. Jahrhunderts als Aktenbeilagen. Zugleich ein Katalog der ältesten handgezeichneten Karten des Generallandesarchivs Karlsruhe, in: *Gregor Richter* (Hrsg.), Aus der Arbeit des Archivars. Festschrift für Eberhard Gönner. Stuttgart 1986 (Veröffentlichungen der staatlichen Archivverwaltung Baden-Württemberg, Bd. 44), S. 163–186; *Fritz Wolf:* Karten im Archiv. Marburg 1987 (Veröffentlichungen der Archivschule Marburg, Institut für Archivwissenschaft, Bd. 13); *Gerhard Leidel/Monika Ruth Franz:* Altbayerische Flußlandschaften an Donau, Lech, Isar und Inn. Handgezeichnete Karten des 16. bis 18. Jahrhunderts aus dem Bayerischen Hauptstaatsarchiv. Weißenhorn 1998 (Ausstellungskataloge der Staatlichen Archive Bayerns, Bd. 37); *Gerhard Leidel/Monika Ruth Franz:* Von der gemalten Landschaft zum vermessenen Land. Eine Ausstellung des Bayerischen Hauptstaatsarchivs zur Geschichte der handgezeichneten Karten in Bayern, München 6. Oktober–22. Dezember 2006. München 2006 (Ausstellungskataloge der Staatlichen Archive Bayerns, Bd. 48); *Günter Frank/Georg Paulus:* Die pfalz-neuburgische Landesaufnahme unter Pfalzgraf Philipp Ludwig. Kollersried 2016 (Regensburger Beiträge zur Heimatforschung, Bd. 6), nur noch als elektronische Ressource verfügbar: http://www.heimatforschung-regensburg.de/97/ (abgerufen am 11. Juni 2019).

7 Vgl. *Gerhard Taddey:* Über den Augenschein. Ein Beitrag zur Frage der Identifizierung historischer Karten, in: Der Archivar 33 (1980), S. 397–402, hier S. 397; *Schwarzmaier:* Kartographie und Gerichtsverfahren (wie Anm. 6), S. 164–166.

dieser Regionalkarten besonders in der Verwaltung und bei Rechtsansprüchen der territorialen Fürsten lag,[8] wurden die Karten in der Forschung hauptsächlich zur Illustration einzelner Rechtsstreitigkeiten verwendet. Die Augenscheinkarte selbst ist lange Zeit weder kunsthistorisch noch kartographisch betrachtet worden,[9] was sich in den aktuellsten Forschungsprojekten gerade ändert.[10] Von Seiten der Kunstgeschichte wurden die Regionalkarten seit den 1980er Jahren vorrangig in ihrer Beziehung zur Landschaftsmalerei untersucht.[11] Die Erfor-

---

8 Vgl. *Harvey:* Local and Regional Cartography (wie Anm. 4), S. 491–492. Viele Regionalkarten sind einerseits durch neue Verwaltungsaufgaben entstanden, andererseits ermöglichten sie auch einen stärkeren Zugriff auf die lokalen Gegebenheiten. Vgl. *Heinz-Dieter Heimann:* Dorfbild – Ereignisbild – Weltbild. Die neue Sicht der „kleinen" Welt in frühen Kartenwerken, in: *Werner Rösener* (Hrsg.), Kommunikation in der ländlichen Gesellschaft vom Mittelalter bis zur Moderne. Göttingen 2000, S. 189–208, hier S. 207. Großen territorialen Kartierungen hingegen, auch bekannt als Landtafel oder Landesaufnahmen, sind vielmehr administrativ-politische und herrschaftsinszenierende Funktionen zuzuordnen. Vgl. *Hans Brichzin:* Augenschein-, Bild- und Streitkarten, in: *Fritz Bönisch/ders./Klaus Schillinger* (Hrsg.), Kursächsische Kartographie bis zum Dreißigjährigen Krieg, Bd. 1: Die Anfänge des Kartenwesens. Berlin 1990, S. 112–206, hier S. 113. Studien über die kartographischen Tätigkeiten von Gottfried Mascop (vor 1550–nach 1563) und Wilhelm Dilich (1571–1650) konnten diese Vermutung konkretisieren: Vgl. *Arnd Reitemeier:* Herzog Julius von Braunschweig-Lüneburg (Wolfenbüttel): Herrscher und Herrschaft, in: *Uwe Ohainski/Arnd Reitemeier* (Hrsg.), Das Fürstentum Braunschweig-Wolfenbüttel im Jahr 1574. Der Atlas des Gottfried Mascop. Bielefeld 2012, S. 43–63, hier S. 49–50; *Ingrid Baumgärtner:* Wilhelm Dilich und die Landtafeln hessischer Ämter, in: *dies./Axel Halle/Martina Stercken* (Hrsg.), Wilhelm Dilich. Landtafeln hessischer Ämter zwischen Rhein und Weser 1607–1625. Kassel 2011, S. 9–35, hier S. 25; *Martina Stercken:* Repräsentation, Verortung und Legitimation von Herrschaft. Karten als politische Medien im Spätmittelalter und in der Frühen Neuzeit, in: *Baumgärtner/Halle/Stercken* (Hrsg.), Wilhelm Dilich, ebd., S. 37–52, bes. S. 37, 43. Allgemein zu hessischen Regionalkarten und politischer Verwaltung zuletzt: *Tom Engel* (Hrsg.): Auf einen Blick. Karten als Instrumente von Herrschaft und Verwaltung. Ausstellung im Staatsarchiv Marburg, 10. Juni–30. September 2016, Marburg 2016, S. 6.

9 Wie Hans Brichzin es auf den Punkt brachte: „Die Kartographen fanden (...) die wissenschaftlichen Anforderungen ihres Faches nicht erfüllt. Den Kunsthistorikern fehlte die künstlerische Qualität (...)". *Brichzin:* Augenschein-, Bild- und Streitkarten (wie Anm. 8), S. 112.

10 Von Seiten der DFG geförderte Drittmittelprojekte, wie „Der Medienwechsel Augenzeugen und Augenschein: ‚Neues' Raumbewusstsein und die kartographie-historische Entwicklung früher, handgezeichneter regionaler Karten in Hessen" (bearb. von Evelien Timpener, Univ. Hannover 2016–2018) und „Visuelle Evidenz – Manuskriptkarten, Genealogien und ihre Darstellungsmedien in ihrer Funktion als Beweismittel vor dem Reichskammergericht (1495–1806)" (bearb. von Anette Baumann, Univ. Gießen, seit 2017) bekunden das neue Interesse an der Funktion und Wirkung von Regionalkarten im Gerichtskontext.

11 Besonders der von Svetlana Alpers erkannte Zusammenhang zwischen der (niederländischen) Landschaftsmalerei und der Kartographie erregte Aufsehen: Vgl. *Svetlana Alpers:* The Art of Describing. Dutch Art of the Seventeenth Century. Chicago 1983. So suchte Nils Büttner Belege für die These zu finden, dass „Künstler mit den Erkenntnissen der Wissenschaft ihrer Zeit vertraut

schung der Augenscheinkarten erfuhr einen starken Impuls durch die systematische Verzeichnung der Akten des Reichskammergerichts. Die Erfassung der etwa 80 000 Reichskammergerichtsakten brachte, neben rein schriftlichen Akten, auch zahllose Pläne und Karten zum Vorschein.[12] Erste kombinierte Auswertungen von Reichskammergerichtsakten und -karten bot Gabriele Recker, die von Seiten der historisch-geographischen Verkehrswegeforschung auf die Altkarten gestoßen war.[13] In diesem Zusammenhang ist darauf hinzuweisen, dass die Existenz von Karten im rechtlichen Kontext für große Teile Europas seit dem späten Mittelalter bezeugt werden kann.[14]

---

waren", indem er zugleich herausfinden wollte, „welche Auswirkungen speziell die Geographie auf ihre Weltsicht und ihre Werke hatte." Hierzu *Nils Büttner:* Die Erfindung der Landschaft. Kosmographie und Landschaftskunst im Zeitalter Bruegels. Göttingen 2000, S. 14. Die mediale Ausdifferenzierung in der Landschaftsmalerei wurde wenige Jahre später von Tanja Michalsky aufgegriffen: *Tanja Michalsky:* Medien der Beschreibung. Zum Verhältnis von Kartographie, Topographie und Landschaftsmalerei in der Frühen Neuzeit, in: *Jürg Glauser/Christian Kiening* (Hrsg.), Text –Bild –Karte. Kartographie der Vormoderne. Freiburg 2007, S. 319 – 349, hier S. 319 sowie *Tanja Michalsky:* Projektion und Imagination. Die niederländische Landschaft der Frühen Neuzeit im Diskurs von Geographie und Malerei. München 2011.

12 Zur Erfassung der Akten: Vgl. *Anette Baumann:* Das Projekt der Deutschen Forschungsgemeinschaft zur Verzeichnung der Reichskammergerichtsakten, in: zeitenblicke 3.3 (2004), online verfügbar unter: http://www.zeitenblicke.de/2004/03/baumann4/baumann4.pdf (abgerufen am 30. Juni 2019); *Bernhard Diestelkamp:* Rückblick auf das Projekt zur Inventarisierung der Reichskammergerichtsakten, in: *Friedrich Battenberg/Bernd Schildt* (Hrsg.), Das Reichskammergericht im Spiegel seiner Prozessakten. Bilanz und Perspektiven der Forschung. Köln/Weimar/Wien 2010 (Quellen und Forschungen zur höchsten Gerichtsbarkeit im Alten Reich, künftig: QFHG, Bd. 57), S. 3 – 10.

13 Vgl. *Gabriele Recker:* Von Trier nach Köln 1550 – 1850. Kartographiehistorische Beiträge zur historisch-geographischen Verkehrswegeforschung. Betrachtungen zum Problem der Altkarten als Quelle anhand eines Fallbeispiels aus den Rheinlanden. Rahden/Westf. 2003, S. 116 – 134; *dies.:* Prozeßkarten in den Reichskammergerichtsakten. Ein methodischer Beitrag zur Erschließung und Auswertung einer Quellengattung, in: *Anette Baumann/Siegrid Westphal/Stephan Wendehorst/Stefan Ehrenpreis* (Hrsg.), Prozessakten als Quelle. Neue Ansätze zur Erforschung der Höchsten Gerichtsbarkeit im Alten Reich. Köln/Weimar/Wien 2001 (QFHG, Bd. 37), S. 165 – 182; *dies.:* Gemalt, gezeichnet und kopiert. Karten in den Akten des Reichskammergerichts. Wetzlar 2004 (Schriftenreihe der Gesellschaft für Reichskammergerichtsforschung, H. 30).

14 Bereits in den 1970er-Jahren wiesen François de Dainville und A.H. Huussen auf solche Karten hin, allerdings ohne sie in ihrer konkreten Funktion zu analysieren: *François de Dainville:* Cartes et contestations au XVe siècle. Maps and Litigations in the 15th Century, in: Imago Mundi 24 (1970), S. 99 – 121; *A.H. Huussen:* Jurisprudentie en kartographie in de xve eeuw. Brussel 1974; *Harvey:* Local and Regional Cartography (wie Anm. 4), S. 489 – 493. Modernere Forschungen zu Karten im gerichtlichen Kontext: Vgl. *William D. Shannon:* Adversarial Map-Making in Pre-Reformation Lancashire, in: Northern History XLVII:2 (2010), S. 329 – 342; *Juliette Dumasy-Rabineau:* La vue, la preuve et le droit. Les vues figurées de la fin du Moyen Âge, in: Revue historique 668 (2013/4),

Der Tagungsband geht von der Beobachtung aus, dass der Raum in dieser Zeit nicht nur textuell beschrieben,[15] sondern auch mit performativen Praktiken in Augenschein genommen und auf unterschiedlichste Art und Weise abgebildet worden ist. Bei den Abbildungen handelt es sich um Visualisierungen des beanspruchten Raums bzw. der Rechte, anschaulich gemachte Inaugenscheinnahmen und bildlich dargestellte Augenzeugenschaft. Wie wurden rechtliche Verhältnisse kartographiert?

Diese zentrale Frage hat eine europäische Perspektive, die uns nach Entwicklungen und Einflüssen fragen lässt. Die Untersuchung gilt einerseits den Objekten der Raumdarstellung – wie Karten, Gemälden und Skizzen – andererseits den mit ihnen sich verbindenden performativen Praktiken. So konnten etwa bei konkurrierenden Herrschaftsansprüchen verschiedene Umgänge stattfinden, in denen eine Kommission den Raum und Rechtszustände in Augenschein nahm.

Im vorliegenden Tagungsband wird mit dem ‚Raum' zunächst der regionale oder lokale (geographische) Raum gemeint, der jedoch erst unter dem sozialen Aspekt fassbar wird. Susanne Rau bezeichnete den Begriff treffenderweise als zentrale und dynamische Dimension von Gesellschaft und menschlichem Handeln. Erst das menschliche Miteinander ordnet, normiert, beansprucht oder beherrscht den Raum.[16] Hieraus folgt aber auch, dass die gesellschaftliche Dimension des Raumes immer wieder durch rechtliche Aspekte kenntlich gemacht wird. In diesem Sinne umfasst der Begriff ‚Recht' das ganze Spektrum von Gerichtsbarkeit an sich bis zur Durchsetzung von Rechtsansprüchen auf regionale Herrschaftsräume mittels Gerichtsprozessen, Verhandlungen und/oder außergerichtlichen Einigungen.[17] Wichtig ist die Erkenntnis, dass die rechtlichen Quellen nicht

S. 805–831; *Anette Baumann/Anja Eichler/Stefan Xenakis* (Hrsg.): Augenscheine. Karten und Pläne vor Gericht. Wetzlar 2014.

15 Textuelle Beschreibungen des Raums traten schon seit dem 8. Jahrhundert auf: Vgl. *Kinji Akashi/Reinhard Stauber:* Art. „Grenze", in: Enzyklopädie der Neuzeit 4 (2006), Sp. 1105–1116, hier Sp. 1107. Vom späten Mittelalter bis zum Ende des 18. Jahrhunderts bleiben schriftliche Grenzbeschreibungen vom lokalen und regionalen Raum wichtig, indem sie eine Begehung des Raumes von Punkt zu Punkt beschreiben. Vgl. *Andreas Rutz:* Die Beschreibung des Raums. Territoriale Grenzziehungen im Heiligen Römischen Reich. Köln/Weimar/Wien 2018 (Norm und Struktur. Studien zum sozialen Wandel in Mittelalter und Früher Neuzeit, Bd. 47), S. 107–111.

16 Vgl. *Rau:* Räume (wie Anm. 4), S. 14, 164–165.

17 Diese verschiedenen Möglichkeiten decken sich mit der Vielfalt der zeitgenössischen Bedeutungszuweisungen: Vgl. *Heino Speer* (Bearb.): Deutsches Rechtswörterbuch, Bd. 11. Weimar 2007, Sp. 261–302, bes. Sp. 261–262.

nur textueller, sondern auch visueller Natur sein können.[18] Mit der Reichweite der streitigen Materien verbinden sich Regionalität und Lokalität; den Konfliktaustrag begleitende Karten sind Regionalkarten oder lokale Ansichten. Regionalkarten werden hier als visuelle Darstellungen von geographischen Gegebenheiten begriffen.[19]

Die verschiedenen Beiträge sind chronologisch und thematisch geordnet. Die ersten drei historischen Beiträge thematisieren den Verhandlungs- und Rechtskontext einiger Karten des 15. und 16. Jahrhunderts. So verdeutlicht Evelien TIMPENER die enge Beziehung zwischen Raum, Recht und Regionalkartographie, indem sie, anhand von verschiedenen frühen Karten, den Rechtsstreitigkeiten und Verhandlungen über Wasserregulierung in Nordwesteuropa nachgeht. Besonders eine niederländische Fallstudie über den geplanten Bau von Dämmen verdeutlicht, dass Karten als Medium bei Verhandlungen dienen konnten. Sie ermöglichten über Wasserregulierungen in einem größeren Raumkomplex innerhalb bestehender sozialer Strukturen umfangreich zu diskutieren. Verschiedene Lösungsvorschläge wurden in Form einer Visualisierung vereinigt. Die Karten zeigen damit einen weiteren Aspekt der frühen Kartenproduktion auf: Es geht nicht nur um die Darstellung von Raum als statische Größe, sondern auch die Darstellung von Raum in einem permanenten Veränderungsprozess.

Elisabeth KISKER zeigt eine Serie von Grenzkarten aus der zweiten Hälfte des 16. Jahrhunderts, die im Kontext von Grenzstreitigkeiten zwischen dem Herzogtum Westfalen und der Grafschaft Nassau entstanden sind. Kisker beschreibt vor allem die Form der Karten, deren Länge und Gebrauchsspuren veranschaulichen, dass sie eine intensive Nutzung erfahren haben. Vermutet werden kann ein Nutzungskontext im Rahmen der Verhandlung und Begehung, wie ihn auch Alexander JENDORFF für eine thüringische Karte hervorhebt. Jendorff erläutert Hintergründe und Kommunikationsvorgänge um diese Karte, die eine Grenze aufzeigt und im Verwaltungszusammenhang entstanden ist. Entscheidend ist für ihn die Konfliktsituation, für deren Lösung auf bestimmte rechtliche Elemente wie Kommissionen und Austräge zurückgegriffen wurde. Dabei ist für Jendorff die Karte nicht nur eine verwaltungstechnische Maßnahme, die auf antike und spätmittelalterliche Vorbilder zurückgeht, sondern auch ein Mittel der Verhandlung.

Der vierte Aufsatz thematisiert das Verfahren des Reichskammergerichts im Hinblick auf die Augenscheinkarte. Anette BAUMANN beschreibt die formalen

---

18 Vgl. *Anette Baumann:* Visuelle Evidenz: Beobachtungen zu Inaugenscheinnahmen und Augenscheinkarten am Reichskammergericht (1495–1806), in: Rechtsgeschichte – Legal History, 27 (2019), S. 2–5, bes. S. 2.

19 Vgl. *Harvey:* Local and Regional Cartography (wie Anm. 4), S. 464.

gerichtlichen Voraussetzungen der Kommission, die Arbeit der Beweiskommission vor Ort und die Einbindung des Malers in den Vorgang der Inaugenscheinnahme. Entscheidend für das Gericht war, dass die Visualisierung des Raumes immer mit einer tatsächlichen oder aber – vor allem im 18. Jahrhundert – imaginären Inaugenscheinnahme einherging. Der Betrachter der visualisierten Raumdarstellung sollte Teil des Raumes werden und ihn nach den Vorgaben des Protokolls der Inaugenscheinnahme quasi als Teil der Kommission mit Hilfe der so entstandenen „Augenscheinkarte" durchwandern.

Karl HÄRTER beschreibt in seinem Beitrag die Visualisierung von Stätten und Räumen der Strafjustiz. Mit Hilfe von unterschiedlichen Bildgattungen – Karten, Flugblätter, Zeichnungen und Titelbilder von zeitgenössischen Werken – kann das genaue Aussehen von Richtstätten rekonstruiert und im Raum verortet werden. Hierdurch entsteht eine eigene „Richtstättenlandkarte" des heutigen hessischen Territoriums. Am Beispiel der Reichsstadt Frankfurt/Main ist ein „spacing" der Strafgerichtsbarkeit zu sehen: Die Karten und Abbildungen der Richtstätten machten die Hoch- und Strafgerichtsbarkeit auch für die einfachen Untertanen sichtbar und gingen damit weit über das reine „mapping" des Territorialstaates hinaus.

Claudia HATTENDORF greift einen besonderen Aspekt innerhalb der Beziehung Raum, Recht und Visualisierung heraus. Sie widmet sich der Frage der Augenzeugenschaft anhand von Bildern aus der Zeit der Französischen Revolution. Hattendorff sieht in der Augenzeugenschaft eine Überlappung von Bild und Karte. Davon ausgehend, dass Bilder grundsätzlich konstruiert sind, korrelieren bestimmte Bildgattungen mit bestimmten Modalitäten der Produktion. Damit suggerieren sie dem Betrachter Augenzeugenschaft. So konnten Tatbestände durch Visualisierung glaubhaft gemacht werden.

Zum Schluss gibt Joachim KEMPER einen archivarischen Ausblick auf die Zukunft der Kartenforschung, indem er die Möglichkeiten der Digitalisierung von Karten und Plänen in den Archiven diskutiert. Kemper zeigt Digitalisierungsstrategien einzelner Länder auf, die, seiner Meinung nach, neue Chancen für wissenschaftliche Kontexte und Fragestellungen böten. Gleichzeitig stellt er damit die aktuelle deutsche Archivpolitik zu Karten und Plänen infrage, indem er die Bedeutung gerade dieser Quellengattung besonders betont.

Evelien Timpener

„Einem das Wasser abgraben"

Regionalkarten bei Rechtsstreitigkeiten zur Wasserregulierung

1 Einleitung

Redewendungen wie ‚einem das Wasser abgraben' oder ‚über den Deich gehen'[1] bezeugen die gewaltigen Konsequenzen, welche Eingriffe in die Wasserregulierung haben konnten: Mit bestimmten Anpassungen waren erhoffte Vorteile, aber auch Risiken und Konflikte verbunden. Durch Änderungen im Wasserlauf in der Nähe einer Mühle konnte beispielsweise der Betrieb einer Wassermühle begünstigt oder auch geschädigt werden. Nun sind die rechtlichen Folgen von schädigenden Wasserumleitungen für Mühlen recht gut erforscht,[2] wohingegen andere Varianten der mittelalterlichen Wasserregulierung in der Forschung bisher relativ wenig Beachtung gefunden haben. Seit einigen Jahren wird das Thema besonders in seinen wirtschaftlichen und technologischen Aspekten aufgegrif-

1 Auffällig dabei ist der Unterschied zwischen deutschen und niederländischen Redewendungen. Niederländische Sprichwörter zu Deichen und Wassermanagement scheinen überwiegend mit positiven Bedeutungen versehen zu sein, wohingegen deutsche Redewendungen in diesem Bereich eher die gefährlichen und konfliktbehafteten Seiten der Wasserregulierung andeuten. So kann ‚alles den Bach herunter gehen', jemand ‚über den Deich gehen' oder, in Bezug auf Mühlen, ‚jemandem das Wasser abgegraben werden'. Zudem kennt die niederländische Sprache eine viel größere Bandbreite an Redewendungen bezüglich Wasser: Dat is koren op zijn molen (Äquivalent zu ‚Wasser auf jemandes Mühle sein'); dat staat als een paal boven water (das ist sicher); boven water komen (auftauchen); geen water is hem te diep (sich alles trauen); het hoofd boven water houden (finanziell überleben); recht door zee zijn (ehrlich sein); geen zee te hoog (nichts ist zuviel); dat zet zoden aan de dijk (das hilft). Beispiele einer negativen Konnotation scheinen hingegen selten: water naar de zee dragen (überflüssige Arbeit tun).

2 Vgl. *Dietrich Lohrmann:* Wasserkraft- und Mühlensysteme im Mittelalter, in: Frank Tönsmann (Hrsg.), Geschichte der Wasserkraftnutzung. Kassel 1996, S. 11–22, hier S. 19; *John Langdon:* Mills in the Medieval Economy. England 1300–1540. Oxford 2004, S. 259–260; *Martina Maříková:* Wassermühlen und Wassernutzung im mittelalterlichen Ostmitteleuropa. Stuttgart 2015 (Forschungen zur Geschichte und Kultur des östlichen Mitteleuropa, Bd. 50). Zuletzt: *Niels Petersen/Arnd Reitemeier:* Die Mühle und der Fluss. Juristische Wechselwirkungen, in: *Gerlinde Huber-Rebenich/Christian Rohr/Michael Stolz* (Hrsg.), Wasser in der mittelalterlichen Kultur. Gebrauch – Wahrnehmung – Symbolik / Water in Medieval Culture. Uses, Perceptions, and Symbolism. Berlin/Boston 2017, S. 276–290, hier S. 281–284, 287–289.

https://doi.org/10.1515/9783110683424-003

fen.[3] Neu ist beispielsweise der Forschungszugriff auf Wasserbau im Sinne von Infrastrukturen, welcher nicht nur auf die technische Entwicklung, sondern auch auf die herrschaftlichen und sozialen Dimensionen verweist.[4]

Mit dem Begriff ‚Wasserregulierung' werden im Folgenden diverse Formen der aktiven menschlichen Steuerung und Umleitung des Wassers innerhalb der Landschaft definiert, wie Deiche, Entwässerungskanäle, Wehre, Schleusen, etc. Schon seit Beginn der europäischen Eisenzeit haben Menschen direkt in die Landschaft eingegriffen, indem sie versucht haben, die Flussverläufe umzugestalten, das Land durch Deiche zu schützen und durch Trockenlegung zu vergrößern.[5] Im Laufe des Mittelalters konnte durch neue Techniken (im Bereich Deichbau, Entwässerung und Windmühlentechnik) stetig mehr neues Land urbar gemacht werden. Diese Bestrebungen konnten zu regelrechten Großprojekten ausufern. Insbesondere die Umgestaltung benötigte viel Zeit, Geld und Arbeitskraft.

Die ältere Forschung hatte besonders den herrschaftlichen und staatlichen Aspekt betont, indem sie davon ausgegangen ist, dass Großprojekte im Wasserbau nur mittels einer zentralen Regierung, ‚staatlichen' Finanzmitteln und einer bü-

---

3 Einige Tagungsbände der letzten Jahre: *Paolo Squatriti* (Hrsg.): Working with Water in medieval Europe. Technology and Resource-Use. Leiden/Boston/Köln 2000; *Jan Klápště* (Hrsg.): Water Management in medieval rural economy. Les uages de l'eai en milieu rural au Moyen Âge, Ruralia 5, Prag 2005. Einen Fokus auf Brücken und Kanälen als Teil der Wasserinfrastruktur legt: *Kurt Andermann/Nina Gallion* (Hrsg.): Weg und Steg. Aspekte des Verkehrswesens von der Spätantike bis zum Ende des Alten Reiches. Ostfildern 2018 (Kraichtaler Kolloquien, Bd. 11).

4 Vgl. *Birte Förster/Martin Bauch:* Einführung: Wasserinfrastrukturen und Macht. Politisch-soziale Dimensionen technischer Systeme, in: *Birte Förster* (Hrsg.), Wasserinfrastrukturen und Macht von der Antike bis zur Gegenwart. Berlin 2015, S. 9 – 21, hier S. 9 – 10, mit Verweis auf *Renate Mayntz:* Große technische Systeme und ihre gesellschaftstheoretische Bedeutung, in: Kölner Zeitschrift für Soziologie und Sozialpsychologie 45 (1993), S. 97 – 108, hier S. 97 – 98. Anders als *Mayntz*, die vorrangig moderne Technologie vor Augen hat, übertragen *Förster* und *Bauch* diese Elemente auch auf die Vormoderne. Die Idee, Wasserinfrastrukturen besonders in Bezug zu Machtinteressen zu erforschen, scheint durchaus fruchtbar zu sein: *Jens Ivo Engels/Gerrit Jasper Schenk:* Infrastrukturen der Macht – Macht der Infrastrukturen. Überlegungen zu einem Forschungsfeld, in: *Förster/Bauch:* Wasserinfrastrukturen und Macht (wie Anm. 4), S. 22 – 58.

5 Vgl. *William H. Tebrake:* Hydraulic Engineering in the Netherlands during the Middle Ages, in: *Paolo Squatriti* (Hrsg.), Working with Water in medieval Europe. Technology and Resource-Use. Leiden/Boston/Köln 2000, S. 101 – 127, hier S. 112. In Mesopotamien und China wurden bereits Jahrtausende vorher hochkomplexe Wasserwerke gebaut. *Klaus Knoblich:* Der Umgang der Menschen mit dem Wasser in historischer Zeit – ein Überblick, in: *Knut Kaiser/Bruno Merz/Oliver Bens/Reinhard F. Hüttl* (Hrsg.), Historische Perspektiven auf Wasserhaushalt und Wassernutzung in Mitteleuropa. Münster u. a. 2012, S. 103 – 117, hier S. 104 – 108.

rokratischen Verwaltung umgesetzt werden konnten.[6] So wurden die Anfänge des holländischen und flämischen Deichbaus und der Trockenlegungen als herrschaftliche Initiative von Grafen und Klöstern dargestellt, was Tim Soens vor einigen Jahren zu Recht kritisierte.[7] In Studien zum Wasserbau von Klöstern sind die alten Vorstellungen bereits relativiert worden: Es stellte sich heraus, dass beispielsweise die Zisterzienser sich genau dort ansiedelten, wo schon vorher von Seiten der örtlichen Bevölkerung wasserregulierende Maßnahmen ergriffen worden waren, die einen weiteren Ausbau einfacher machten.[8] Auch die holländische Entwicklung im Wassermanagement wird nach neueren Studien mit einer Kombination der verschiedenen Phänomene und Forschungsperspektiven erklärt: Landschaftliche und ökologische Modelle zu den erhöhten Wasserständen werden mit sozialwirtschaftlichen und technologischen Theorien kombiniert und mit der politischen Entwicklung zu einer zentralisierten Landesherrschaft ergänzt.[9]

Die mittelalterliche Wasserregulierung fand allerdings nicht nur entlang der Küsten Europas statt, sondern auch tiefer im Binnenland – beispielsweise an Seen, Flüssen, Wasserläufen und Moorgebieten. Besonders die Wasserregulierung

---

6 Aufgrund von sogenannten ‚hydraulischen Gesellschaften' in Asien und Nahosten, wo nur mittels ausgiebiger Wasserregulierung Landwirtschaft betrieben werden konnte, stellte Wittfogel die Verbindung zwischen Wassermanagement und staatlicher Macht auf. *August Wittfogel:* Oriental Despotism. A Comparative Study of Total Power. New Haven 1959, in deutscher Übersetzung: *Ders.:* Die orientalische Despotie: eine vergleichende Untersuchung totaler Macht. Köln 1962, S. 52–53. Die niederländische Geschichte zeigt allerdings, dass Wittfogels These nicht überall angewandt werden kann, vgl. *Tebrake:* Hydraulic Engineering (wie Anm. 5), S. 126.

7 Vgl. *Tim Soens:* De spade in de dijk. Waterbeheer en rurale samenleving in de Vlaamse kustvlakte (1280–1580). Gent 2009, S. 18–19, 25.

8 Beispielsweise: *Johannes A. Mol:* Mittelalterliche Klöster und Deichbau im westerlauwersschen Friesland, in: *Thomas Steensen* (Hrsg.), Deichbau und Sturmfluten in den Frieslanden. Leeuwarden/Aurich 1992, S. 46–59, hier S. 51–52, 58. Ein ähnlicher Punkt ist in Bezug zum Zisterzienser Mühlenbau zu sehen, auch hier wurde vor der Klostergründung schon über die örtliche Wasserführung nachgedacht: Vgl. *Winfried Schich:* Die Bedeutung der Wassermühle für die zisterziensische Klostergemeinschaft im 12. und 13. Jahrhundert, in: *Martina Maříková/Christian Zschieschang* (Hrsg.), Wassermühlen und Wassernutzung im mittelalterlichen Ostmitteleuropa. Stuttgart 2015, S. 77–98, hier S. 82.

9 So argumentieren *Van Dam* und *van Tielhof*, dass landschaftliche und ökologische Phänomene zu neuen sozial-wirtschaftlichen Aktivitäten, wie Urbarmachung und kommerziellem Torfabbau, führten. Diese Entwicklungen hatten allerdings, beschleunigt durch einen generellen Anstieg des Meeresspiegels, massive Folgen für die Landschaft, welche immer mehr Wasser aufnehmen musste. Es mussten also Lösungen zur Wasserregulierung gefunden werden, die zwar durch die alten lokalen und regionalen *hoogheemraden* vollzogen wurden, allerdings unter immer strengerer Aufsicht und Verwaltung der Burgundischen und später Habsburgischen Landesherrschaft standen. Vgl. *Milja van Tielhof/Petra J.E. M. van Dam:* Waterstaat in stedenland. Het hoogheemraadschap van Rijnland voor 1857. Utrecht 2006, S. 43, 45, 54–56, 60–61, 86–87.

im Inland hat – abgesehen von wirtschaftlichen Themen wie Binnenschifffahrt- und Kanalforschung[10] – bisher wenig Beachtung gefunden. Im Folgenden wird deshalb die konfliktbehaftete Wasserregulierung bei Flüssen und Bachläufen thematisiert und in Verbindung mit ihrem sozialen Raum skizziert.

Wo immer Maßnahmen zur Umleitung des Wassers im Raum getroffen wurden, fanden auch Konflikte und Verhandlungen der dort lebenden Menschen statt. Da Wasser bekanntlich ständig ‚im Fluss' ist, hatten die Wasserregulierungen nicht nur Folgen für die Landschaft selber, sondern auch für die betroffenen Bewohner.[11] Wasserregulierungen sind also im sozialen Raum zu sehen. Änderungen im Raum, welche durch Menschen verursacht werden, kennzeichnet Susanne Rau mit dem Begriff „Raumdynamiken".[12] Für die Erforschung der spätmittelalterlichen Wasserregulierung ist dieser Begriff hilfreich, da er auf zwei wichtige Wechselwirkungen hinweist:

Erstens führte das ständige Zusammenspiel zwischen menschlicher Raumgestaltung und natürlichen witterungsbedingten Einflüssen zu Veränderungen des Raums. Umwelt- und wetterbedingte Phänomene, wie Sedimentierung, Senkung des Bodens, Flutwellen und Wasserhochstand,[13] bargen Risiken und

---

10 Einige rezente Studien in chronologischer Reihenfolge: *Bruna Blondé/Raymond van Uytven:* Langs land- en waterwegen in de Zuidelijke Nederlanden. Lopend onderzoek naar het preïndustriële transport, in: Bijdragen tot de geschiedenis 82 (1999), S. 135–158. *Konrad Elmshäuser* (Hrsg.): Häfen, Schiffe, Wasserwege. Zur Schiffahrt des Mittelalters. Hamburg 2002 (Schriften des Deutschen Schiffahrtmuseums, Bd. 58); *John Blair* (Hrsg.): Waterways and Canal-Building in Medieval England, Oxford/New York 2007; *Detlev Ellmers:* Techniken und Organisationsformen zur Nutzung der Binnenwasserstraßen im hohen und späten Mittelalter, in: *Rainer Christoph Schwinges* (Hrsg.), Straßen- und Verkehrswesen im hohen und späten Mittelalter. Ostfildern 2007 (Vorträge und Forschungen, Bd. 66), S. 161–184; *John Langdon/Jordan Claridge:* Transport in Medieval England, in: History Compass 9 (2011), S. 864–875; *Sascha Bütow:* Straßen im Fluss. Schifffahrt, Flussnutzung und der lange Wandel der Verkehrsinfrastruktur in der Mark Brandenburg und der Niederlausitz vom 13. bis zum 16. Jahrhundert (Studien zur brandenburgischen und vergleichenden Landesgeschichte, Bd. 18). Berlin 2015; *Gerrit Jasper Schenk:* der straßen halb uff der Yll. Wasserwege im Elsaß als ‚kritische Infrastruktur' für Wirtschaft und Gesellschaft (1350–1550), in: *Andermann/Gallion* (Hrsg.), Weg und Steg (wie Anm. 3), S. 121–152.

11 Inwiefern die Wasserregulierungen auch die gesellschaftliche Mentalität, gesehen in der *longue durée*, beeinflussen konnten, ist eine interessante Überlegung, hierzu: *Daniel R. Curtis/ Michele Campopiano:* Medieval land reclamation and the creation of new societies: comparing Holland and the Po Valley, c. 800–c. 1500, in: Journal of Historical Geography 44 (2014), S. 93–108.

12 Räume verändern sich „unter dem Einfluss von Menschen, die sich diese Räume aneignen, sie gestalten, anders anordnen, gegebenenfalls auch wieder auflösen." *Susanne Rau:* Räume. Konzepte, Wahrnehmungen, Nutzungen. Frankfurt a. M./New York 2013, zit. S. 164.

13 In den letzten Jahren hat besonders die Umweltgeschichte sowie die Archäologie die Veränderungen der Landschaft und die frühere Bewältigung von Krisen studiert. Hierzu u. a. *Gerrit*

konnten die menschlichen Versuche zur Umgestaltung der Landschaft wieder ungeschehen machen. So konnte ein schwerer Sturm mit Hochwasser dazu führen, dass die Deiche brachen und Reparaturen oder Neubauten durchgeführt werden mussten.[14] Die mittelalterliche Wasserregulierung wurde also ständig von Wetterphänomenen beeinflusst, die wiederum neue Eingriffe hervorriefen.

Zweitens konnten die Wasserregulierungen sowohl zu Konflikten zwischen den Anrainern als auch zwischen den verschiedenen Interessengruppen führen. Jeder Aspekt – von der Planung bis zur Instandhaltung – konnte zahlreichen Konfliktstoff bergen. Das eingedeichte Land musste ständig weiter entwässert, die Deiche, Kanäle und Flüsse regelmäßig überwacht und gepflegt werden. Hier stellte sich nun die Frage, wer für diese Pflege und Organisation verantwortlich war. Auch wenn – wie häufig zu beobachten ist – bereits vor der wasserregulierenden Maßnahme die wichtigsten Fragen zur Finanzierung, Pflege und Verwaltung geklärt worden waren, konnten unter Einfluss des Wetters und menschlicher Unachtsamkeit neue Situationen entstehen: Wer war verantwortlich, wenn bei einem Sturmflut die Deiche brachen und das Land unter Wasser lief, es aber gleichzeitig Anzeigen von Fehlverhalten von Seiten der Dorfbewohner[15] gab?

Die daraus entstehenden Gerichtsprozesse, Einigungen und Verhandlungen wirkten sich somit indirekt auf den Raum aus: Konflikthafte Fragen, ob und wo ein neuer Damm entstehen sollte, mit welcher Technologie eine Schleuse gebaut werden sollte und inwiefern Salzwasser in das Landesinnere vordringen durfte, wurden durch gerichtliche und/oder außergerichtliche Verfahren geklärt. Eine wichtige Rolle spielte dabei die Kartographie. Einige der frühesten Regionalkarten in Europa haben mit Wasserregulierung und ihren rechtlichen Folgen zu tun. Manche frühe Regionalkarten aus Westeuropa weisen auf die ursprüngliche

---

Jasper Schenk/Jens Ivo Engels (Hrsg.): Historical Disaster Research. Concepts, Methods and Case Studies. Köln 2007; *Peter Rückert/Sönke Lorenz* (Hrsg.): Landnutzung und Landschaftsentwicklung im deutschen Südwesten. Zur Umweltgeschichte im späten Mittelalter und in der frühen Neuzeit. Stuttgart 2009. Exemplarisch für Flandern: *Tim Soens/Dries Tys/Erik Thoen:* Landscape Transformation and Social Change in the North Sea Polders, the Example of Flanders (1000–1800 AD), in: Siedlungsforschung: Archäologie, Geschichte, Geographie 31 (2014), S. 133–160.

14 So verdeutlichen die Studien von *Gottschalk*, welche anhand von Chroniken, Rechnungen und Deichurkunden die mittelalterlichen Stürme und die Hochwasserproblematik versuchte zu erfassen, wie tiefgreifend das Wetter die Wasserregulierungen beeinflusste: *M. K. Elisabeth Gottschalk:* Stormvloeden en rivieroverstromingen in Nederland, 3 Bde. Assen 1971–1977.

15 Aus Gerichtsakten der *Hoogheemraden* werden Beispiele für solches Fehlverhalten deutlich, welche mit Bußgeldern (bei Nicht-Zahlung konnte das Vierfache gepfändet werden!) bestraft wurden: fehlende Reparaturen und/oder Geldzahlungen, Torfstechen in der Nähe eines Deiches, Vieh auf einem Kade weiden lassen, etc. Vgl. *van Tielhof/van Dam:* Waterstaat in stedenland (wie Anm. 9), S. 100–101.

Planung hin. Viele andere wurden erst gezeichnet, als die Umänderung oder Umleitung des Wassers zu Auseinandersetzungen und zu Gerichtsprozessen führte.[16]

Wie eng Recht, Wasserregulierung und Kartographie miteinander verflochten sind, wird im Folgenden anhand von Fallstudien verdeutlicht und ausgewertet. Besonderes Augenmerk gilt hier vor allem den Konfliktsituationen, welche bei der Planung, Konstruktion und Umstrukturierung von Wasserregulierungen entstehen konnten. Zuerst ist aber ein kurzer Blick auf die vielseitige Überlieferung zu werfen, die es erlaubt, Karten mit schriftlichen Quellen zu kombinieren. Zwei kurze Beispiele leiten diese Überlegung ein.

2 Karten und Konflikte zur Wasserregulierung

Während das Thema Wasserregulierung eine große Quellenvielfalt bietet, ist die Quellenüberlieferung inhaltlich manchmal eher dünn. Das mittelalterliche ‚Wassermanagement' kommt zwar in Urkunden, Weistümern, Gerichtsakten, Chroniken, Traktaten, Landesbeschreibungen und Karten vor, macht jedoch häufig nur einen kleinen Teil des Quelleninhalts aus. Nur durch eine Kombination der verschiedenen Quellen können deshalb weitere Erkenntnisse gewonnen werden. Besonders die Karten sind für dieses Thema durch das Zusammenspiel von Text und Bild von Interesse.

So beinhaltet ein Kartular der englischen *Chertsey Abbey* eine Karte, die direkt mit einer Auseinandersetzung über die Weiderechte auf einer Flussinsel in Verbindung steht. Die Streitigkeiten waren zurückzuführen auf umfangreiche Wasserregulierungen, welche die Abtei schon viele Jahre vorher durchgeführt hatte.[17] Für die Wasserregulierung ist nicht nur die Darstellung zweier zeitgenössischen Wassermühlen von Interesse, sondern auch die alten Ortsnamen auf der Karte. Da die Landschaft sich in den letzten Jahrhunderten sehr stark verändert hat, bieten die Angaben auf der Karte die Chance, diese mit Ortsnamen aus den alten Urkunden zusammenzubringen. Hierdurch lässt sich möglicherweise viel mehr über die frühere Wasserregulierung aussagen.

---

16 So konnte für England beobachtet werden, dass die frühesten Lokal- und Regionalkarten in Verbindung mit Planungen oder Verhandlungen über Wasserregulierungen standen. Hierzu *Paul D.A. Harvey/R.A. Skelton:* Local Maps and Plans from medieval England. Oxford 1986, S. 5–6.

17 Vgl. *Susan Reynolds:* Chertsey, Surrey, and Laleham, Middlesex, in: *R.A. Skelton/P.D.A. Harvey* (Hrsg.), Local Maps and Plans from medieval England. Oxford 1986, S. 237–243. Eine gute Abbildung der Karte befindet sich im gleichen Band, Abb. 21.

Aus Hessen stammt hingegen ein Fall, der nicht nur Deiche abbildet, sondern nebenbei auch etwas über die (vermeintlichen) juristischen Ansprüche und Zuständigkeiten beim Deichbau verrät. 1561 wurde eine Augenscheinkarte im Rahmen eines Reichskammergerichtsprozesses zu einer Störung des Besitzes bei Geinsheim gemalt. Die Kontrahenten waren Reinhard von Isenburg, Graf von Büdingen und der hessische Landgraf Philipp, zugleich Graf von Katzenelnbogen, Ziegenheim, etc.[18] Die Karte bildet ein kleines Gebiet bei Oppenheim am Rhein ab (Abb. 3). Oben ist Oppenheim zu sehen, daneben das kleinere Nierstein und zentral in der Mitte der Karte das Dorf Geinsheim. Unten im Kartenbild sind die Ortschaften Wallerstädten, Trebur und Astheim dargestellt. Die hellbraunen Streifen, welche größtenteils parallel zum Rhein laufen, bilden den Hessischen *Landteich* ab. Straßen und Wege sind mittels gestrichelter Linien wiedergegeben. Auch wenn es sich bei der Klage eigentlich um eine Besitzstörung handelte, wurden die Deiche öfters im Prozess erwähnt. Der Deich bildete im Prozess und auf der Karte nicht nur eine Orientierungshilfe, sondern wurde auch Teil des Streitgegenstandes selbst: So legitimierte Isenburg den Anspruch auf Gerichtsbarkeit mit dem Deichbau. Geinsheim habe früher beim Deichbau zum Schutz gegen den Rhein mitgeholfen und somit, meinte Isenburg, *wann sich zwey auff dem Lanndteuch schlagen, unnd der faal naher Nerstheim sich begibt, das der frevel denen zu Nerstheim unnd nit den Landtgrevischen zustendig ist.*[19]

Fallbeispiele wie diese machen klar, dass frühere Wasserregulierungen auch Jahrhunderte später zu neuen Ansprüchen und Konflikten führen konnten. Es gab aber auch Fälle, welche bereits in der Planungsphase Widerstand hervorriefen. Über die vielen Verhandlungen, die für die Planung von neuen Wasserbauten notwendig waren, geben zwei Karten aus den Niederlanden Aufschluss.

3 Streiten, verhandeln, planen?

Zwischen den Flüssen Oude Rijn, Hollandse IJssel, Lek und Waal, die in etwa das niederländische Rheindelta bilden, wurden schon sehr früh Deiche, Dämme und

18 Eine Parteiakte mit einem Teil der Gerichtsakten befindet sich in: HStA Darmstadt, Bestand E 12 Nr. 154. Dezember 1559 wurde eine Kommission unter der Leitung von Johann Beußlern benannt, welche die Situation vor Ort inspizieren und die Zeugen verhören sollte. April 1560 traf sich diese Kommission in Mainzer Rathaus, beeidigte dort den Maler und hörte die Zeugen. Laut Akte waren beide Parteien mit der Idee, einen Maler hinzuzuziehen, einverstanden. Die Karte wurde 1561 fertiggestellt. Vgl. HStA Darmstadt, Bestand E 12 Nr. 154, f. 3v–7r, f. 50v–51v.

19 HStA Darmstadt, Bestand E 12 Nr. 154, f. 21r, zit. f. 14v. Wie der Prozess ausgegangen ist, und inwiefern dieser Anspruch umgesetzt werden konnte, verrät die überlieferte Akte nicht.

Abb. 3. Die Augenscheinkarte zeigt Oppenheim und Nierstein am Rhein, sowie Geinsheim (zentral auf der Karte), Wallerstädten, Trebur und Astheim. Die jeweiligen Gemarkungen der verschiedenen Dörfer sind farblich voneinander getrennt. So ist Geinsheim in Grün, Nierstein in einem blassen Braunrot, Trebur in Orange, Gerau in Pink, Wallerstädten in Gelbgrün und Astheim in Auberginerot dargestellt. Die Karte ist 69 x 81 cm groß und auf süd-süd-westen orientiert. Hauptstaatsarchiv Darmstadt, P 1, Nr. 140.

Kanäle gebaut, die das urbargemachte Land gegen Hochwasser schützen sollten. Dieses Flussdelta war gleich zwei Gefahren ausgesetzt: zum Einen konnte der Rhein mit seinen Nebenflüssen Hochwasser führen, zum Anderen konnten Sturmfluten von der Nordsee aus kommend, erhebliche Schäden anrichten. Die spätmittelalterliche Verwaltung des Wassers fand sowohl auf lokaler, regionaler als auch auf der Ebene der Landesherrschaft statt.[20] Zwei Karten aus dem späten 15. Jahrhundert geben eine Übersicht über die mittelalterliche Wasserregulierung dieser Region. Um die Karten sprachlich voneinander zu trennen, werden diese im Folgenden als ‚kolorierte Karte' (Abb. 4) und ‚Kartenskizze' (Abb. 5) bezeichnet. Zudem wird, zur besseren Orientierung, auf eine vereinfachte moderne Flusskarte verwiesen. (Abb. 6)

Das kolorierte Exemplar (Abb. 4) zeigt das Gebiet zwischen Rotterdam, Dordrecht, Utrecht und Gouwsluis.[21] Von unten nach oben (Norden nach Süden) sind die Flüsse Oude Rijn, Hollandse IJssel, Lek und Merwede bzw. Waal als breite horizontale Wasserstraßen abgebildet. Auch sind einige kleinere Wasserläufe eingezeichnet, welche die Querverbindungen zwischen den oben genannten Flüssen darstellen. So verbindet die Gouwe (rechts unten auf der Karte) den Oude Rijn mit dem Hollandse IJssel bei Gouda und verknüpft der recht breit dargestellte Fluss Noord bei Dordrecht (rechts oben) Waal und Lek miteinander. Utrecht (links unten) erhält hingegen durch Kanäle (Vaartse Rijn[22]) Anschluss an den Hollandse IJssel und den Lek. Hinzu kommen drei Flüsse zwischen Lek und Hollandse IJssel, welche heute nicht mehr in dieser Form zu identifizieren sind. Eine dunkle Linie zwischen Oudewater und Woerden stellt einen Deich (*Lin-schoterdijk*) dar. Auffällig sind die vielen Städte und Ortschaften, welche an beiden Seiten des Lek mit Chiffren für Burgen oder Kirchen eingezeichnet sind. Schon alleine entlang des

---

20 Die frühen lokalen Vereinbarungen wurden seit dem 13. Jahrhundert durch regionale Organisationen zum Wassermanagement (*hoogheemraadschappen*) gebündelt. Im Laufe des späten Mittelalters wurde auch die Rolle der Landesherrschaft in Sachen Wasserregulierung immer wichtiger. Vgl. *Tebrake:* Hydraulic Engineering in the Netherlands (wie Anm. 5), S. 116–125; *van Tielhof/van Dam:* Waterstaat in stedenland (wie Anm. 9), S. 40–47 und S. 90–93.

21 Nationaal Archief, Den Haag, Verzameling Binnenlandse Kaarten Hingman, nummer toegang 4.VTH, inventarisnummer 236. Scan online verfügbar unter: https://www.nationaalarchief.nl/onderzoeken/archief/4.VTH/inventaris?inventarisnr=236&activeTab=gahetnascans#tab-heading (abgerufen am 31. Juli 2019). Erste Literatur: Vgl. *B. van 't Hoff:* The oldest Maps of the Netherlands. Dutch Map Fragments of about 1524, in: Imago Mundi 16 (1962), S. 29–32, hier S. 30–31; *Peter van der Krogt:* Lokale kaarten van Nederland uit de late middeleeuwen, in: Caert-Thresoor 27:2 (2008), S. 29–42, hier S. 38.

22 Der Vaartse Rijn wurde bereits im frühen 12. Jahrhundert gegraben, später wurden die Kanäle weiter verbreitert (Doorslag), so dass Utrecht sowohl mit der Hollandse IJssel als auch mit dem Lek verbunden war.

Lek sind etwa 30 Ortschaften abgebildet. Dordrecht,[23] Gouda und Utrecht sind mittels größerer Chiffren als bedeutsame Städte dargestellt.

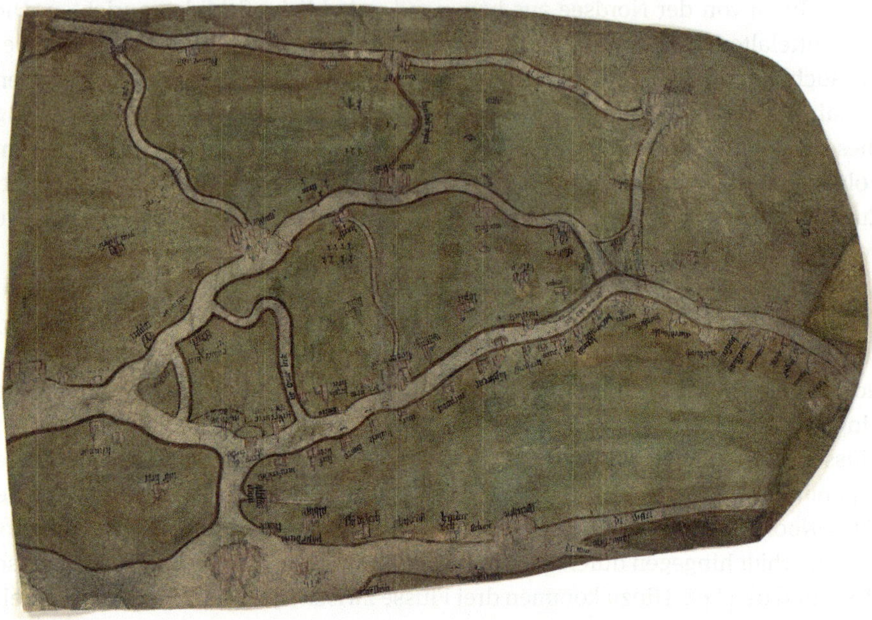

Abb. 4: Den Haag (Niederlande). Die Karte ist 47 x 63 cm groß und wurde bisher auf das 15. Jahrhundert datiert. Sie ist auf den Süden ausgerichtet, deshalb erscheint der Norden unten. Der Maler ist unbekannt. Zum Teil ist die Karte stark verblasst. Nationaal Archief, Den Haag, Verzameling Binnenlandse Kaarten Hingmann, nummer toegang 4.VTH, inventarisnummer 236.

Die andere Karte (Abb. 5) ähnelt eher einer Skizze, wenn auch der Aufbau der kolorierten Karte gleich ist. Sie veranschaulicht das Gebiet zwischen Rotterdam, Dordrecht, Utrecht und Woerden und zeigt auch den Verlauf der wichtigsten Flüsse.[24] Von Norden nach Süden sind wiederum die Flüsse Oude Rijn, Hollandse

---

23 Da die Stadt Dordrecht als Insel dargestellt wird, muss davon ausgegangen werden, dass die Karte erst nach den Elisabethenfluten von 1421–1424 erstellt worden ist. Letztere hatten zu großen Landverlusten im Gebiet um Dordrecht geführt. Vgl. *P. Cleveringa* u. a.: ‚So grot overvlot der watere …'. Een bijdrage aan het moderne multidisciplinaire onderzoek naar de St. Elisabethsvloeden en de periode die daaraan vooraf ging, in: Holland. Historisch Tijdschrift 3 (2004), S. 162–180, hier S. 171–172.

24 Gouda (Niederlande), Streekarchief Midden-Holland, inventarisnummer 2224 C 1, „Schetsmatige overzichtskaart van de waterbeheersing in het gebied tussen Utrecht, Vianen, Gorinchem, Dordrecht, Rotterdam, Alphen a/d Rijn en Woerden, 1498." Online verfügbar unter: https://data.

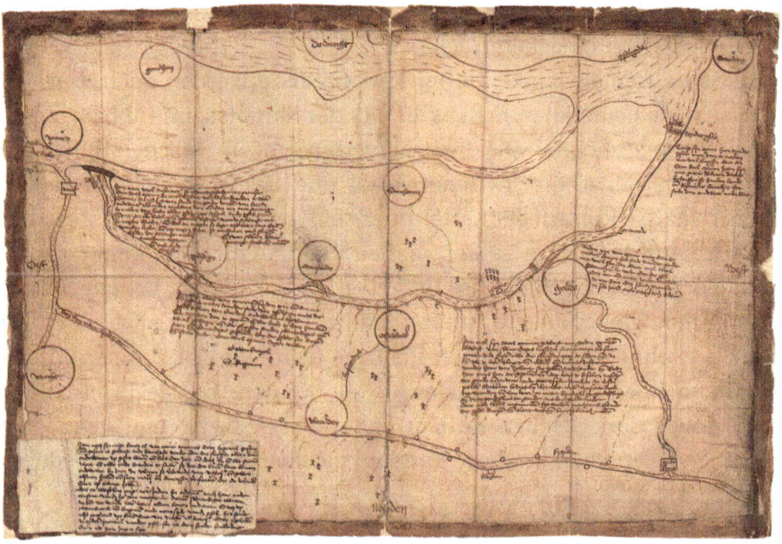

Abb. 5: Gouda (Niederlande). „Schetsmatige overzichtskaart van de waterbeheersing in het gebied tussen Utrecht, Vianen, Gorinchem, Dordrecht, Rotterdam, Alphen a/d Rijn en Woerden, 1498." Die Skizze ist 31 x 45 cm groß. Die Kartenskizze ist ebenfalls auf den Süden ausgerichtet und bisher keinem Maler und/oder Schreiber zuzuordnen. Streekarchief Midden-Holland, inventarisnummer 2224 C 1.

IJssel, Lek und Merwede bzw. Waal zu sehen. Von nord-südlich-verlaufende Strom zwischen Vianen und Utrecht stellt den Vaartse Rijn dar und verbindet Utrecht mit dem Lek. Auch das Flüsschen Gouwe zwischen Hollandse IJssel bei Gouda und Oude Rijn ist eingezeichnet. Eine schmale Linie zwischen Oudewater und Woerden bildet der *Linschoterdijk* ab. Die verschiedenen Flüsse werden mit kleinen Strichen wiedergegeben; die Städte und Dörfer mit Kreisen angedeutet. In der Skizze sind Utrecht, Woerden, Oudewater, Gouda, Montfoort, IJsselstein, Schoonhoven, Vianen, Gorinchem, Dordrecht und Rotterdam mit großen Kreisen ab-

samh.nl/page/beeldbank/kaarten-en-plattegronden/7927. (abgerufen am 30. Juli 2019) Die Skizze ist schon mehrmals in Kartenauflistungen genannt worden, allerdings ohne größere Auswertung: Sybrandus Johannes *Fockema Andreae/Bert van 't Hoff:* Geschiedenis der kartografie van Nederland. Van den romeinschen tijd tot het midden der 19de eeuw. Den Haag 1947, S. 13; *P.D.A. Harvey:* Local and Regional Cartography in Medieval Europe, in: *J.B. Harley/David Woodward* (Hrsg.), The History of Cartography, Bd. 1: Cartography in Prehistoric, Ancient, and Medieval Europe and the Mediterranean. Chicago 1987, S. 464–501, hier S. 500; *van der Krogt:* Lokale kaarten van Nederland (wie Anm. 24), S. 38.

gebildet; Haastrecht, IJsselmonde, Kortenoord, Zwammerdam und Bodegraven sind als kleinere Ortschaften gekennzeichnet.

Trotz der vielen Gemeinsamkeiten im Kartenaufbau werden auch drei elementare Unterschiede bemerkbar. Erstens sind in der Kartenskizze (Abb. 5) einige Wasserläufe nicht eingezeichnet: Die drei Querverbindungen zwischen Hollandse IJssel und Lek sowie der Noord zwischen Waal und Lek sind nicht zu sehen. Zweitens hat der Vaartse Rijn auf der Kartenskizze einen anderen Verlauf als in der kolorierten Karte. Auf der Skizze ist der Vaartse Rijn lediglich mit dem Lek verbunden, nicht jedoch mit der Hollandse IJssel (vgl. Abb. 7 und 8). Drittens ist auf der Kartenskizze eine viel geringere Zahl an Städten und Dörfern abgebildet. Da die kolorierte Karte ohne begleitende Schriftstücke überliefert ist, können vorerst nur Mutmaßungen über ihre Funktion angestellt werden. Da sie in etwa das gleiche Gebiet sowie den gleichen Aufbau hat wie die Skizze, muss zunächst davon ausgegangen werden, dass diese Karte im gleichen Kontext wie die Skizze entstanden ist.

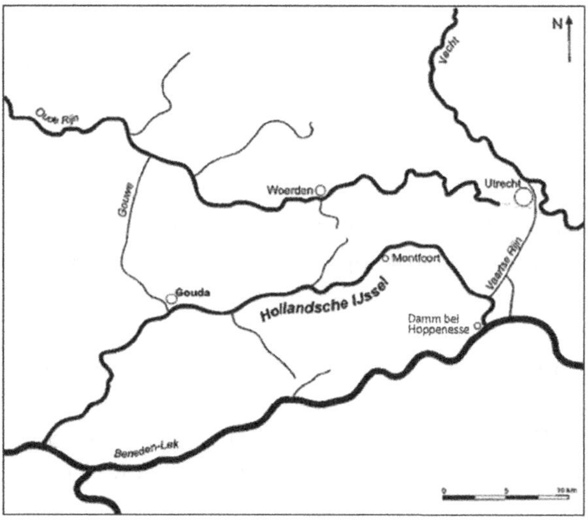

Abb. 6: Übersicht der Flüsse Oude Rijn, Hollandsche IJssel, Lek und Vecht. Der Fluss Waal befindet sich südlich des Lek. Erstellt nach einer Darstellung von Bart Ibelings und C.W. Hesselink-Duursma, mit Dank an Larissa Sebastian.

Die Kartenskizze (Abb. 5) stellt sich bei näherer Betrachtung als eine sehr elaborierte Karte heraus, welche mittels kleiner Kreise und Rechtecke verschiedene wasserbaukundige Werke abbildet, die teilweise bereits entstanden waren, teilweise nur als Gedankenexperiment existierten. Diese werden anhand von verschiedenen Textblöcken, welche über die Karte verteilt sind, näher erläutert. Es handelt sich nämlich um Vorschläge zur Lösung des Problems der Verlandung der Hollandse IJssel. Die kleinen ‚Strichmännchen', welche vorrangig zwischen Hollandse IJssel und Oude Rijn zu sehen sind, stellen Windmühlen dar; die sehr kleinen Kreise unmittelbar neben dem Oude Rijn und der Hollandse IJssel sind Siele, die das Wasser in die Flüsse leiten sollen.

Bevor die Karten am Ende des 15. Jahrhunderts entstanden, waren im Gebiet bereits mehrere umfangreiche Wasserregulierungen vorgenommen worden. Diese hatten zu einer Verlandung der Hollandse IJssel geführt.[25] Ab 1285 war die Hollandse IJssel bei Hoppenesse (Vreeswijk) abgedämmt worden, wodurch sich der Flusspegel mit der Zeit stark verringerte. Der Lek wurde hingegen zum größeren Fluss. Für die Trockenlegung der Moorgebiete zwischen Hollandse IJssel und Oude Rijn war eine gute Entwässerungsmöglichkeit unabdingbar: Diese funktionierte aber nur bei einem niedrigeren Flusspegel.[26] Allerdings ist die Rechnung nicht ganz aufgegangen: Die Entwässerung der Moorgebiete sowie die Torfgewinnung führten im Laufe der Zeit zu Bodensenkungen des Binnenlandes,[27] während die Hollandse IJssel weiter verlandete.[28] Deshalb verlangten nicht nur die neuen Trockenlegungen, sondern auch die bereits urbargemachten Gebiete eine ständige Entwässerung. Da das Wasser nicht mehr in die Hollandse IJssel geführt werden konnte, musste dieses wieder in die Flüsse Lek und Oude Rijn umgeleitet werden.[29]

Im 15. Jahrhundert scheint die Situation die Schifffahrt und den Handel einiger Städte akut bedroht zu haben. IBELINGS hat in seiner Studie zur Verlandung der

---

25 Zur Verlandung der Hollandse IJssel und die Auswirkungen für die Stadt Gouda siehe: *Bart J. Ibelings:* ‚Scuren ende diepen'. De strijd tegen de verlanding van de Hollandse IJssel als gevolg van de afdamming in 1285, tot circa 1550, in: Tijdschrift voor waterschapsgeschiedenis 10 (2001), S. 1–11.

26 Vgl. *Guus J. Borger/Frits H. Horsten/Johan F. Roest:* De dam bij Hoppenesse. Gevolgen voor de afwatering van het gebied tussen Oude Rijn en Hollandsche IJssel, 1250–1600. Hilversum 2016, S. 13.

27 Durch Entwässerung findet eine Oxidierung des alten (im Moor luftdicht geschützten) Pflanzenmaterials statt. Die Torfgewinnung führte dazu, dass die Böden noch mehr einsackten. Zur Entwicklung des Torfabbaus in Holland und seine landschaftlichen Folgen: Vgl. *van Tielhof/van Dam:* Waterstaat in stedenland (wie Anm. 9), S. 68–75.

28 Die Verlandung der Hollandse IJssel verlief chronologisch von Ost nach West. Vgl. *Borger/Horsten/Roest:* De dam bij Hoppenesse (wie Anm. 27), S. 14. So hat man das Wasser in der Region um Gouda sehr lange noch in die Hollandse IJssel sowie in den Gouwe geleitet. Erst am Ende des 15. Jahrhunderts hat dieses Gebiet den Oude Rijn für die Entwässerung genutzt. Vgl. ebd., S. 93–94, 98. Eine Karte mit den Anfangsjahren der Entwässerung auf die Hollandse IJssel in den verschiedenen Gebietsteilen verdeutlicht diesen Befund: Ebd., S. 104.

29 Vgl. *Ibelings:* ‚Scuren ende diepen' (wie Anm. 26), S. 1–2.

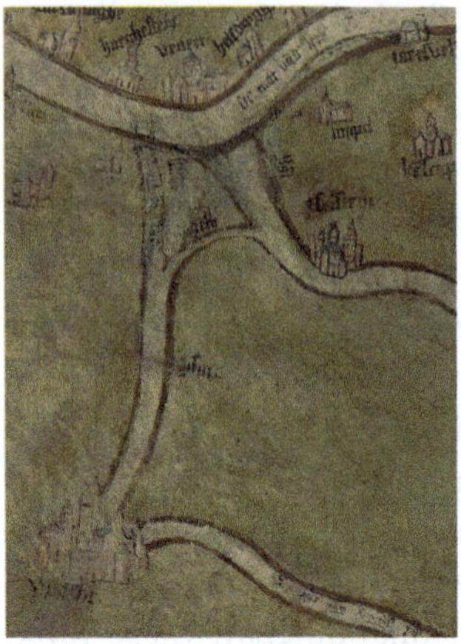

Abb. 7: Detail aus Den Haag (Niederlande), Verzameling Binnenlandse Kaarten Hingman, Nationaal Archief, Den Haag, nummer toegang 4.VTH, inventarisnummer 236.

Hollandse IJssel auf die Treffen zwischen den Städten Gouda und Montfoort (1425) sowie einen 1441 geplanten Verhandlungstag von Seiten des gräflichen Rates *(Raad van Holland)* hingewiesen.[30] Offenbar haben diese Unterredungen wenig gebracht, denn auch in späteren Jahren ist immer wieder die Rede von der Verlandung der Hollandse IJssel und den dazugehörigen Interessenkonflikten. Während manche Städte sich für gute schiffbare Wasserstraßen einsetzten, befürchteten andere, dass Vorschläge zur Vertiefung oder Neuregulierung des Flusses für die trockengelegten Gebiete zu risikovoll seien. Nach IBELINGS gibt es mehrere Hinweise auf erneute Verhandlungen in den 1490er Jahren.[31] Die Kartenskizze ist 1498 entstanden und muss, wie oben bereits angesprochen, in unmittelbarem Zusammenhang mit den Verhandlungen gestanden haben.[32]

Auf der Karte befinden sich mehrere Vorschläge, wie dem Problem der Verlandung entgegen zu wirken sei. Text und Bild gehen hier Hand in Hand, denn die jeweiligen Ideen stehen genau an der Stelle, wo ihre technische Umsetzung erfolgen soll. Im Folgenden werden die fünf Pläne von Ost nach West besprochen: Der erste Vorschlag steht links neben der Abdämmung bei Hoppenesse, welche mit einem sehr dicken Strich auf der Skizze abgebildet worden ist. Der Plan beinhaltet eine umfassende Wasserregulierung: Man solle die Hollandse IJssel von Oudewater bis nach Hoppenesse breiter machen und dort mit starken Balken und Brettern einen Überlauf vom Lek bis zur Hollandse IJssel ermöglichen. Der

30 Vgl. ebd., S. 2.
31 Ebd., S. 4–5.
32 Vgl. *van der Krogt:* Lokale kaarten van Nederland (wie Anm. 24), S. 38.

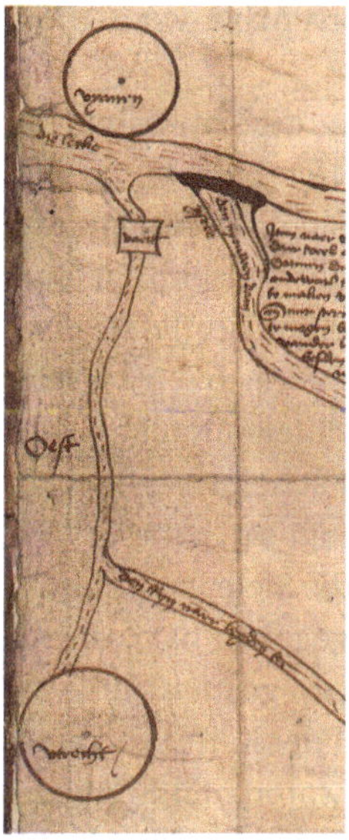

Abb. 8: Detail aus Gouda (Niederlande), Streekarchief Midden-Holland, inventarisnummer 2224 C 1.

Überlauf sollte an beiden Seiten durch verstärkte Türen gesichert werden, um das Gebiet gegen großes Hochwasser zu schützen.

Der zweite Plan sah vor, den Damm bei Hoppenesse zu öffnen, um das Wasser des Lek in die Hollandse IJssel fließen zu lassen. Zur Kontrolle des einströmenden Wassers sollte bei IJsselstein ein neuer Damm mit Schleusen und Schleusentoren gebaut werden. Auf der Karte ist dieses System im Fluss mit vier kleinen Kreisen und zwei Linien eingezeichnet. Die Schleusentore sollten im Sommer geschlossen sein und im Winter offenstehen. Durch das Fließen des angestauten Wassers sollte, so die Erwartung, die IJssel sich selbst wieder vertiefen.

Die dritte Idee beschreibt sowohl landwirtschaftliche als auch wirtschaftliche Interessen: So sollen zwischen St. Martin (11.11.) und St. Petri *ad cathedram* (22.02.) alle Siele geöffnet werden, um das Hinterland zu fluten. Der Text beschreibt, dass die Landesherrschaft mit diesem Vorschlag einverstanden sei und dies erstmal im Gebiet zwischen Gouda, Oudewater, Woerden und Goudsluis ausprobieren wolle. Der Text steht in der Karte genau an der Stelle, wo das Gebiet im Winter überströmt und darnach mit dem (später zurückgelassenen) Lehm wieder fruchtbar gemacht werden sollte. Nach dem Winter soll das Wasser wieder in die Hollandse IJssel abfließen und dadurch den Fluss vertiefen.

Sowohl die vierte als auch die fünfte Option beinhalten einen Damm mit Schleusen am Ende der Hollandse IJssel. Sowohl die Variante bei Gouda als auch kurz vor Rotterdam sind mit kleinen Kreisen und jeweils zwei Strichen auf der

Karte eingezeichnet worden. Anders als die ersten drei Vorschläge werden die Pläne nicht näher erläutert.

Auch wenn der Schreiber sich meist mit seiner Meinung zurückhielt, hatte er jedoch die beiden letzten Pläne als wenig chancenreich bewertet: Beim Vorschlag, einen Damm bei Gouda zu bauen, erlaubte der Schreiber sich die Bemerkung, dass die IJssel in einem Jahr dann mehr verlanden würde als in sechs Jahren ohne weitere Regulierung. Auch der Plan, ganz am Ende der Hollandse IJssel einen Damm mit Schleusen zu bauen, scheint auf wenig Gegenliebe gestoßen zu sein: *daer veel opinien Jegen sijn mit groote Redenen.* Gegner befürchteten Nachteile für den Fluss und das Gebied unter Oudewater. Der dritte Plan scheint, so die Darstellung des Schreibers, die meisten Interessenten überzeugt zu haben: Viele wären der Meinung (*veel opinien)*, dass es eine gute Idee sei, die Siele im Winter zu öffnen und das Land zu fluten.[33] Falls es Gegenargumente gegeben hat, wurden diese hier nicht erwähnt. Vorständer sahen diesen Vorschlag *met goeden exemplen* belegt. Zudem berichtet der angeheftete Text (links unten auf der Karte) von einer vorherigen Erfahrung mit geöffneten Sielen: Bei Oudewater waren, mit Erlaubnis des Herren von Montfoort, im Winter die Siele geöffnet worden, wodurch das Wasser das Gebiet bei Kattenbroek und Rapijnen – beide auch auf der Karte verortet – geflutet habe. Die anschließende Ablagerung von Lehm habe den Boden sehr verbessert.

Auch wenn die Kartenskizze auf den ersten Blick nur die verschiedene Vorschläge übersichtlich abbildet, scheint bei näherer Betrachtung eine eindeutige Präferenz vorgeherrscht zu haben. Der dritte Plan wurde nämlich nicht nur textuell, sondern auch graphisch hervorgehoben. Im Kartenbild ist das vorgestellte Szenario genau abgebildet: Die vielen kleinen Kreise bilden die Siele ab, die kleineren krakeligen Linien stellen vermutlich das ein- und ausströmende Wasser dar. Zudem ist sowohl die Erfahrung der Sielöffnung bei Oudewater (hierzu Texteintragungen zu Kattenbroek und Rapijnen) als auch die geplante Öffnung der Siele zwischen Oudewater und Gouda im Kartenbild eingezeichnet.

Auch wenn der Plan mit der winterlichen Überströmung auf der Karte am meisten hervorstach, bleibt vorerst undeutlich, welche Wirkung die Kartenskizze gehabt hat. Die Skizze stellt schließlich eine Momentaufnahme dar, welche die aktuellen Vorschläge zur Wasserregulierung übersichtlich veranschaulicht. Die Texte auf der Skizze geben Anlass zur Schlussfolgerung, dass das Problem der Verlandung der Hollandse IJssel von der lokalen bis in die höchste Herrschafts- und Verwaltungsebene besprochen wurde. Bisher unbekannt ist, wie die Konflikte

---

33 Diese Praxis scheint durchaus üblich, vgl: *Ibelings:* ‚Scuren ende diepen' (wie Anm. 26), S. 4; *Cleveringa* u. a.: So grot overvlot der watere ...' (wie Anm. 23), S. 165 – 166.

und Verhandlungen über die Hollandse IJssel weitergeführt wurden. Dämme wurden jedenfalls nicht gebaut.[34]

Die kolorierte Karte (Abb. 4) gibt dazu leider keinen weiteren Aufschluss: Bei einer erneuten Betrachtung, scheint Letztere nicht direkt mit der Situation an der Hollandse IJssel verbunden zu sein: Die verschiedenen Überlegungen zur Wasserregulierung sind weder textuell noch graphisch auf der kolorierten Karte zu finden. Zudem führt die große Menge Ortschaften auf der kolorierten Karte zu der Überlegung, dass die Aufmerksamkeit des Betrachters vor allem auf das Gebiet um den Lek[35] gerichtet werden soll, wohingegen die Kartenskizze sich auf die Hollandse IJssel konzentriert. Die Einzeichnung von Flüssen und Wasserläufen auf der kolorierten Karte müsste genauer studiert werden, um die Funktion dieser schönen Karte besser innerhalb der Geschichte der Wasserregulierung zu verorten.

4 Fazit

Mit einigen Kartenbeispielen wurde die vielfältige Beziehung zwischen Raum, Recht und Wasserregulierung verdeutlicht, wobei das Zusammenspiel zwischen Text und Bild besonders hervorstach. Schließlich ist nur durch die überlieferten zugehörigen Texte und Akten eine Analyse der Konflikte über Wasserregulierung möglich. Die Rolle der Kartographie bei Konflikten über Wasserregulierung lag in der wohlgenutzten Möglichkeit, über kleinere oder größere Distanzen hinweg Wasserregulierungsmaßnahmen zu planen und/oder über ihre Folgen zu diskutieren.

Als große Fallstudie galt eine Analyse des niederländischen Rheindeltas, welches kartographisch auf Karten des späten 15. Jahrhunderts überliefert ist. Besonders die Kartenskizze, welche eine zeitgenössische Übersicht der verschiedenen Lösungen gegen die Verlandung der Hollandse IJssel darstellte, erwies sich als besonders ergiebig. Sie zeigte, wie eine Karte bei außergerichtlichen Verhandlungen genutzt werden konnte. Hierzu waren die verschiedenen textuellen Vorschläge eng mit der visuellen Darstellung der Pläne verknüpft: Jeder Plan wurde mit einer Verortung und Illustration des jeweiligen Eingriffs auf der Karte abgebildet. Zudem waren die verschiedenen Techniken (Schleusen, Siele und

---

34 Vgl. *Ibelings:* ‚Scuren ende diepen' (wie Anm. 26), S. 8.

35 Zur Geschichte des Lek: Vgl. *Ferdinand van Hemmen/Eckhart Heunks:* Kwaliteitskader deel 1. Noordelijke Rijn- en Lekdijk Amerongen – Schoonhoven. Verkennend onderzoek cultuurhistorie en archeologie, S. 15–16. (elektr. Ressource, via: https://www.hdsr.nl/publish/pages/92965/kwaliteitskader_bijlage_cultuurhistorie.pdf (abgerufen am 31. Juli 2019).

Dämme) bereits in den konkreten Vorschlägen mit aufgenommen. Das Beispiel zeigt auch, dass eventuelle negative Konsequenzen bei der Planung der Dämme durchaus mit einkalkuliert wurden. Inwiefern die Befürchtungen tatsächlich zutrafen, war allerdings bereits unter Zeitgenossen umstritten. Soweit bisher deutlich ist, konnte keine befriedigende Lösung gefunden werden, wodurch die Hollandse IJssel immer weiter verlandete.

Elisabeth Kisker

Territoriale Abgrenzung in Wort und Kartendarstellung

Ein westfälisches Beispiel aus dem 15./16. Jahrhundert

1 Handgezeichnete Karten kleinerer Räume im 16. Jahrhundert

Im 16. Jahrhundert werden fast überall in Europa handgezeichnete Karten kleinerer Räume greifbar, besonders ab der Jahrhundertmitte steigen die Zahlen dieser neuartigen Form der Raumerfassung plötzlich stark an.[1] Auf den Karten geht es ausgesprochen häufig um Grenzen, offensichtlich war um 1550 der Zeitpunkt gekommen, an dem man erkannte und verbreitete, dass die zeichnerische Darstellung der räumlichen Situation eines Grenzverlaufs für bestimmte Zwecke nützlich war.[2] Weil die Karten im Zusammenhang mit Streitigkeiten oder Verhandlungen um Grenzverläufe und Besitzverhältnisse entstanden, sind sie in einen Aktenkontext eingebunden und im Schriftgut von Herrschaften oder Gerichten – insbesondere auch des Reichskammergerichts – in Archiven überliefert.[3]

---

1 *Paul D. A. Harvey:* The history of topographical maps. Symbols, pictures, and surveys. London 1980, S. 153–168; *Fritz Hellwig:* Tyberiade und Augenschein. Zur forensischen Kartographie im 16. Jahrhundert, in: *Jürgen F. Baur* (Hrsg.), Europarecht, Energierecht, Wirtschaftsrecht. Festschrift für Bodo Börner zum 70. Geburtstag. Köln u.a. 1992, S. 805–834 (hier: S. 811 f.); *Fritz Wolff:* Karten im Archiv. Marburg 1987 (Veröffentlichungen der Archivschule Marburg, Institut für Archivwissenschaften, Bd. 13), S. 5 f.; *Gerhard Leidel:* Die Anfänge der archivischen Kartographie im deutschsprachigen Raum. Acht handgezeichnete Karten des 15. Jahrhunderts im Bayerischen Hauptstaatsarchiv, in: Archivalische Zeitschrift 85 (2003), S. 85–146 (hier besonders: S. 86 f).

2 *Wolff:* Karten (wie Anm. 1), S 5. Das lässt sich beispielsweise auch am Kartenbestand der westfälischen Abteilung des Landesarchivs NRW in Münster ablesen. Für die Zeit bis 1600 sind dort insgesamt 83 handgezeichnete Karten zum westfälischen Raum bekannt, 59 davon – fast zwei Drittel – haben mit Grenzen zu tun: Landesarchiv NRW – Abteilung Westfalen (künftig: LAV NRW W), W 051/Karten A (Allgemein). Ein großer Teil des Kartenbestands ist digitalisiert und über die Homepage des Archivs online zugänglich: http://www.archive.nrw.de/LAV_NRW/jsp/findbuch.jsp?archivNr=1&id=2996&tektId=3644 (abgerufen am 31. Mai 2019).

3 *Wolff:* Karten (wie Anm. 1), S. 5 f.; *Hellwig:* Tyberiade (wie Anm. 1), S. 805; *Gerhard Leidel:* Die amtliche Kartographie in Bayern bis zum Flurkartenwerk. Eine Einführung in den Ausstellungskatalog, in: *ders.*, Von der gemalten Landschaft zum vermessenen Land. Eine Ausstellung des Bayerischen Hauptstaatsarchivs zur Geschichte der handgezeichneten Karten in Bayern. Neu-

https://doi.org/10.1515/9783110683424-004

Paul D.A. Harvey konnte bereits in den 1980er-Jahren zeigen, dass Karten kleinerer Räume ganz vereinzelt und beschränkt auf bestimmte Regionen in Europa seit dem 12. Jahrhundert angefertigt wurden.[4] Durchsetzen konnte sich diese zeichnerische Form der Raumbeschreibung aber erst im Laufe des 16. Jahrhunderts, denn im Mittelalter wurden kleinere Räume üblicherweise in Worten beschrieben. Das gilt besonders für Grenzbeschreibungen, die für Grundbesitz seit dem 9. Jahrhundert, für weltliche Territorien seit dem 10. Jahrhundert überliefert sind.[5]

In seiner Habilitationsschrift „Beschreibung des Raums" stellt Andreas Rutz fest, dass verbale Grenzbeschreibungen im späteren Mittelalter das „Standardrepertoire bei Grenzziehungen" darstellten und bis weit in die Frühe Neuzeit hinein von Bedeutung waren.[6] Rutz erläutert, dass die im 16. Jahrhundert verstärkt aufkommenden Kartenzeichnungen diese traditionellen Raumbeschreibungen nicht verdrängten, sondern dass sie zunächst als Illustration zum besseren Verständnis, oft ohne explizite Bezugnahme, neben die verbalen Beschreibungen traten, ehe beide Medien allmählich enger miteinander verzahnt wurden.[7]

Anknüpfend an diese Sichtweise werden die frühen Kartenzeichnungen kleinerer Räume in diesem Beitrag als „komplementäres Beschreibungsverfahren"[8] betrachtet, das auf mittelalterliche Traditionen zurückgeht und zu Beginn der Frühen Neuzeit als neuartige Form der Erfassung kleinerer Räume in Erscheinung tritt. Um diese Einschätzung am konkreten Beispiel aufzuzeigen, wird im Folgenden ein Grenzkonflikt zwischen der Grafschaft Nassau-Siegen und dem

---

stadt 2006 (Ausstellungskataloge der Staatlichen Archive Bayerns, Bd. 48), S. 11–24 (hier: S. 13); *Gabriele Recker:* Gemalt, gezeichnet und kopiert. Karten in den Akten des Reichskammergerichts. Wetzlar 2004 (Schriftenreihe der Gesellschaft für Reichskammergerichtsforschung, H. 30), S. 6 f.; in seiner Dissertation zieht *Helmut Timpte:* Typologische Studien zur historischen Kartographie in Westfalen. Versuch einer historischen Kartenlehre. Münster 1960, Grenzkarten aus Westfalen (16.–19. Jahrhundert) als Quellengrundlage heran.

4 *Harvey:* The History (wie Anm. 1), insbesondere S. 84–103. Wieder aufgegriffen 2007 in: *Paul D. A. Harvey:* Local and regional cartography in medieval Europe, in: *John B. Harley/David Woodward* (Hrsg.), The history of cartography, Vol. 1: Cartography in prehistoric, ancient, and medieval Europe and the Mediterranean. Chicago/London 1987, S. 464–501.

5 *Reinhard Stauber/Kinji Akashi:* Grenze, in: Enzyklopädie der Neuzeit, Bd. 4, Sp. 1107–1116 (hier: Sp. 1107); *Ilse Reiter:* Grenze, in: Handwörterbuch zur deutschen Rechtsgeschichte (künftig: HRG), Bd. 2, Sp. 541–546, http://www.HRGdigital.de/HRG.grenze (abgerufen am 31. Mai 2019).

6 *Andreas Rutz:* Die Beschreibung des Raums. Territoriale Grenzziehungen im Heiligen Römischen Reich. Köln/Weimar/Wien 2018 (Norm und Struktur, Bd. 47), S. 106–114 zu verbalen Beschreibungen, Zitat: S. 107.

7 Ebd., S. 209, 353, 361 f.

8 Ebd., S. 397.

Herzogtum Westfalen vorgestellt, zu dem Karten und Akten in der westfälischen Abteilung des Landesarchivs NRW in Münster überliefert sind.

Das Herzogtum Westfalen gehörte zum Herrschaftsbereich der Kölner Erzbischöfe, umfasste allerdings entgegen der Bezeichnung keineswegs ganz Westfalen, sondern nur einen eher kleinen Teil im südöstlichen Westfalen. Das Gebiet um Siegen auf der anderen Seite der Grenze beherrschten nach mehreren Besitz- und Erbteilungen die Grafen von Nassau der ottonischen Linie von Dillenburg aus. Es bildete nach weiteren Teilungen 1623 die eigenständige Grafschaft Nassau-Siegen, seit 1652 Fürstentum Siegen.[9] Die Grenze zwischen beiden Territorien trennt Sauer- und Siegerland und gilt als Sprach- und Konfessionsgrenze.[10] Auf den Karten des 16. Jahrhunderts geht es also um eine Mittelgebirgsregion, etwa 90 km östlich von Köln gelegen.

2 „Grenzrollen" und Grenzbeschreibungen zum kölnisch-nassauischen Grenzkonflikt

Als um 1562 zwischen dem Herzogtum Westfalen und der Grafschaft Nassau ein Vergleich über verschiedene „Grenzirrungen"[11] verhandelt und geschlossen werden sollte, entstanden mehrere Handzeichnungen, die einen Grenzbereich mit strittigen Abschnitten zeigen und heute in den Beständen des Fürstentums Siegen im Landesarchiv Münster aufbewahrt werden.[12]

Die Karten wurden zwar dem ursprünglichen Aktenkontext entnommen und in eine separate Kartensammlung überführt, aber aufgrund expliziter Verweise

---

9 Zur Entwicklung der kölnischen Herrschaft in Westfalen in Mittelalter und Früher Neuzeit: *Wilhelm Janssen:* Das Erzstift Köln in Westfalen, in: *Peter Berghaus* (Hrsg.), Köln – Westfalen 1180–1980. Landesgeschichte zwischen Rhein und Weser, Bd. 1: Beiträge. Münster 1981, S. 136–142. Zur Grafschaft Nassau-Siegen: *Ludwig Bald:* Das Fürstentum Nassau-Siegen. Territorialgeschichte des Siegerlandes. Marburg 1939 (Schriften des Instituts für geschichtliche Landeskunde von Hessen und Nassau, Bd. 15).

10 *Markus Poggel:* Lebendige Zäune von Dornen. Einige Anmerkungen zu Territorialgrenzen im Spätmittelalter und der Frühen Neuzeit am Beispiel des „Kölschen Hecks", in: Concilium medii aevi 12 (2009), S. 89–96 (hier: S. 91).

11 So die in Akten des 16. Jahrhunderts oft verwendete Bezeichnung, auch im Titel des Abschiedebuchs: LAV NRW W, E 401/Fürstentum Siegen, Landesarchiv, Akten Nr. 565, fol. 1: *Abschiede in den irrungen so sich der grentz halber zwischen dem Stifft Collen und Nassau erhalten.*

12 LAV NRW W, W 051/Karten A Nr. 6771, 6772, 7510, 7512–7518. Sie sind alle online abrufbar (vgl. Anm. 2), am besten gibt man als Suchworte „Westfalen 1562" in die Suchmaske ein. Hier als Beispiel Abb. 9: LAV NRW W, W 051/Karten A Nr. 7510.

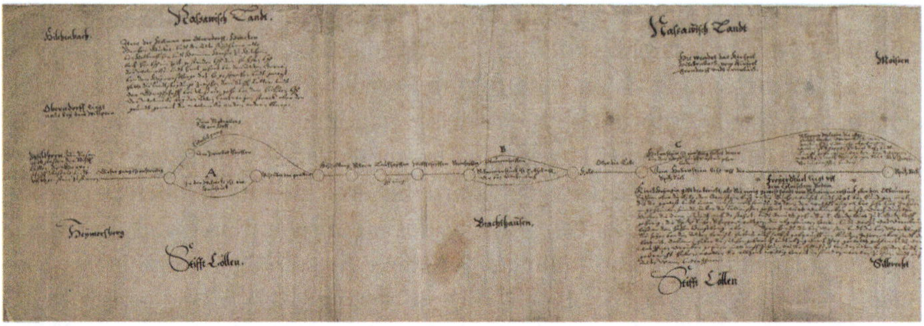

Abb. 9a: Landesarchiv NRW – Abteilung Westfalen – W 051/ Karten A Nr. 7510.

und deutlicher Bezüge lassen sie sich bestimmten Aktenschriftstücken zuordnen.[13]

Bei den Grenzdarstellungen handelt es sich um insgesamt zehn recht ähnliche, aber nicht völlig identische Exemplare, zwei davon sind Fragmente. Da lokale oder regionale Karten, die im 16. Jahrhundert für einen ganz bestimmten Verwendungszweck gezeichnet wurden, fast immer Einzelexemplare sind, ist diese „Serie" eine Besonderheit.[14] Für die Karten wurden einzelne Papierblätter zu einem langen, schmalen Format aneinandergeklebt; Kleinbuchstaben als Anfügungshilfen auf manchen Exemplaren lassen darauf schließen, dass bereits die Einzelblätter beschriftet wurden. Alle Exemplare sind ungefähr 32 cm hoch, die Längen variieren dagegen stark von 124 cm bis 261 cm.[15] Im Findbuch sind sie als „Grenzrollen" bezeichnet,[16] sie wurden also gerollt aufbewahrt und – die Vermutung liegt aus Gründen der Handhabbarkeit nahe – auch bei Beratungen oder Verhandlungen von beiden Enden her aufgerollt benutzt. Die Karten sind von verschiedenen Händen gefertigt, weisen aber alle dieselbe Gestaltungsweise auf – eine schematische Zeichnung ist mit zahlreichen Textelementen kombiniert. Jede der Karten erfasst ungefähr denselben Grenzabschnitt: vom sogenannten „Wildborn", einem Dreiländereck der beiden genannten Anrainer mit der Grafschaft Wittgenstein, bis zum „Plettenberger Holz". Dieser Grenzbereich des Nassauer

13 Das Findbuch der Kartensammlung datiert alle Karten auf 1562, tatsächlich ist diese Jahreszahl aber nur auf der Rückseite eines Exemplars vermerkt: LAV NRW W, W 051/Karten A Nr. 6771.

14 Etwas Vergleichbares ist mir für den westfälischen Raum jedenfalls nicht bekannt. *Leidel:* Die amtliche Kartographie (wie Anm. 3), S. 14.

15 Aufgrund der Längen sind sie in zwei oder drei Teilen digitalisiert.

16 Findbuch LAV NRW W, A 411/Fürstentum Siegen, Landesarchiv, Akten, vermerkt unter Nr. 12.18: „Einige alte Nassauische und Kölnische Grenzrollen (Karten) (1562), Bemerkung: jetzt Kartensammlung A Nr. 6771, 6772, 7510, 7512–18."

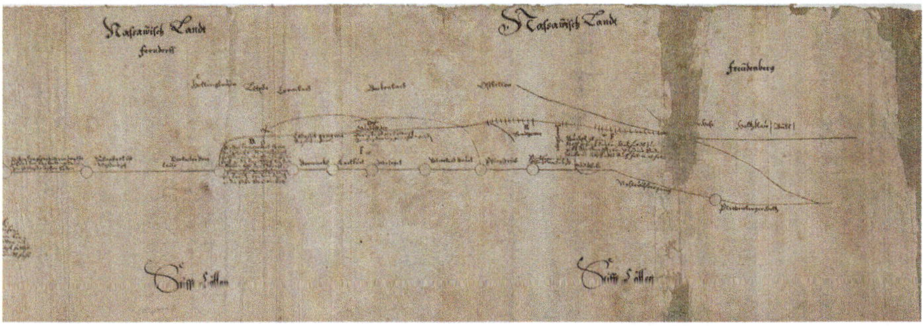

Abb. 9b: Landesarchiv NRW – Abteilung Westfalen – W 051/ Karten A Nr. 7510.

Territoriums mit dem kölnischen Herzogtum Westfalen bot an mehreren Stellen Anlass zu Streitigkeiten. Für heutige Gewohnheiten muss man sich die Orientierung andersherum denken, denn das kölnische Gebiet – auf den Karten unten – lag nördlich und nordwestlich der Grafschaft Nassau.

Die eigentliche Zeichnung ist immer auf die gleiche Weise eingerichtet: Auf einer geraden Linie sind in unterschiedlichen Abständen zahlreiche Grenzpunkte als Kreise eingezeichnet und mit Bezeichnungen in Worten versehen. An strittigen Stellen sind die abweichenden Auffassungen vom Grenzverlauf durch alternative Bogenlinien verdeutlicht und teilweise mit *cölnisch gang* oder *nassauischer gang* bezeichnet. Außerdem sind bei den strittigen Abschnitten Großbuchstaben eingetragen, die auch mehrfach in zugehörigen Akten auftauchen. Die zeichnerische Ausführung fällt unterschiedlich aus, auf einigen Exemplaren sind die Linien und Kreise sehr exakt, erkennbar mit Hilfsmitteln ausgeführt, andere scheinen aus der Hand skizziert zu sein. Über den eigentlichen Grenzverlauf hinaus sind Ortsnamen in die Fläche eingetragen, jedoch ohne die Orte exakt zu lokalisieren, wodurch über die lineare Grenzzeichnung hinaus ein Eindruck von Räumlichkeit erzeugt wird.[17]

Gebrauchsspuren und Korrekturen auf mehreren Karten lassen darauf schließen, dass sie tatsächlich benutzt wurden. Auf einem Exemplar wurde beispielsweise die Aufeinanderfolge mehrerer Grenzpunkte und die Lage des Ortes Littfeld *(Lypffe)* korrigiert.[18] Ob diese Änderungen bei den Verhandlungen für den Vergleich von 1563 oder erst zu einem späteren Zeitpunkt vorgenommen wurden, bleibt unklar, auch zur Wissensgrundlage der Änderungen kann man nur Ver-

17 Vgl. Abb. 10: Ausschnitt aus LAV NRW W, W 051/Karten A Nr. 7510.
18 LAV NRW W, W 051/Karten A Nr. 7512.

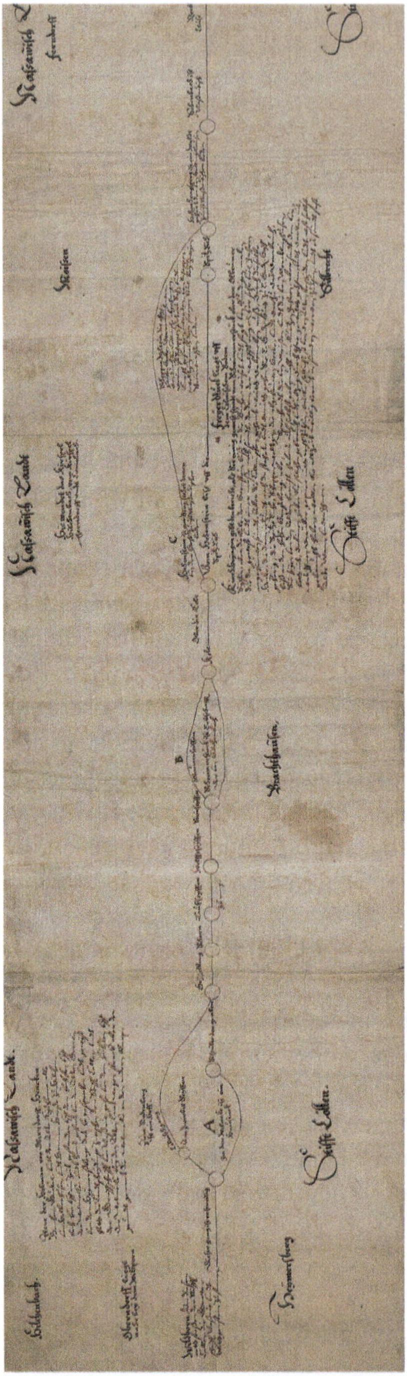

Abb. 10: Landesarchiv NRW – Abteilung Westfalen – W 051/ Karten A Nr. 7510 (Ausschnitt).

mutungen anstellen. In Frage kommen dafür die Ortskenntnis Beteiligter oder ein Abgleich mit Grenzbeschreibungen, anderen Karten oder Berichten.

Die lineare, keinesfalls naturgetreue Zeichnung des Grenzverlaufs von Punkt zu Punkt macht offensichtlich, dass die neuartigen Zeichnungen nicht voraussetzungslos plötzlich da sind. Denn der itinerarhafte Eindruck täuscht nicht, spiegelt die Darstellung doch die älteren, über Jahrhunderte üblichen Grenzbeschreibungen in Worten. Diesen Beschreibungen lag ja tatsächlich ein absolvierter „Weg" zugrunde – ein Grenzumgang oder eine Bereitung –, also regelmäßig oder aus konkretem Anlass durchgeführte Praktiken, um den Grenzverlauf und seine Markierungen von meist älteren Zeugen zu erfragen, zu kontrollieren, zu bestätigen und das Wissen darüber an Jüngere zu vermitteln.[19]

Eine Beschreibung dieses Grenzbereichs zwischen dem Herzogtum Westfalen und dem Siegener Bereich der Grafschaft Nassau ist erstmals in zwei Urkunden aus den 1480er-Jahren greifbar, beide sind im Landesarchiv NRW in Münster überliefert. Ein Notariatsinstrument vom 23. Mai 1482, ausgestellt von Johannes Irle, hält eine Zeugenaussage zum Grenzverlauf im Bereich des Siegener Kirchspiels Krombach fest. Diese Grenzbeschreibung wurde wörtlich in ein Notariatsinstrument vom 2. Mai 1489 übernommen, das Johannes Lasphe wegen einer Grenzregulierung auf Grundlage eines 1488 ausgehandelten Vertrags ausfertigte.

Die festgehaltene Erklärung haben allerdings nur nassauische Vertreter abgegeben, da die kölnische Seite zur verabredeten Grenzbesichtigung nicht erschienen war.[20]

Es genügt, ein kurzes Stück aus der Zeugenaussage herauszugreifen – sofort wird die lineare Beschreibung von Punkt zu Punkt deutlich, während der Grenzverlauf zwischen den einzelnen Punkten unbestimmt bleibt: *van der pinxteichen biß ane die maleiche von der maleichen biß uff die kalkule; von der kalkkulen biß uff daß allerhoiste deß Berckwinckels, da stehe ein wedercruce allerdinge uff der nassausche erden; vort von dem Berckwinckel strack biß uff dat hoiste der Deiffenlangenbach.* Diese verbale Grenzbeschreibung geben die „Grenzrollen" zeichnerisch wieder, indem die einzelnen Grenzpunkte als Kreise in die waagerechte Linie des Grenzverlaufs eingefügt sind. Ein Kartenexemplar bezieht sich mit dem

---

19 *Karl-Sigismund Kramer/Bernd Schildt:* Grenzumgang, in: HRG, Bd. 1, Sp. 550–552. http://www.HRGdigital.de/HRG.grenzumgang (abgerufen am 31. Mai 2019); *Stauber/Akashi:* Grenze, Sp. 1108 (wie Anm. 5).

20 LAV NRW W, E 401u/Fürstentum Siegen, Urkunden Nr. 187, 23. Mai 1582; LAV NRW W, E 401u/Fürstentum Siegen, Urkunden Nr. 200, 2. Mai 1489. Der Text der Urkunde Nr. 187 ist wiedergegeben in: *Bald,* Das Fürstentum Nassau-Siegen (wie Anm. 9), S. 246 f., außerdem zu beiden Urkunden S. 234 f.

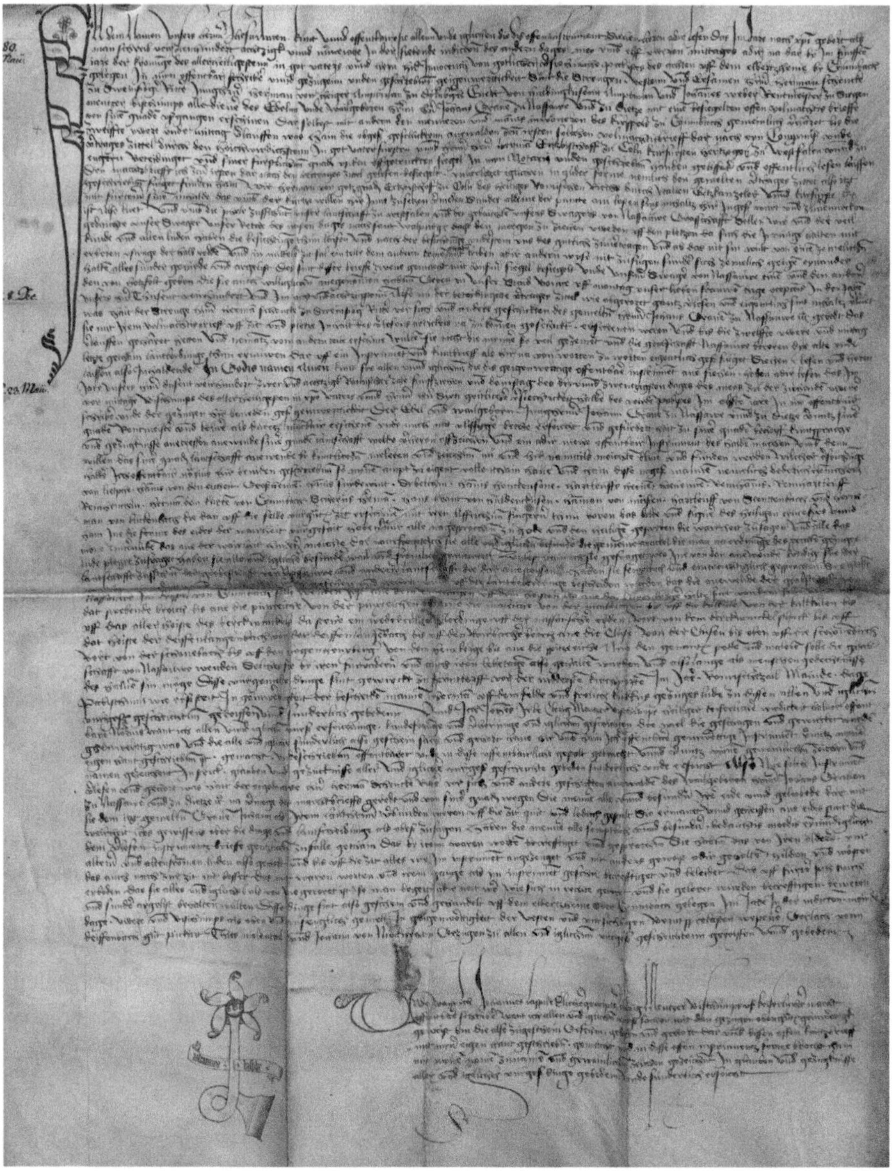

Abb. 11: Landesarchiv NRW – Abteilung Westfalen – E 401u/ Fürstentum Siegen, Landesarchiv – Urkunden Nr. 200.

Eintrag *Item von dem Hohenhengsberg biß uff die spitzeyche da wendet der gang des instruments Johs Irlgen* sogar explizit auf das Notariatsinstrument von 1482.[21]

In beiden Urkunden des 15. Jahrhunderts ist die Zeugenaussage zum Grenzverlauf weder sofort auszumachen noch leicht nachzuvollziehen, da sie über mehrere Zeilen mitten im Text verläuft. Der Vergleich mit der Karte macht es einsichtig (zumindest dem heutigen Betrachter, der es gewohnt ist, Karten zu lesen), dass die zeichnerische Darstellung des Grenzverlaufs vorteilhaft war, weil sie auf einen Blick eine gewisse Übersicht verschafft.

Möglicherweise ist die Zeichnung als nahe liegende Übertragung der verbalen Beschreibung anzusehen, denn genauso „strack" (geradeaus) – wie der Text einmal Grenzpunkte verbindet – genauso „strack" reiht die Zeichnung die Grenzpunkte jeweils mit einem geraden Strich aneinander. Ob dem Kartenentwurf eine bewusste Abstraktionsleistung oder gar die Vorstellung einer Grenzlinie zugrunde liegt, darüber kann man wohl nur spekulieren. Festzuhalten ist aber, dass die Zeichnung sich auf die Aufeinanderfolge der einzelnen Grenzpunkte konzentriert und jeder Punkt durch seine Position zwischen dem vorausgehenden und dem nachfolgenden Punkt bestimmt ist. Indem die Zeichnung das lineare Nacheinander der Aufzählung von Grenzpunkten in der mündlichen Zeugenaussage wiedergibt, bildet sie indirekt auch die beim Grenzumgang absolvierte räumlich-zeitliche Bewegung von einem Grenzpunkt zum nächsten ab.[22]

Zahlreiche Beischriften auf den „Grenzrollen" beschreiben den Grenzverlauf und erläutern räumliche Gegebenheiten und Besitzverhältnisse, andere schildern vergangene Ereignisse, nennen beteiligte Personen oder kombinieren räumliche und zeitliche Informationen. Anzahl und Detailliertheit der Beischriften fallen – je nach Kartenexemplar – unterschiedlich aus. Besonders die zwei längsten Karten von 261 cm Länge weichen deutlich ab.[23] Ihre zeichnerische Gestaltung stimmt mit den anderen Karten überein, sie zeigen aber mehr und anders benannte Grenzpunkte und besonders die Erläuterungen zum Grenzverlauf zwischen diesen Punkten und zu den gegensätzlichen Auffassungen sind umfangreicher und detaillierter. Auffällig ist außerdem, dass die Ortsnamen der nassauischen Grenzseite nicht mehr eingetragen sind und dass ihre Beischriften viel häufiger auf Grenzvergehen eingehen und sie räumlich zuordnen, als das auf den anderen Kartenexemplaren der Fall ist, deren Fokus auf den gegensätzlichen

---

21 LAV NRW W, W 051/Karten A Nr. 7516.

22 *Winfried Nöth:* Kartosemiotik und das kartographische Zeichen, in: Zeitschrift für Semiotik 20 (1998), S. 25–39 (hier: S. 35), nennt als Beispiel für diese Darstellungsweise eine moderne U-Bahn- oder Eisenbahnkarte, die viele Details weglässt und „nur die Relationen des räumlich-zeitlichen Nacheinanders der Stationen" erfasst.

23 LAV NRW W, W 051/Karten A Nr. 7517 und 7518.

Ansichten zur Grenzziehung liegt. Es hat auf den längsten Karten also eine inhaltliche Verschiebung stattgefunden. Wegen dieser deutlichen Unterschiede ist nicht auszuschließen, dass sie zu einem späteren Zeitpunkt entstanden sind als die anderen Exemplare, zumal sie nicht datiert sind.

Die Beischriften haben auf allen Kartenexemplaren mit den Problemen der Grenzziehung zwischen beiden Territorien zu tun oder mit Konsequenzen für das Alltagsleben und die Rechtsansprüche der Grenzanwohner. Die verbalen Elemente erweitern die zeichnerische Darstellung um zusätzliche, über das rein Räumliche hinausgehende Informationen. So sind neben geographischen Angaben – *Hohenstein ist ein berg* – auch Besitzverhältnisse verschiedener Beteiligter mit Worten in die Kartenfläche geschrieben: *Schweynerstuck ist erbschafft der von Hilchenbach* oder *Buchel ist ein hoff gehort den von Hatzfeldt zu.*

Auch ein Dreiländereck ist mit Worten auf der Karte lokalisiert: *Wildborn an diesem orth stossen der Stifft Collen, die grawschaft Nassaw und Witgenstein zusamen.* Ebenfalls verbal – und nicht gezeichnet – wird die Lage eines Ortes beschrieben: *Oberndorf ligt nahe bei dem Wildporn.* Die räumliche Einordnung von Oberndorf erfolgt also durch Angabe der Relation zu einem anderen Ort auf der Karte. Es ist offensichtlich, dass man diese Details nicht zeichnerisch darstellen wollte – denn dass man wusste, wie ein Ort zeichnerisch genauer im Kartenbild zu verorten war, belegen ja die Grenzpunkte auf der Grenzlinie. Ganz offensichtlich sollte die graphische Darstellung für den eigentlichen Grenzverlauf „reserviert" bleiben, so war er hervorgehoben und auf den ersten Blick erkennbar. Der gezielte Einsatz der Zeichnung allein für die Grenzziehung schaffte Übersichtlichkeit.

In anderen raumbezogenen, den strittigen Abschnitten zugeordneten Beischriften spielen vergangene Ereignisse, die zu verschiedenen Zeitpunkten stattgefunden haben, eine wichtige Rolle. Sie berichten von Zeugenbefragungen und Inaugenscheinnahmen, nennen die Namen der beteiligten Personen und geben die entsprechende Grenzbeschreibung wieder, wie in diesen Beispielen: *Kirchheyngin gibt den bericht* oder sie *hant gehort von dem alden Gerwin, [...] dat he gesprochen und gewyst hat die lantscheydunge.* Zeugenaussagen und Inaugenscheinnahmen waren als Beglaubigung oder Begründung des Grenzverlaufs offensichtlich so wichtig, dass sie in die Karten hineingeschrieben wurden – der besondere Stellenwert von Mündlichkeit für die Glaubwürdigkeit, den es bereits im Mittelalter gab, hatte offensichtlich weiterhin Bestand. [24]

Neben Zeugenaussagen zum Grenzverlauf benennen und lokalisieren Beischriften verschiedene Grenzvergehen, die sich beide Seiten gegenseitig vorwar-

24 Zur Bedeutung von Inaugenscheinnahmen und Zeugenverhören für Grenzbeschreibungen *Rutz:* Die Beschreibung des Raums (wie Anm. 6), S. 113 f., 152 f.

fen und die als Argumente bei Verhandlungen um den Grenzverlauf offenbar von Bedeutung waren. Die Hintergründe dieser verbalen Einträge auf den Karten sind allerdings erst nachvollziehbar, wenn man das Aktenmaterial einbezieht, in dessen Kontext die Karten entstanden sind.

Unklare oder strittige Grenzverläufe kamen vermehrt in den Blick, weil Landesherren seit dem 14. Jahrhundert bestrebt waren, durch Herrschaftsverdichtung im Innern und Arrondierung ihres Herrschaftsgebiets die Landeshoheit in der gesamten Fläche eines Territoriums auszuüben. Ein wichtiges Instrument war dabei die Etablierung von Ämtern, in denen Amtsleute als Vertreter des Landesherrn Verwaltung organisierten, Abgaben erhoben, Recht sprachen, Polizeigewalt ausübten. Um die räumliche Reichweite der Befugnisse eines Amtmanns genau bestimmen zu können, mussten die Ausdehnung und damit die Grenzen des Amts eindeutig festgelegt werden. Das war von besonderer Bedeutung, wenn Ämter verschiedener Herrschaften aneinanderstießen, weil deren Abgrenzung eine territoriale Grenze darstellte.[25]

Versuchten Landesherren, unklare Grenzverhältnisse genauer festzulegen, gerieten sie häufig in Konflikt mit konkurrierenden Rechteinhabern oder Anspruchstellern, was gegenseitige Grenzverletzungsvorwürfe, Auseinandersetzungen und Verhandlungen um die Grenzziehung zur Folge hatte. Und selbst wenn sich zwei Landesherren über die gemeinsame Hoheitsgrenze einigen konnten, hatten sich Grenzkonflikte selten erledigt, denn oftmals standen weitere Grenzziehungen aufgrund älterer Rechte, wie sie etwa lokale Herren oder Anwohner beanspruchten, beispielsweise lokale Gerichtsbarkeit, Hude oder Jagd, dem entgegen.[26]

Das war auch bei diesem Teil der kölnisch-nassauischen Grenze der Fall. Als die Zeichnungen um 1562 entstanden, war der Streit um die unklaren Grenzabschnitte keineswegs neu, sondern dauerte nach Angaben in Akten bereits seit 75 Jahren,[27] also seit den 1480er-Jahren, dem Zeitraum, in dem auch die beiden Notariatsinstrumente gefertigt wurden.

---

25 *Ernst Schubert:* Fürstliche Herrschaft und Territorium im späten Mittelalter. 2. Aufl. München 2006 (Enzyklopädie deutscher Geschichte, Bd. 35), S. 14–17; *Klaus Scholz:* Das Spätmittelalter, in: *Wilhelm Kohl* (Hrsg.), Westfälische Geschichte, Bd. 1: Von den Anfängen bis zum Ende des alten Reiches. Düsseldorf 1983, S. 403–468 (hier besonders: S. 409 f.).

26 *Hansmartin Schwarzmaier:* Kartographie und Gerichtsverfahren. Karten des 16. Jahrhunderts als Aktenbeilagen, zugleich ein Katalog der ältesten handgezeichneten Karten des Generallandesarchivs Karlsruhe, in: *Gregor Richter* (Hrsg.), Aus der Arbeit des Archivars. Festschrift für Eberhard Gönner. Stuttgart 1986 (Veröffentlichungen der Staatlichen Archivverwaltung Baden-Württemberg, Bd. 44), S. 163–186 (hier: S. 185 f.); *Rutz:* Die Beschreibung des Raums (wie Anm. 6), S. 67–71, 97.

27 LAV NRW W, E 401/Fürstentum Siegen, Landesarchiv, Akten Nr. 565, fol. 2r.

Die Grenzstreitigkeiten ließen sich über Jahrzehnte nicht bereinigen, trotz zahlreicher Tagsatzungen und Abschiede, Vergleiche und Verträge, die aber allesamt nicht lange Bestand hatten, weil die Anwohner beider Seiten die Vereinbarungen nicht einhielten.[28] Die Akten dokumentieren eine Vielzahl an Grenzvergehen beider Seiten, auch weit zurückliegende Vorkommnisse wurden – bis ins 15. Jahrhundert zurück – immer wieder aufgegriffen und aufgelistet.[29] In den Siegener Akten überwiegen verständlicherweise Vergehen, die den kölnischen Grenznachbarn zur Last gelegt wurden. Eine Kartenüberlieferung aus dieser Zeit von Kölner Seite war nicht aufzufinden.[30]

Bei den Grenzvergehen ging es einerseits um Verletzungen hoheitlicher Ansprüche – wie zum Beispiel das Abholzen oder Abbrennen von Landwehrhecken, die als Schutz vor Überfällen errichtet wurden, oder eigenmächtiges Setzen oder Vernichten von Grenzmarkierungen, meist Grenzbäumen. Zugleich hatten die Streitigkeiten aber auch ökonomische Konsequenzen, wenn die Anwohner gegenseitig Felder aberntеten oder Korn abbrannten, Vieh wegführten oder an unberechtigter Stelle weiden ließen. Mit dem Abholzen von Bäumen zur Verkohlung entwendete man dem Konkurrenten zum eigenen Vorteil knappe Rohstoffe, denn nach mittelalterlichen Rodungen stand nur wenig Holz zur Verfügung. Holzkohle war aber als Energielieferant Voraussetzung für die Eisengewinnung und -verarbeitung, einen sehr wichtigen Wirtschaftszweig auf beiden Seiten der Grenze.[31]

Für Streit sorgte auch der Bergbau, den die Kontrahenten grenznah betrieben. Bereits in der mittelalterlichen Grenzbeschreibung von 1482 sind mit dem „Ber-

---

28 Zahlreiche Vergleiche etc. sind beispielsweise dokumentiert in: LAV NRW W, E 401/Fürstentum Siegen, Landesarchiv, Akten Nr. 565 (Titel: *Abschiede in den Cölnischen Irrungen.*); *Wilfried Reininghaus/Reinhard Köhne:* Berg-, Hütten- und Hammerwerke im Herzogtum Westfalen im Mittelalter und in der frühen Neuzeit. Münster 2008 (Veröffentlichungen der Historischen Kommission für Westfalen, Bd. 22, A, 18), S. 74.

29 Solche Vergehen beider Seiten sind beispielsweise aufgelistet in LAV NRW W, E 401/Fürstentum Siegen, Landesarchiv, Akten Nr. 565, fol. 2r, 3r; weitere Beispiele in: LAV NRW W, E 401/Fürstentum Siegen, Landesarchiv, Akten Nr. 570, fol. 6, 8, 9, 31–35. *Bald:* Das Fürstentum Nassau-Siegen (wie Anm. 9), S. 235.

30 Das stimmt überein mit der Feststellung von *Rutz:* Beschreibung des Raums (wie Anm. 6), S. 388 f., dass die Kölner Erzbischöfe lange keinen Gebrauch von Karten machten, weil die territoriale Entwicklung des Kurfürstentums in der zweiten Hälfte des 15. Jahrhunderts im Wesentlichen abgeschlossen war.

31 *Reininghaus/Köhne:* Berg-, Hütten, Hammerwerke (wie Anm. 28), S. 79; *Hans Ludwig Knau:* Die Siegener Landhecke, in: *Cornelia Kneppe* (Hrsg.), Landwehren. Zu Erscheinungsbild, Funktion und Verbreitung spätmittelalterlicher Wehranlagen. Münster 2014 (Veröffentlichungen der Altertumskommission für Westfalen, Bd. 20), S. 201–218 (hier: S. 201); *Reinhard Köhne:* Landwehren in den Bergbauregionen des sauerländischen Mittelgebirges, in: *Kneppe* (Hrsg.), Landwehren, ebd., S. 191–200 (hier: S. 191).

winkel“ und dem „Rahrbacher Berg“ Orte benannt, an denen wohl schon im 15. Jahrhundert im Grenzbereich Bergbauaktivitäten stattfanden, um die es immer wieder und bis ins 18. Jahrhundert hinein Auseinandersetzungen gab. Auch im Gebiet des „Elbertshagen“, auf dem das Notariatsinstrument von 1489 ausgestellt wurde, gab es Bergwerke. Die Probleme ergaben sich aus dem Dilemma, dass man von den Berghöhen am besten in die Gruben einsteigen konnte, dass aber genau über diese Höhen auch die Grenze verlief, weil sie an der Wasserscheide zwischen Sieg und Bigge-Lenne orientiert war.[32]

3 Verknüpfung der „Grenzrollen“ mit Aktenschriftstücken

Karten und zugehörige Akten sind vielfältig miteinander verknüpft, denn die bisher genannten verbalen Kartenkomponenten – tradierte Grenzbeschreibungen, Zeugenaussagen, Berichte über Grenzvergehen und Grenzunklarheiten – sind ausführlich auch in zugehörigen Akten schriftlich erfasst. Dass Karten und Akten einen Gebrauchszusammenhang bildeten, belegt je eine Notiz auf zwei Karten, die beide explizit auf dieselben Schriftstücke eines Abschiedebuchs[33] verweisen. Dabei sind die Karten unterschiedlich bezeichnet, während der etwas ausführlichere Vermerk von Tafeln spricht – *Nota: Bericht dieser taffeln findt man in dem abscheidtbuch fol. 11. et seq: et fol: 40 et segg:* (von anderer Hand:) *so in weiß pegament gehuellt*[34] – bezeichnet die andere Notiz sie als Abmalung – *Von dieser abmalung fend man ein bericht in dem abschiedtbuch fol: 11 et sequen. et fol: 40. et sequen.*[35]

Aus diesen Anmerkungen lässt sich schließen, dass den Kartenmachern oder späteren Kartennutzern die erklärende Bedeutung der Akten für die Karten bewusst war. Der Zusammenhang von Karten und Akten wird besonders deutlich durch den Verweis auf *folium* 40, nur mit *Gangh* beschriftet, worauf zwei Doppelseiten folgen, die die Kartenzeichnung aufnehmen.[36]

---

32 *Reininghaus/Köhne:* Berg-, Hütten- und Hammerwerke (wie Anm. 28), S. 74, 267 f., 336.

33 LAV NRW W, E 401/Fürstentum Siegen, Landesarchiv, Akten Nr. 565. Die Schriftstücke dieser Akte weisen zwei unterschiedliche Blattzählungen auf, eine zeitgenössisch, die andere vermutlich im Archiv vorgenommen. In den Belegen ist die Archivzählung angegeben.

34 LAV NRW W, W 051/Karten A Nr. 7514.

35 LAV NRW W, W 051/Karten A Nr. 7516.

36 LAV NRW W, E 401/Fürstentum Siegen, Landesarchiv, Akten Nr. 565, fol. 53v/54r, 56v/57r (zur unterschiedlichen Blattzählung Erläuterungen in Anm. 33).

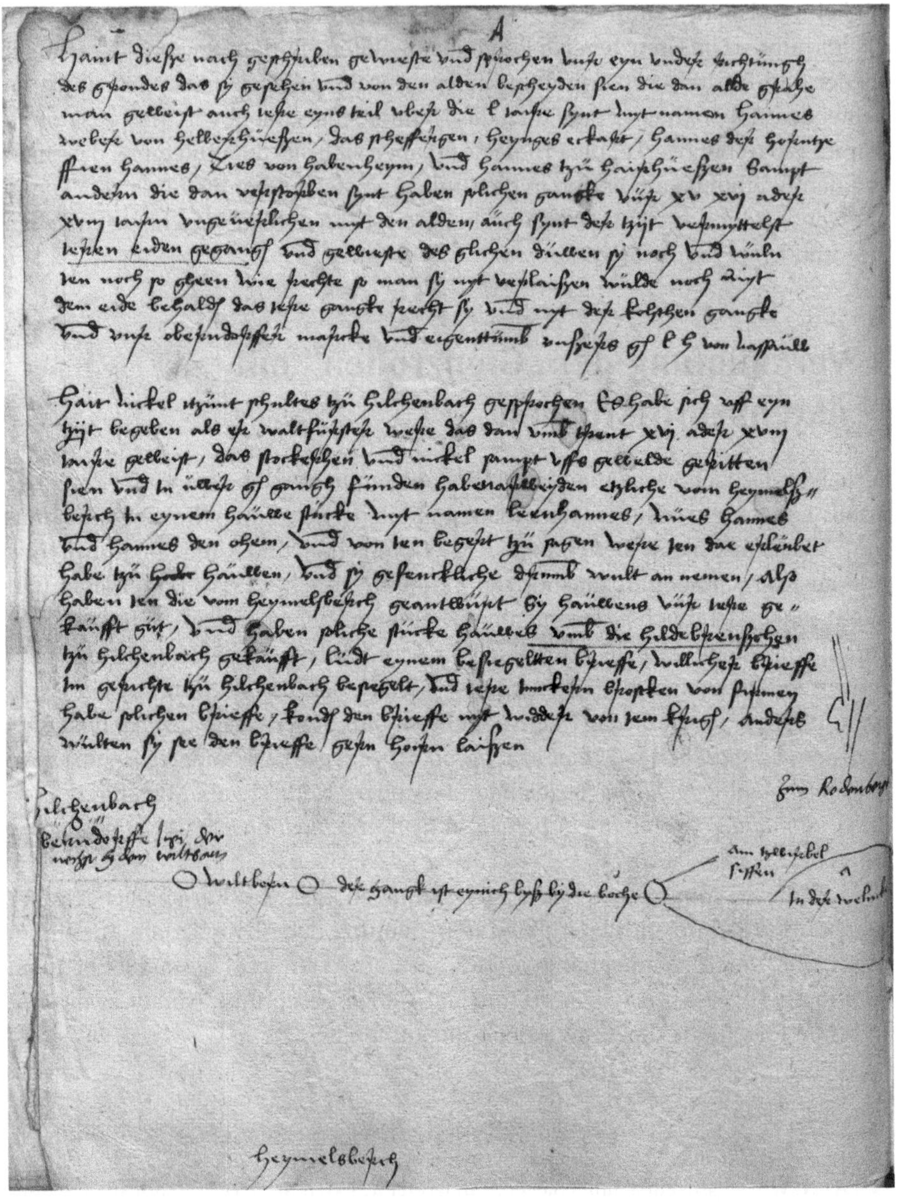

Abb. 12a: Landesarchiv NRW – Abteilung Westfalen – E 401/ Fürstentum Siegen, Landesarchiv – Akten Nr. 565, fol. 53v Akten Nr. 565, fol. 53v.

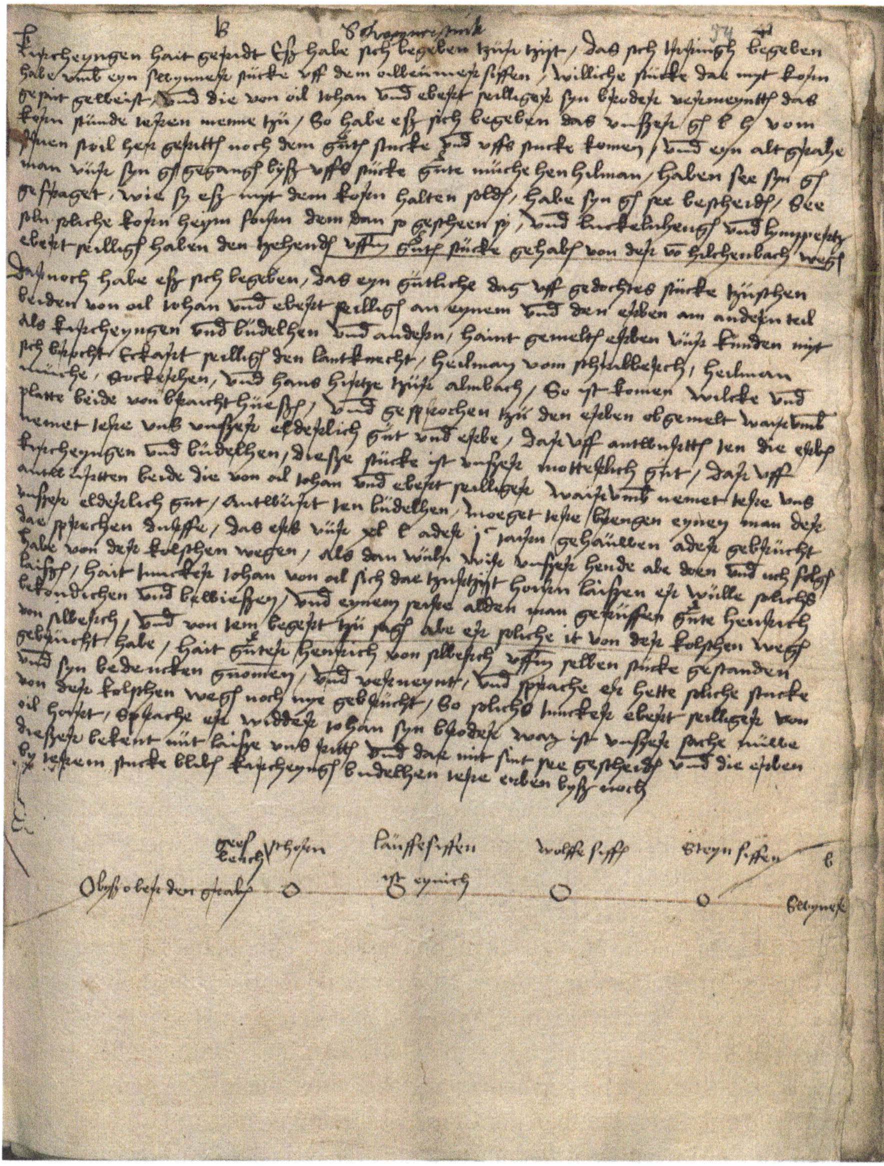

Abb. 12b: Landesarchiv NRW – Abteilung Westfalen – E 401/ Fürstentum Siegen, Landesarchiv – Akten Nr. 565, fol. 53v Akten Nr. 565, fol. 54r.

Beide Doppelseiten sind gleich gestaltet. Auf den Seiten finden sich oben ausführliche Grenzbeschreibungen strittiger Grenzabschnitte mit namentlicher Nennung der Zeugen, die vereinzelt Formulierungen aufweisen, wie sie auch in den Kartenbeischriften auftauchen, zum Beispiel (oben bereits genannt) *Kirchheyngin gibt den bericht*. Die Beschreibungen sind nach den Großbuchstaben angeordnet, die sich auch auf den Karten befinden, sie erfassen allerdings nicht alle strittigen Bereiche, die auf den Karten verzeichnet sind. Unter der Beschreibung befindet sich jeweils eine Zeichnung desselben Abschnitts. Die Aktenseiten sind von einer anderen Hand geschrieben als die Kartenbeschriftungen, aber es ist eindeutig, dass die Gestaltung der Zeichnungen in Akte und Karte übereinstimmt.

Der Verweis der zwei Karten auf genau diese Seiten des Abschiedebuchs mit den gezeichneten Teilstücken des Grenzverlaufs spricht dafür, dass beide – die Karten und die Akte, das Abschiedebuch, – eine Einheit bilden und zusammen in Gebrauch waren, auch wenn sich die Aktenschriftstücke nicht ausdrücklich auf die Karten beziehen.

Auf die Seiten mit den Zeichnungen folgen in der Akte zwei Faszikel, die in der Höhe mit den anderen Aktenseiten übereinstimmen, aber nur halb so breit sind. Mittig gefalzte Einzelblätter sind ineinandergelegt, heftartig zusammengebunden und dann in die Akte eingebunden. Das erste Faszikel[37] – als *Memorial* bezeichnet und mit der Jahresangabe 1524 versehen – enthält Beschreibungen der Grenze zwischen Nassau und Köln, die abschnittsweise und mit längeren Freiräumen eingetragen sind. In mehreren dieser Zwischenräume sind Zeugenaussagen, Ansprüche oder Grenzvergehen vermerkt. Eine Buchstabenkennzeichnung am linken Rand macht einen Zusammenhang mit den Karten denkbar, außerdem kommen die urkundlichen Zeugenaussagen des 15. Jahrhunderts wieder ins Spiel, denn an einer Stelle wird ausdrücklich auf sie hingewiesen: *Hie von sint 2 instrument eyns Anno 82 fast 42 Jare.*[38]

Aufschlussreicher für den Zusammenhang von traditioneller Grenzbeschreibung, Aktenschriftstücken und Karten ist das zweite Faszikel, das laut Titel *alle Malstede* zwischen dem Herzogtum Westfalen und dem Amt Siegen erfasst.[39]

Malstede bedeutet eigentlich Gerichtsplatz, aber hier dürfte es eher um die Standorte von Grenzzeichen gehen („mal" bedeutet auch „Zeichen"),[40] denn zwischen die einzelnen Etappen der Grenzbeschreibung sind von anderer Hand Angaben zum strittigen Grenzverlauf und zu Grenzvergehen eingetragen. Es ist

37 LAV NRW W, E 401/Fürstentum Siegen, Landesarchiv, Akten Nr. 565, fol. 58–61.
38 LAV NRW W, E 401/Fürstentum Siegen, Landesarchiv, Akten Nr. 565, fol. 60.
39 LAV NRW W, E 401/Fürstentum Siegen, Landesarchiv, Akten Nr. 565, fol. 64–68.
40 *Leopold Schütte:* Wörter und Sachen aus Westfalen. 800 bis 1800. 2. Aufl. Duisburg 2014 (Veröffentlichungen des Landesarchivs Nordrhein-Westfalen, Bd. 52), S. 490f., 493.

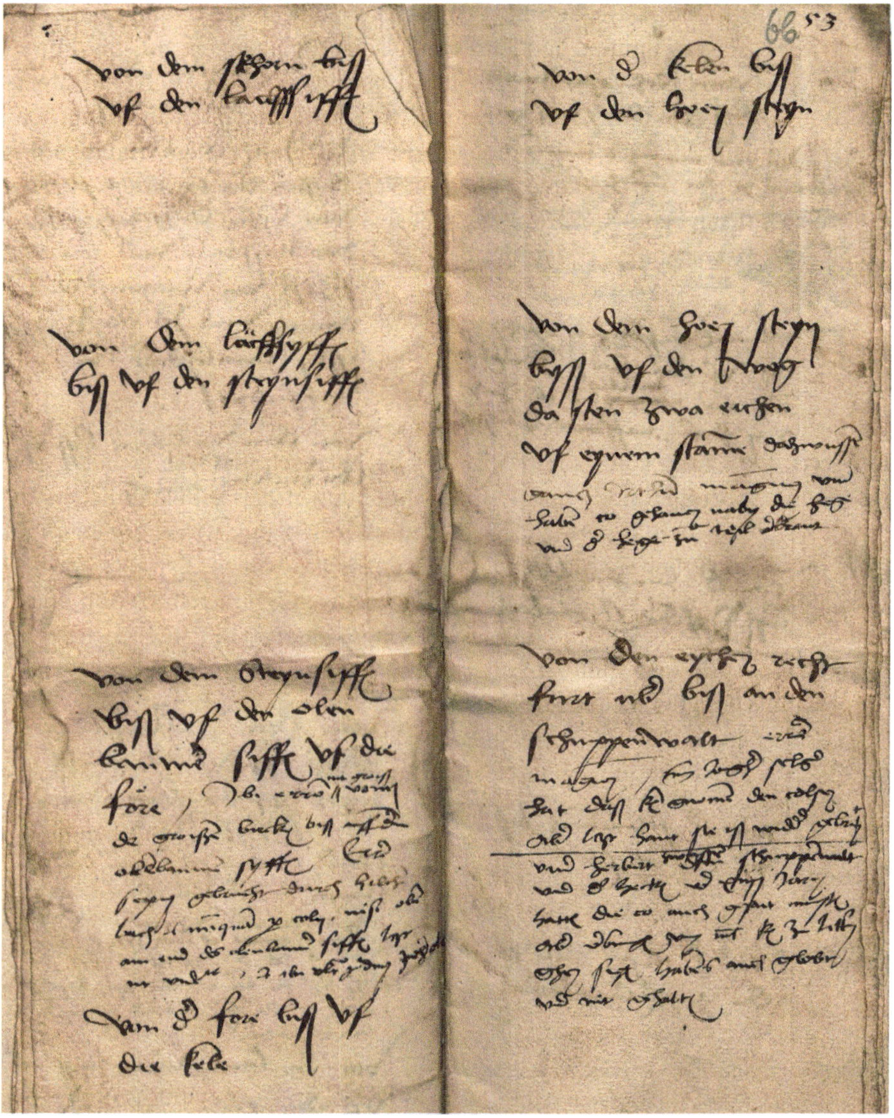

Abb. 13: Landesarchiv NRW – Abteilung Westfalen – E 401/ Fürstentum Siegen, Landesarchiv – Akten Nr. 565, fol. 65v/66r.

deutlich zu erkennen, dass die Seiten einmal quer in der Mitte gefaltet waren, die letzte Seite ist verschmutzt und Kanten weisen Abnutzungen auf, bis hin zu kleinen Löchern. Es ist deshalb vorstellbar, dass das gefaltete „Heft" auf Grenzbegehungen mitgenommen wurde, um vor Ort Eintragungen vorzunehmen. Das würde jedenfalls auch die Unleserlichkeit der Zusätze von anderer Hand zu den einzelnen Grenzpunkten erklären. Mit dieser Vermutung, dass die Aktenseiten bei Grenzbegehungen benutzt wurden, schließt sich gewissermaßen der Kreis zu den Grenzbeschreibungen des 15. Jahrhunderts.

4 Fazit und Ausblick

Es dürfte deutlich geworden sein, dass die Grenzbeschreibungen des 15. Jahrhunderts, die Karten von 1562 und zahlreiche Aktenschriftstücke vielfältig miteinander verschränkt sind. Die Grenzbeschreibungen der mittelalterlichen Urkunden sind auf den Karten in Worten und als Zeichnung wiedergegeben und auch im überlieferten Schriftgut immer wieder übernommen. Extrakte der Kartenzeichnungen (man könnte sagen „Beizeichnungen"[41]) unterstützen in einem Fall die schriftliche Dokumentation in den Akten, deren Schriftstücke wiederum halten das ausführliche Hintergrundwissen zum Karteninhalt vor. Außerdem sind ausgewählte Ereignisse und Personen, die in Akten dokumentiert sind, durch Beischriften in die Karten übernommen.

Auch wenn Zeichnungen im 16. Jahrhundert eine neuartige Form waren, kleinere Räume darzustellen, so führten sie doch zum Teil mittelalterliche Traditionen fort, wie auch anhand der „Grenzrollen" deutlich wird. Die um 1562 entstandene Zeichnung der kölnisch-nassauischen Grenze basiert auf der verbalen, ursprünglich mündlich vermittelten Grenzbeschreibung des Mittelalters und wurde in eine Kombination aus Text und Zeichnung integriert.[42]

---

41 Für diese begriffliche Formulierung danke ich Monika Eisenhauer.

42 Angeregt wurden die folgenden Überlegungen zum Teil durch Lektüre: *Christoph Ernst/Birgit Schneider/Jan Wöpking:* Lektüren und Sichtweisen der Diagrammatik, in: *dies.* (Hrsg.), Diagrammatik-Reader. Grundlegende Texte aus Theorie und Geschichte. Berlin/Boston 2016, S. 7–15; *Sybille Krämer/Christina Ljungberg:* Thinking with diagrams. An Introduction, in: *dies.* (Hrsg.), Thinking with diagrams. The semiotic basis of human cognition. Boston/Berlin 2016 (Semiotics, communication and cognition, Vol. 17), S. 1–19; *Uta Kleine:* Die Ordnung des Landes und die Organisation der Seite. Konstruktion und Repräsentation ländlicher Herrschaftsräume im vorkartographischen Zeitalter (Elsaß, 12. Jahrhundert), in: *Tanja Michalsky/Felicitas Schmieder/Gisela Engel* (Hrsg.), Aufsicht – Ansicht – Einsicht. Neue Perspektiven auf die Kartographie an der Schwelle zur Frühen Neuzeit. Berlin 2009 (Frankfurter kulturwissenschaftliche Beiträge, Bd. 3), S. 229–261.

Die schematische Zeichnung ist auf die Darstellung des Grenzverlaufs beschränkt, sodass die Grenzziehung bzw. die strittigen Alternativen sofort ersichtlich sind. Sie ist das zentrale Element, das die Raumaufteilung auf der Kartenfläche zweifach strukturiert: Der Länge nach trennt sie nassauisches und kölnisches Gebiet, gleichzeitig bildet sie eine Abfolge unstrittiger und strittiger Grenzabschnitte, von den Kartenzeichnern mit unterschiedlichen Großbuchstaben bezeichnet. Die räumliche Struktur der Zeichnung legt die Anordnung der verbalen Elemente fest, denn sie sind in etwa dort eingetragen, wo sie relevant sind, also wo beispielsweise Höfe, Bäche und Dörfer zu verorten sind oder wo vergangene Ereignisse und Handlungen im Grenzbereich stattgefunden haben.

Die Zusammenschau aus Zeichnung und Beischriften kombiniert bereits vorhandene Informationen, die allerdings bislang verstreut in Urkunden, Verhandlungsprotokollen, Verträgen, Zeugenverhören und ähnlichen Schriftstücken enthalten waren und deshalb nicht oder nur schwer im Zusammenhang gesehen und verstanden werden konnten. Weil viele Details außen vor bleiben und nur besondere Teile des umfangreichen Schriftguts berücksichtigt sind, konnte sich der Kartennutzer einen Überblick über einen bestimmten Grenzabschnitt verschaffen, denn durch die Beschränkung auf ausgesuchte Informationen lag das Wesentliche, räumlich strukturiert, gleichzeitig vor Augen. Räumliche Gegebenheiten, vergangene Ereignisse, handelnde Personen, differierende Ansprüche der Grenzanrainer konnten im Zusammenhang gesehen, interpretiert und verhandelt werden, sodass durch den informativen Überblick im Idealfall Konfliktlösungen zum Grenzverlauf sowie den damit verbundenen Streitigkeiten erkennbar wurden.

Die Länge der Karten scheint dem Überblickscharakter zu wiedersprechen. Allerdings ist, wie oben bereits ausgeführt, davon auszugehen, dass damalige Karten*nutzer* – anders als heutige Karten*betrachter* – nicht die gesamte Karte vor sich ausbreiteten, sondern dass sie sie durch beidseitiges Aufrollen auf den Abschnitt verkürzten, über den nachgedacht, gesprochen oder verhandelt werden sollte. So hatten sie nur die jeweils relevanten Informationen vor Augen, alles andere verschwand aus dem Blickfeld, war aber bei Bedarf leicht verfügbar.

Für den tatsächlichen Gebrauch der „Grenzrollen" spielen also Übersichtlichkeit und Zweckmäßigkeit eine wichtige Rolle. Dieser Befund passt zur enormen Ausweitung des Schriftgutvolumens im Spätmittelalter, die die Kanzleien vor die Notwendigkeit stellte, neuartige Techniken und Verfahrensweisen zu entwickeln, um den Überblick zu behalten.[43]

---

43 Das zeigt am Beispiel der Kanzlei des Herzogtums Kleve-Mark *Rüdiger Schleidgen:* Territo-

Deshalb, aber auch wegen der engen Verschränkung von Karten und Akten und weil jede Karte demselben Gestaltungsprinzip folgt, aber von anderer Hand beschriftet ist, ist es naheliegend, dass die Zeichner solcher Karten in den Kanzleien zu suchen sind. Die Kanzlei war der Ort, an dem die notwendigen Informationen zur Verfügung standen, und es wird dort tätige Personen nicht überfordert haben, Kreise mit waagerechten Verbindungslinien zu zeichnen und zu beschriften. Anregungen zur zeichnerischen Umsetzung einer Grenzbeschreibung und ihrer Gestaltung könnten über verwandtschaftliche Kontakte der Grafen von Nassau zu den kartographisch fortgeschrittenen Niederlanden in die Kanzlei gekommen sein.[44] Ein Interesse an übersichtlichen Darstellungen des Grenzverlaufs dürften auch die herrschaftlichen Vertreter bei den Verhandlungen gehabt haben. Auch der Grenzvergleich von 1563, in dessen Kontext die „Grenzrollen" entstanden sind, hatte nur kurze Zeit Bestand. Aus den Akten geht hervor, dass Streitigkeiten und Verhandlungen bald wieder aufgenommen wurden und bis zu einem Grenzvertrag beider Herrschaften im Jahr 1688 andauerten.[45]

rialisierung durch Verwaltung. Anmerkungen zur Geschichte des Herzogtums Kleve-Mark im 15. Jahrhundert, in: Rheinische Vierteljahresblätter 63 (1999), S. 152–186 (hier: S. 170 f.).

44 *Wielenga, Friso:* Geschichte der Niederlande. Stuttgart 2016, S. 39 f.; *Knau:* Die Siegener Landhecke (wie Anm. 31), S. 202 f.

45 Das Titelblatt von LAV NRW W, E 401/Fürstentum Siegen, Landesarchiv, Akten Nr. 574 listet z. B. zwischen 1564 und 1576 sechs Tagsatzungen wegen der nassauisch-kölnischen Grenzirrungen auf; *Bald:* Das Fürstentum Nassau-Siegen (wie Anm. 9), S. 238.

Alexander Jendorff

Objektivierung und sozialer Sinn im Widerstreit

Herrschaftswahrnehmung, pragmatische Schriftlichkeit und die Funktionsdivergenz des Augenscheins

Augenscheinkarten werden in der derzeitigen Forschung entweder auf ihre Realitätspräzision hin – als Ausdruck objektivierender Visualisierung der Realität – untersucht oder in ihrer je spezifischen Funktion näher bestimmt. Gerade dieser letzte Aspekt rückt momentan verstärkt in den Interessenfokus, wobei er überwiegend an das Verstehen juristischer Konfliktaustragung gekoppelt wird.[1] Immer deutlicher wird dabei allerdings, dass die Anfertigung solcher Karten eben nicht nur für die Praxis juristischer Konfliktaustragungsverfahren – also als Element der juristischen Beweisführung und/oder Entscheidungsfindung –, sondern eben auch seit der Mitte des 16. Jahrhunderts in der alltäglichen Regierungs- und Verwaltungsarbeit als Element pragmatischer Schriftlichkeit üblicher und bedeutsamer wurde.[2] Ihre Funktion bestand demnach in der objektivierenden Informationsvermittlung durch Visualisierungstechniken, die sowohl lokale Verhältnisse bzw. Bedingungen als auch prozessuales Geschehen erklären, verständlich machen sowie den Betrachter lenken und fokussieren sollten. Diese Art der Objektivierung kann allerdings kaum mit Objektivität gleichgesetzt wer-

1 Vgl. *Anette Baumann/Stefan Xenakis* (Hrsg.): Augenscheine. Karten und Pläne vor Gericht. Wetzlar 2014; *Gabriele Recker:* Gemalt, gezeichnet und kopiert. Karten in den Akten des Reichskammergerichts. Wetzlar 2004 (Schriftenreihe der Gesellschaft für Reichskammergerichtsforschung, H. 30).

2 Vgl. *Andreas Rutz:* Territorialpolitik mit Karten: der Streit um die Landeshoheit zwischen Brandenburg-Ansbach und Nürnberg im 18. Jahrhundert, in: ZBLG 77 (2014), S. 935–961; *ders.:* Die Beschreibung des Raums. Territoriale Grenzziehungen im Heiligen Römischen Reich (Norm und Struktur, Bd. 47). Köln/Weimar/Wien 2018. Zum Forschungskomplex pragmatischer Schriftlichkeit bei aller Weiterentwicklung des Feldes und trotz Mittelalterzentrierung weiterhin zentral: *Hagen Keller/Klaus Grubmüller/Nikolaus Staubach* (Hrsg.): Pragmatische Schriftlichkeit im Mittelalter. Erscheinungsformen und Entwicklungsstufen (Akten des Internationalen Kolloquiums 17.–19. Mai 1989). München 1992 (Münstersche Mittelalter-Schriften, Bd. 65); *Christel Meier/Volker Honemann/Hagen Keller/Rudolf Suntrup* (Hrsg.): Pragmatische Dimensionen mittelalterlicher Schriftkultur (Akten des Internationalen Kolloquiums 26.–29. Mai 1999). München 2002 (Münstersche Mittelalter-Schriften, Bd. 79).

https://doi.org/10.1515/9783110683424-005

den, schließlich resultierte sie aus intentional bestimmten Interessenlagen.[3] Wenn solche Karten jedoch nicht auf die bloße Abbildung natürlich-geographischer Realitäten, sondern auf die Durchsetzung juristisch-politischer Ansprüche zielten – wenn ihnen also spezifische Interessen und Auffassungen zugrunde lagen, die von den Nutzern als individuelle Realitäten begriffen wurden –, dann müssen sie eben auch als Produkte solcher individueller Wahrnehmungen verstanden werden. Der Produktion und nachfolgenden Nutzung solcher Karten unterlag demnach ein ‚sozialer Sinn', der analysiert und spezifisch gewichtet werden muss.

Anhand eines eichsfeldischen Fallbeispiels soll im Folgenden die Funktion und der Wert von Karten im Regierungs- und Verwaltungsalltag ausgelotet werden: zum einen mit Blick auf die Frage nach ihrer Alltäglichkeit und Normalität in der Herrschaftspraxis des 16. Jahrhunderts; zum anderen – und daraus abgeleitet – hinsichtlich der Frage nach den Intentionen und deren (gewollter oder erzwungener) Wandelbarkeit, die mit der Anfertigung und Verwendung von Augenscheinkarten verbunden waren. Aus dieser immer noch zu vertiefenden Frage nach den konkreten Nutzungszusammenhängen erschließt sich eine theoretisch-entwicklungsgenetische Ebene, die sich am heuristischen Verständnis und der Funktionsbedeutung des Augenscheins an sich festmacht und die daher weit in die Geschichte des Verständnisses von Raum, dessen Erfassung und der Funktion der Raumerfassung zurückgreift.[4] Ein solcher Zugriff ist der Wahrnehmung ge-

3 Die neuere Wissenschaftsgeschichte setzt gegenwärtig intensiv mit allen Aspekten von Tatsachen, Evidenz, Objektivität und Beweis. Von besonderer Relevanz für das vorzustellende Fallbeispiel ist dabei, dass gerade im 16. Jahrhundert die Formen von Rationalität – gerade in der Jurisprudenz – neu definiert wurden. Allein aufgrund ihrer Existenz besaß eine Tatsache Evidenz- und Beweiskraft, wobei Beweise als eine Reihung von Tatsachen verstanden wurden, die über sich selbst hinaus auf Sachverhalte verwiesen, zu denen die Menschen keinen unmittelbaren Zugang besaßen. Im 17. Jahrhundert wuchs die Überzeugung von der fundamentalen Verschiedenheit des Wissens über die Natur und desjenigen über andere Dinge. Erst im 18. und im 19. Jahrhundert entwickelte sich der Objektivitätsbegriff in unserem heutigen Sinne bildete aus; vgl. *Lorraine Daston:* Wunder, Beweise und Tatsachen. Zur Geschichte der Rationalität. Frankfurt/Main 2001, hier insbesondere der Abschnitt S. 7–27 („Die Biographie der Athene oder eine Geschichte der Rationalität") und S. 29–76 („Wunder und Beweis im frühneuzeitlichen Europa") sowie S. 127–156 („Objektivität und die Flucht aus der Perspektive"); *dies.:* Die Kultur der wissenschaftlichen Objektivität, in: *Otto Gerhard Oexle* (Hrsg.), Naturwissenschaft, Geisteswissenschaft, Kulturwissenschaft: Einheit – Gegensatz – Komplementarität? Göttingen 1998, S. 11–40; *Lorraine Daston/P. Galison:* Objektivität. Frankfurt/Main 2007. Ich danke für diesen Hinweis Frau Prof. Dr. Anette Baumann.

4 Ein solcher Zugang ist der Beobachtung geschuldet, dass Historiker immer noch und allen Treueschwüren auf eine Disziplinen und Epochen übergreifende Historiographie zu Trotz unseren Blick nicht selten allzu sehr verengen und daher Phänomene diagnostizieren, neue Beobach-

schuldet, dass die mittlerweile erstaunliche Vielfalt der epochen-, methoden-, gattungs- und funktionsspezifischen Einzelerkenntnisse der neueren historischen Kartographie eine Einordnung in größere Zusammenhänge sinnvoll erscheinen lässt.

1 Der Fall Gerode 1579/80: Vom wandelbaren Sinn des Augenscheins

Vom eichsfeldischen Adeligen Hans von Mingerode gedrängt, die kurfürstlich-mainzische Regierung möge in den zwischen ihm und dem Benediktinerkloster Gerode schwelenden Güter- und Nutzungskonflikt eingreifen, nahmen sich die Mainzer Hofräte der Angelegenheit umgehend an. Weil sich Mingerode insbesondere über den Geroder Abt Rombold beklagt hatte, mahnten die Mainzer im August 1577 den streitbaren Prälaten zur Ruhe und Gelassenheit.[5] Diese auf Konfliktdeeskalation angelegte Intervention fruchtete jedoch nicht; der Streit ging weiter und weitete sich aus. Die Mainzer Regierung sah zu diesem Zeitpunkt jedoch noch keinen Grund, selbst unmittelbar bzw. nachdrücklicher in dieser territorialpolitisch schwierigen Herrschaftsperipherie – nichts anderes war das Eichsfeld aus Mainzer Sicht – aktiv zu werden.

Aufmerksamer wurden die Mainzer erst wieder, als ihr neuer Oberamtmann Lippold von Stralendorff (1545–1626) – ein junger, studierter Jurist mit Sinn für die strikte Durchsetzung kurfürstlicher Herrschaftsinteressen mittels Rechtsargumenten und in seiner Funktion das Haupt der weisungsgebundenen, gleichwohl selbstständig agierenden kurfürstlichen Regierung in Heiligenstadt – im April 1579 die kurfürstliche Zentralregierung dringend um die Abordnung einer Kommission bat, um die zwischen Kloster Gerode und seinen Grenznachbarn – insbesondere den Wintzingerode und den Westernhagen – eskalierenden Streitigkeiten unter Einbeziehung des Grafen Volkmar Wolf von Hohnstein (reg. 1562–1580) zu schlichten. Den Hohnsteiner Grafen als weiteren Akteur einzubeziehen erschien sinnvoll und notwendig, da seit dem Bleicheröder Abschied des Jahres 1573 das an das Kloster Gerode angrenzende Wintzingerodesche Gericht Bodenstein unter Kurmainzer Oberlehenherrschaft gekommen, der Graf demnach

---

tungen präsentieren und schließlich als Ergebnisse produzieren, die im weiteren Kontext eher Reproduktionen – nicht: Identitäten! – darstellen.

5 Vgl. Landesarchiv Sachsen-Anhalt [LASA] A 37a, Nr. 1235, fol. 1–2: Schreiben des Mainzer Domkapitulars Christoph von Graenrodt und anderer Hofräte an den Abt von Gerode vom 11.08. 1577.

ein Mainzer Vasall geworden war. Daraus resultierend war aufgrund dieses Vertrages aus dem damaligen Herrn des Bodenstein – Barthold von Wintzingerode (ca. 1505–1575) – endgültig und eindeutig ein Mainzer Subvasall und Untertan geworden. Seine Vettern Hans (1515–1582) und Bertram (um 1517–1577) hatten diese Rechtsstellung übernommen bzw. übernehmen müssen, nachdem ihr ungeliebter, weil mit ihnen – wie mit allen anderen – verfeindeter, allseits renitenter Verwandter 1575 auf dem Mainzer Tiermarkt nach einem spektakulären Prozess wegen Mordes hingerichtet worden war.[6] Die neuen Herren wussten demnach, dass sie unter besonderer kurfürstlicher Beobachtung standen. So überraschte es kaum, als der Fall Gerode, der ja nur vier Jahre nach der spektakulären „Bereinigung" virulent wurde, schnell eine andere Wendung bekam, insofern nun nicht mehr bloß – wiewohl erfahrungsgemäß komplex genug – eine güterrechtliche Auseinandersetzung des Klosters zu schlichten war, sondern angesichts der komplexen Gemengelage unübersehbare politisch-territorialrechtliche Weiterungen drohten. Zu diesem Zeitpunkt stand also schon mehr oder minder fest, dass sich die Klosterangelegenheit primär in eine Adels-, genaugenommen in eine Wintzingerodesche Sache gewandelt hatte.

Der Oberamtmann Stralendorff wies denn auch 1579 darauf hin, dass seit den Tagen jenes Barthold von Wintzingerode zwischen Kloster Gerode, den Wintzingerode, den Westernhagen sowie weiteren Beteiligten um die Rechte am sogenannten Kamp, Wildungen und anderen Wüstungen gerungen werde. Die Lage sei sehr angespannt und bedürfe einer Klärung durch übergeordnete Stelle. Jeder habe sich mittlerweile schon über die Neuherren des Bodenstein *so woll [wie schon über] fast Bartolden seligen Irem vettern (bei dessen Lebens aber selbst geunpilliget) gleichfolglich beschwert.* Alle Bemühungen um eine gütliche Einigung hätten nichts ergeben, auch nicht die Vermittlungstätigkeit der Westernhagen, die mit den Wintzingerode wie auch mit dem Hohnsteiner Grafen gute Freundschaft pflegten. Deshalb sei anzunehmen, dass

> *wofern diessem handell nicht auch furdersambt Ihr abheffliche maß, durch E. Churf. g. gnedigst angeordnet würde, noch grosser ergerungh vnd Vngluck (vorm Jahr albereidt ein Westerhegischer Man, durch Bertramb von Wintzingeroda seligen Schreiber Andressen Bock, Ietzo noch auff dem Bodenstein bei der Wittiben [Bartholds] in Dienste, vnd wiederumb nach Vnheil dürstlich, erschossen) weiter zubeharren sein mocht.*[7]

6 Vgl. *Alexander Jendorff:* Der Tod des Tyrannen. Geschichte und Rezeption der Causa Barthold von Wintzingerode (baR, Bd. 9). München 2012.

7 Vgl. LASA A 37a, Nr. 1235, fol. 4–6, Zitate fol. 4: Schreiben Stralendorffs an den Mainzer Kurfürsten vom 08.04.1579.

Immer stärker rückten demnach Vettern Bartholds, die mit ihm verfeindet gewesen waren, aber scheinbar nicht nur den Bodenstein, sondern auch dessen Handlungsmuster übernommen hatten,[8] in den Fokus. So berichtete Stralendorff von weiteren Klägern, nach deren Aussagen sich die Vettern nun

> *Ipso facto des begangenen spolij theilhafftig gemacht [hätten] vnd in Bartholß von Wintzingerodas fueß stapffen getretten sein*[9].

Die Westernhagen bestätigten ihm dies.[10] Der lange Schatten jenes Barthold von Wintzingerode, dessen sich die genannten Akteure 1575 glücklich entledigt zu haben erhofft hatten, legte sich offenbar unheilvoll über die Angelegenheit.

Die so alarmierte Mainzer Regierung unter Kurerzbischof Daniel Brendel von Homburg (reg. 1555–1582) reagierte umgehend. Schon im Juli 1579 bereisten zwei – namentlich nicht mehr greifbare – Hofräte die erzstiftische Peripherie.[11] Für den 17. Juli luden sie die beiden Adelsfamilien nach Teistungen, für den 19. Juli den Hohnsteiner Grafen nach Gerode zwecks Konfliktbeendigung vor und erinnerten dabei an die jeweiligen Lehenspflichten der Adressaten. Dieser Ton sollte sich als höchst ungeschickt erweisen. Denn der Graf antwortete sofort, empört und unmissverständlich, der Bodenstein sei ihm im Vertrag von 1573 mit allem Zubehör als kurfürstliches Lehen überantwortet worden, was auch den Kamp betreffe. Die Kläger hätten also zuerst ihn als Lehnsherrn zu kontaktieren, *wie sich in dergleichen Sachen billich geburet*[12]. Zwei Tage später setzte Graf Volkmar Wolf nach: Er habe *dehme von Wintzingeroda weder zu erscheinen noch sich im wenigsten inzulassen mit ernst verbotten*[13]. Sichtlich darum bemüht ihren diplomatischen

---

8 Vgl. ebd., fol. 7–8: Schreiben von *dieJenigen so von Bartholdt von Wintzingeroda deß Ihren seindt spolijrt worden, auch sunst in andere wege wider recht beschwertt, in vnd außerhalb Duderstadt geschehen* an den Oberamtmann vom 24.03.1579: Klage über die Eingriffe Bartholds im Kamp und bei Wildungen. Lange habe man gar nicht gewusst, an wen man sich wenden solle, weil der Ritter *ehr eine Zeidt Meinzisch, ein ander mahll honsteinisch sein wollen* (fol. 7'); nun bitte man um den landesfürstlichen Schutz; dazu ebd., fol. 8–10: Schreiben des Andreas Berssen, des Hans Breussen und des Georg Kock an Jost Heinrich Wilhelm und Hans von Westernhagen vom Tage Annuniationis Mariae 1579: Klage über jahrelange Eingriffe in den Kamp durch Barthold.

9 Ebd., fol. 8'.

10 Vgl. ebd., fol. 10–12: Schreiben des Jobst, Heinrich und Wilhelm von Westernhagen an Stralendorff vom 31.03.1579: Als Lehnsherren und Obrigkeit ihrer beschwerten Untertanen wiesen sie darauf hin, dass die jetzigen Wintzingerode-Erben auf demselben Weg wandelten wie ihr hingerichteter Verwandter und kein Einlenken erkennen ließen.

11 Vgl. ebd., fol. 21–23: Schreiben der abgeordneten kurfürstlichen Räte an die Wintzingerode und an den Grafen von Hohnstein vom 11.07.1579 zu Stadtworbis.

12 Ebd., fol. 24–26, hier fol. 25: Schreiben des Grafen von Hohnstein an die Räte vom 13.07.1579.

13 Ebd., fol. 32–34: Schreiben des Grafen an die Räte vom 15.07.1579.

Missgriff zu bereinigen, verwiesen die Räte beschwichtigend auf die kurfürstliche Instruktion und den Ernst der Lage angesichts der vorhandenen Gewaltpotentiale und schlossen eindringlich, *Eß erfolge solches od[er] nie*[14]. Nachdem sie abermals die Wintzingerode, den Grafen und selbst die Westernhagen erfolglos zum Erscheinen aufgerufen und sich schließlich auch noch mit einer empörten Äbtissin von Teistungenburg hatten beschäftigen müssen,[15] berichteten sie schließlich bis hin zur Frustration sichtlich ernüchtert an den Kurfürsten.[16] Die kurfürstliche Antwort erfolgte prompt und offenbarte das rechtlich-lokalpolitische Unverständnis bzw. Unwissen der Mainzer Verantwortlichen. Sie versuchten, das Konfliktknäuel durch thematische Separierung zu entwirren. Man wies die nach Heiligenstadt abgeordneten Räte an, sich wegen der Causa Kamp-Wintzingerode intensiv um einen Konsens durch Ausgleich zu bemühen, während man in der Causa Westernhagen selbst recherchieren wolle.[17] So unmissverständlich zum Erfolg angehalten, gelang es den kurfürstlichen Räten schließlich im August 1579 doch noch, mit den Beteiligten einen gemeinsamen Grenzaufnahmetermin zu vereinbaren.[18] Noch kurz zuvor drohte er zu scheitern.[19] Am 11. und 12. September schließlich wurde die Grenze bei Wildungen und im Kamp durch die Vertreter der Wintzingerode, Westernhagen und der Abtei aufgenommen und ein Notariatsin-

---

14 Ebd., fol. 29 – 30: Schreiben der Räte an den Grafen vom 15. 07. 1579.

15 Vgl. ebd., fol. 30 – 32: Schreiben der Räte an die Wintzingerode vom 15. 07. 1579; fol. 35 – 36: Schreiben der kurfürstlichen Räte an den Grafen vom 16. 07. 1579; fol. 36 – 38: Schreiben der Priorin von Teistungen – Magdalena Nöring – an den Kurfürsten vom 17. 07. 1579: Klage über die Anmaßungen und Alienationen des Barthold von Wintzingerode am Klostergut.

16 Vgl. ebd., fol. 39 – 41: Schreiben der kurfürstlichen Räte an den Kurfürsten vom 21. 07. 1579. Dabei spielten jene Westernhagen, die zuvor noch ihre Mediationsbereitschaft signalisiert hatten, auf einmal das Spiel der Wintzingerode. Sie hatten sich offenkundig einer Einigung mit Teistungen wegen der strittigen Gerichtsbarkeit am Westertor entzogen, weil sie die Rechte des Grafen von Regenstein als ihrem Lehnsherrn tangiert sahen. Zudem präsentierten sie ihrerseits schriftlich weitere Beschwerdepunkte.

17 Vgl. ebd., fol. 43 – 45: Schreiben des Kurfürsten an die Räte vom 28. 07. 1579.

18 Vgl. fol. 46 f.: Schreiben der kurfürstlichen Räte an Hans von Wintzingerode vom 07. 08. 1579: Nach vorausgegangener Unterredung mit den hohnsteinischen Räten forderten sie den Adeligen zur erneuten Korrespondenz auf, weil man doch die Sache auch im Sinn der Familie bereinigen wolle.

19 Vgl. ebd., fol. 49: Abt Rombold bestätigte am 13. 08. 1579 den Räten den Augenschein- und Grenzziehungstag für den 18. August und forderte die Einbeziehung des Duderstädter Schultheißen Johann Hennicke als Zeugen wegen seines Wissens um die Grenzangelegenheiten in Holungen; fol. 50: Schreiben des Grafen vom 16. 08. 1579: Protest gegen das eigenmächtige Vorgehen des Abts; man müsse sich darauf nicht einlassen und könne den Termin auch platzen lassen.

strument erstellt.[20] Damit sollte die Basis für weitere Verhandlungen gelegt sein – aber, wie sich herausstellen sollte, auch nicht mehr.

Schon bald erwies sich nämlich, wie fragil der gefundene Konsens war und wie wenig die gemeinsamen Feststellungen zur Konfliktlösung beitrugen oder gar negative Weiterungen verhinderten. Bereits Mitte November 1579 berichtete Graf Volkmar Wolf, die Wintzingerode weigerten sich Türkensteuer zu zahlen, weil sie dies niemals zuvor getan hätten. Zudem gäbe es trotz der Grenzfeststellung weiterhin Konflikte zwischen den eigentlich doch pazifizierten Parteien.[21] Gutnachbarschaftlicher Freundschaft wegen und zwecks Verhütung weiteren Ungemachs akzeptierte die Mainzer Regierung daher das hohnsteinische Angebot, den Türkensteueranteil der Wintzingerode zu übernehmen.[22] Über die Ergebnisse der vorausgegangenen Augenscheinnahme offenkundig schlecht oder gar nicht informiert, forderten die sichtlich ungehaltenen Mainzer dagegen vom Oberamtmann Aufklärung darüber, ob Wüstungen wie Segel und die Gehölze wie die Sonder nun zum Eichsfeld gehörten oder nicht.[23]

Stralendorff seinerseits erschien das Mainzer Entgegenkommen in der Steuersache irrational. Denn die Wintzingerode auf gräflich-hohnsteinische Quittung zu nehmen, widersprach ihrem landsässigen Status als kurfürstliche Untertanen. Der Oberamtmann sah hierin eine Gefahr für die landesherrliche Oberhoheit, weil ein Präzedenzfall geschaffen werde, durch welchen

> *E. Churf. g. Landtfürstlichen Obrigkeit zu großem Abbruch, vnd Verschmelerungh durch gemelte Quittungh vnnd Zulaß vmbgestoßen werde, diß erst hernach beschwerlich zu enden, vnd insbesonder, da es einem Graffen also seins willens nachgeben, andern Gegenstandes, so dergleichen Belehnten vom Adell vnd andern alhier in E. Churf. g. Lande dergleichen auch baldt understehen mochten [...]. Der Kurfürst möge es ihm daher vngnedigh nicht verdencken, sundern wir eß von Herzenn gemeint, gnedig auffnehmen*[24],

wenn er in diesem Punkt eine harte Gegenposition vertrete. Wegen der Bodensteiner Grenze verwies er auf die erfolgreichen Verhandlungen mit den gräflich-hohnsteinischen Räten vom 20./21. November 1579, die man auf der Basis des

20 Vgl. ebd., fol. 12–14: Protokoll der Grenzziehung vom 11./12.09.1579; fol. 14–20: Notariatsinstrument des Liborius Pistor über Augenschein, Zeugenverhör und Handlung vom Dienstag nach Assumptionis Mariae 1579 inklusive des Grenzinstruments (vgl. fol. 53–57[b]).

21 Vgl. ebd., fol. 66–73[a]: Bericht des Grafen von Hohnstein vom 24.11.1579.

22 Vgl. LASA A 37a, Nr. 81: Korrespondenz zwischen Hohnstein und Kurmainz wegen Türkensteuerzahlung der Herrschaft Bodenstein.

23 Vgl. LASA A 37a, Nr. 1235, fol. 74–77: Schreiben des Kurfürsten an Stralendorff vom 15.12.1579; ebenso fol. 61–65: Schreiben an Stralendorff und an die Steuereinnehmer vom 24.12.1579.

24 Ebd., fol. 81–86: Schreiben Stralendorffs an den Kurfürsten vom 28.12.1579, hier fol. 82.

Vertrages von 1573 geführt habe. Die Westernhagen seien zwar unzufrieden, weil ihre Rechte tangiert würden, allerdings habe er sie gebeten, vorerst stillzuhalten und den Konflikt nicht weiter zu befeuern. Gleichwohl ging der Oberamtmann davon aus, dass kein dauerhafter Kompromiss gefunden worden sei. Wegen der Irrungen mit Gerode sei eine Augenscheinkarte angefertigt worden. Aber auch dies sei nur als vorübergehender Stillstand, nicht als definitive Lösung zu betrachten. Denn seiner Meinung nach *bezeugt[e] der augenschein vielmehr das widerspiel*[25] aller Beteiligten.

In der Tat erwies der Augenschein die Komplexität des Streits zwischen den Parteien um die verschiedenen Flur- bzw. Waldstücke, gerahmt durch die Leitorte Duderstadt, Stadtworbis und die Amtsburg Harburg. Während – aus der Betrachterperspektive – am linken Rand das Westernhagensche Gericht schwarz, am unteren Rand das Gericht Bodenstein rot und am oberen Rand der Besitz Gerodes ebenfalls rot umrandet und damit jeweils als unstrittig verzeichnet wurde, hielt die nach Südosten ausgerichtete Karte mittig in gelber und brauner Farbe die einzelnen Streitgegenstände fest, die voneinander mit gestrichelten Linien getrennt wurden. Demnach war die zentral abgebildete Hohe Kammer zwischen Wintzingerode und Gerode strittig, ebenso die rechts davon abgebildete Sonder, deren untere, nicht eingefärbte Hälfte als unstrittig bodensteinisch verzeichnet wurde, während deren obere, gelb markierte und durch den sogenannten Pfaffensteig getrennte Hälfte als strittig galt. Der in ihr – genauer: auf dem sogenannten Einhang – durch Barthold von Wintzingerode angerichtete Verwüstungs- bzw. Diebstahlsschaden in Höhe von 400 Talern wurde durch die Erben wohl eingeräumt. Unter und links der Sonder waren weitere Fluren braun markiert, für die Folgendes verzeichnet wurde: In Segel gestanden die Wintzingerode den Westernhagen den Besitz zu, nicht aber die Richtigkeit der Grenzziehung; in Wildungen gestanden die Westernhagen den Wintzingerode nur einen ganz unbestimmten Teil zu; gleiches galt für den Kamp und die Ickendorfer Flur, wo sich beide Kontrahenten nebst Teistungenburg und den Duderstädter Beteiligten jeweils Anteile zugestanden. Die Augenscheinkarte verzeichnete demnach die Ansprüche und Interessen der Parteien an den Gegenständen detailliert. Mit dem zeitgenössisch modernsten Instrument des Konfliktmanagements hatten Stralendorff und die kurfürstliche Kommission versucht, Klarheit zu schaffen und Lösungen herbeizuführen, und waren an den ‚Realitäten' gescheitert. All dies

25 Ebd., fol. 84'. Bereits abgebildet und kommentiert bei *Johannes Müller:* Die ältesten Karten des Eichsfeldes. Eine kartographisch=historische Studie mit 5 Abbildungen, in: Unser Eichsfeld 6 (1911), S. 1–19, hier S. 7–15.

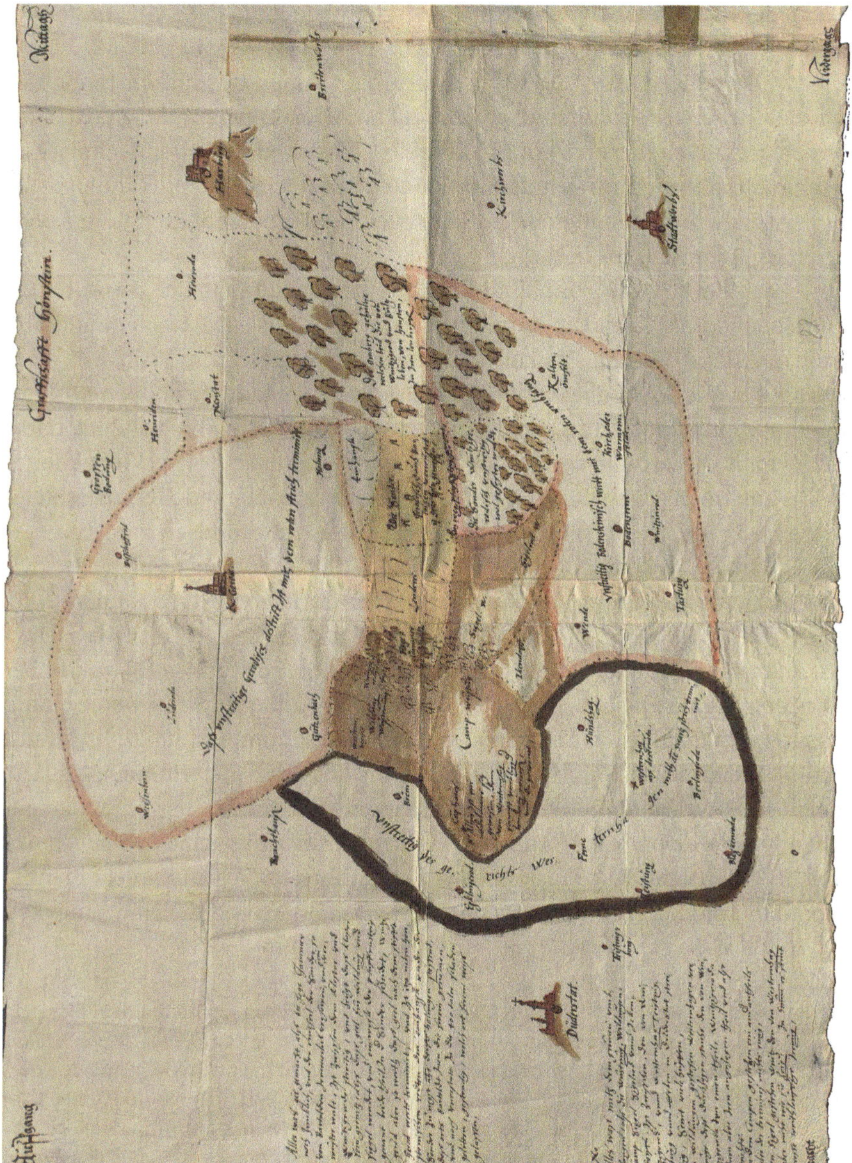

Abb. 14: Augenscheinkarte (vgl. LASA A 37a, Nr. 1235, fol. 88 nebst Grenzaufnahme vom 11.09.1579 (fol. 91–94).

gipfelte in der lapidaren Bemerkung am unteren linken Rand der Karte: *In summa es scheint grosse weithleuffige Irrungen.*

Die Anfertigung dieser Augenscheinkarte zur Konfliktlösung im Sinne der außergerichtlichen Streitschlichtung weist auf zwei bemerkenswerte Aspekte hin: zum einen auf die zu diesem Zeitpunkt bereits selbstverständlichen technischen Fähigkeiten der Kurmainzer Administration auf dem Eichsfeld, zum anderen auf das Bewusstsein aller beteiligten Konfliktparteien, welche Bedeutung die Anfertigung eines Augenscheins besaß.

Der erste Aspekt – die Normalität der Kartenverwendung in der Verwaltungs- und Herrschaftspraxis auf dem kurmainzischen Eichsfeld – lässt sich quantitativ wie auch qualitativ belegen. Die kurfürstliche Zentralregierung in Mainz wie auch das Heiligenstädter Oberamt verwendeten Augenscheinkarten völlig selbstverständlich und durchaus professionell.[26] Letzteres drückte sich nicht zuletzt darin aus, dass man die eigene Verwendungspraxis methodisch-kritisch reflektierte, das heißt, dass man sie an den Standards des Reichskammergerichts ausrichtete, mit diesen abglich, entsprechende Missstände benannte und zu sanieren versuchte. Offenkundig bestand eine methodische Korrespondenz einerseits zwischen verschiedenen Ebenen der (Kurmainzer) Territorialverwaltung, andererseits zwischen verschiedenen Herrschaftsebenen des Reiches – also zwischen Reichskammergericht und Territorialverwaltung –, die reziproken Charakter besaß. Dies belegt eine Episode, die dem geschilderten Fallbeispiel nur wenige Jahre voraus ging und mit diesem wenigstens mittelbar in Verbindung stand: Im Januar 1567 hatte Dr. iur. Christoph Faber – seit 1564 kurfürstlicher Hofrat, seit 1568 Kanzler – eine kurfürstliche Delegation in einem vor dem Reichskammergericht zwischen Kurmainz und der Grafschaft Hohnstein über die gemeinsame Grenze im Gericht Bodenstein ausgetragenen Streit angeführt. In diesem Kontext mahnte er gegenüber dem Kurerzbischof nachdrücklich und dringend die Notwendigkeit

26 Für die Initiation, Produktion und funktionellen Verwendung von Karten auf dem Eichsfeld vgl. *Hans Brichzin:* Augenschein-, Bild- und Streitkarten, in: *Fritz Bönisch/Hans Brichzin/Klaus Schillinger/Werner Stams* (Hrsg.), Kursächsische Kartographie bis zum Dreißigjährigen Krieg, Berlin 1990, S. 112–206; *Karl J. Hüther:* Das Eichsfeld im Bild alter und neuer Karten. Duderstadt 1997, S. 24–26; *Herbert Frentzel:* Das Eichsfeld im kartographischen Bild, in: Eichsfelder Heimathefte 4–7 (1962–1967); *Gunter Görner:* Alte Thüringer Landkarten 1550–1750 und das Wirken des Kartographen Adolar Erich. Bad Langensalza 2001; *Alexander Jendorff:* Bilder der Gemeinsamkeit oder Bilder des Streits? Kartographiehistorische Beobachtungen zu Augenscheinkarten der Ganerbschaft Treffurt und der Vogtei Dorla am Beginn des 17. Jahrhunderts, in: Hessisches Jahrbuch für Landesgeschichte 60 (2010), S. 31–67; *ders.:* Das Eichsfeld im Augenschein. Altkarten als Instrumente und Manifestationen von herrschaftlicher Kommunikation, Kooperation und Selbstbehauptungskonflikten im 16. und 17. Jahrhundert, in: Eschweger Geschichtsblätter 22 (2011), S. 16–35.

an, bei der Inaugenscheinnahme und der Kartenproduktion auf die Einhaltung technisch-judizieller Formalstandarts zu achten:

Den augenschein der grenitzen, Knicken, malstein etc. wurdt der Commissarius wol wissen einzunemen in beisein eines sunderlich dartzu beaidigten Malers. Aber solcher wichtigen sachen wher am dienstlichsten, das einer auß den nidergesetzten Räthen neben dem Notario causae solche Commission selbst verrichteten, die konten darnach referiren, wie und was sie selbst gesehen und gehort[27].

Zwar erging eine entsprechende Weisung an den zuständigen Oberamtmann,[28] der Besichtigungstermin im Beisein des zuständigen Kommissars des Reichskammergerichts verlief jedoch ergebnislos, weil sich die streitenden Parteien in zentralen Verfahrensfragen nicht einigen konnten.[29] Mehr noch: Der Hofrat Faber stellte vier Monate später fest, dass der mittlerweile gemeinsam vorgenommene Augenschein erhebliche formaljuristische Defekte aufwies: die

einnemmung des augenscheins ist [zwar] erkent, darzu gehört [aber] nit allein die besichtigung sunder auch abreissung der grenitzen durch einen beaidigten mäler, Daran hett der gerichtschreiber solche clausul der Commission sollen einverleiben, wie E. Cf. G. anwalt nochmalß zu thun gerichtlich pitten soll[30].

Eine gerichtsfeste Grenzzeichnung war demnach nicht angefertigt worden und musste nachgeholt werden. Doch auch dabei unterliefen gravierende Formalfehler, wie Faber weitere drei Monate später bemerkte:

Obwol die gepetne Commission, den augenschein wie sich gepurt einzunemen erkant, So hab iehdoch der Notarius die gepurliche clausul (:dem augenschein durch einen beaidigten maler auch abreissen zu laßen:) in fertigung der Commision ausgelassen. Dieweil dan solche abreißung ein gewonlich und nöttig stück deß augenscheins, sonderlich da gestalt der grenitzen besichtiget und folgents Judici committenti furgezeigt soll werden, wie dann auch am Kay: Cammergericht in dergleichen fellen täglich practiciret wurdt, daß sie derhalben fur sich selbst

27 Vgl. LASA A 37a, Nr. 71, fol. 145–150, hier fol. 145–145': Schreiben Fabers an den Mainzer Kurerzbischof vom 16.01.1567.

28 Vgl. ebd., fol. 167–168: Schreiben des Kurerzbischofs an den Oberamtmann Kaspar von Berlepsch (amt. 1566–1574) und Dr. iur. Heinrich Kornemann (Assessor am Heiligenstädter Oberlandgericht seit 1540) vom 24.01.1567, mit dem er über die Vorschläge Fabers berichtete und dabei unter anderem aufführte: *Zum andern dieweyl man zu dem augenschein ein beeydigten Maler wurdt haben mueßen, so wollend uns zu erkennen geben, ob etwan derselbigen Landes act zufinden der zu solchem werck gepraucht werden mocht zudem thut Ihr unser meynung und wer sein eneh zw gemachet genegsten.* Eine Antwort aus Heiligenstadt erfolgte interessanterweise nicht.

29 Vgl. ebd., fol. 215–223, 251–255.

30 Ebd., fol. 272–273', hier fol. 272': Schreiben Fabers an den Kurerzbischof vom 12.08.1567.

> *ampts wegen solchen errorem corrigiren und die abreißung durch ein nebenschrifft auch bevehlen wollen; Oder da solches bei inen nit zu erhalten, daß annoch bei den Commissariis wurdt angehalten werden, daß sie in krafft habender Commission (:den augenschein zubesichtigen und zubeschreiben:) die abreißung oder beschreibung durch einen maler wollten thun laßen*[31].

Schließlich wurde diese Verfahrensweise korrekt umgesetzt.[32]

Der geschilderte Vorgang weist auf den zweiten bemerkenswerten Aspekt hin: die wachsame Wahrnehmung kartengestützter Herrschaftspraxis durch die betroffenen Zeitgenossen. Denn als juristisches Instrument konnte die im Geroder Grenzstreit angefertigte Karte auch als Beweismittel vor einem kurfürstlichen Gericht und/oder als Basis einer politischen Entscheidung der kurfürstlichen Regierung dienen. In jedem Fall unterwarfen sich die Parteien damit der kurfürstlichen Oberhoheit und akzeptierten deren Schlichtungskompetenz. Denn wer die Hoheit besaß, eine solche Karte anzufertigen und sie als allseits akzeptiertes Instrument der Konfliktlösung zu verwenden, der konnte Entscheidungen mit großem Verbindlichkeitsdruck herbeiführen. Dessen waren sich die streitenden Akteure offenkundig nur allzu bewusst – und genau deshalb drehten sie den so inhärenten herrschaftsdiskursiven Spieß offenbar um. Gerade die adeligen Akteure nutzten den Augenschein zur gemeinsamen Feststellung des Dissenses und entwerteten auf diese Weise zugleich die Karte als Herrschaftsinstrument der kurfürstlichen Regierung. Sie entzogen sich damit der Verherrschaftungsintention durch Kartographierung seitens der Regierung, die als vermittelnde Entscheiderin hatte auftreten wollen. Statt zur Konfliktlösung diente die Karte nunmehr dem Zweck der Positionsprofilierung bzw. Positionsbehauptung der Kontrahenten, also als diskursives Argument, das im konkreten Fall zwar individuell beanspruchte Herrschaftsräume markierte, nicht aber Herrschaftshierarchien definierte. Daran war den eichsfeldischen Akteuren – insbesondere den Adeligen –

---

31 Ebd.: Schreiben Fabers an den Kurerzbischof vom 22.08.1567, fol. 289–290.

32 Vgl. ebd., fol. 297: Bestätigung des kurfürstlichen Oberamtmanns vom 26.08.1567; fol. 316–323': Bericht der mainzischen Räte über den Augenschein vom 29.–31.10.1567, auch fol. 516–522, 596–514. Bei einer erneuten Grenzbegehung im Juni 1568 wurde im Protokoll eigens vermerkt: *Erstlich ist der Maler Meister Merten Luder von Northausen an der Bann Eck, beim Hohen Malstein, das er den Augenschein, wie derselb allenthalben geschaffen, unnd sich ereugen würde, vnparteyisch, sonder getreulich unnd vleissig einnehmen unnd malen wolle, mit sonderlichem aydt vorstrickt und angenohmen*; ebd., fol. 368–381, hier fol. 368: Verzeichnis des Augenscheins vom 24.–27.06. 1568, durch die hohnsteinischen Anwälte im Beisein der Kurmainzer am 23.06.1568 abgewiesen. Es folgt der Bericht der hohnsteinischen Abgesandten (fol. 384–390) sowie der Gegenbericht einer abermaligen Grenzbereitung der Mainzer Beamten Jörg von Crayn (Hauptmann zu Duderstadt), Hans Hans Greffing und Andreas Muntzer auf Befehl des Oberamtmanns.

besonders gelegen, wobei an dieser Stelle unentschieden bleiben muss, ob der angefertigte Augenschein auch ihnen zur Verfügung stand. Insofern war es eigentlich von Anfang an gar nicht zu erwarten gewesen, dass sie zu einer finalen Übereinkunft kamen, was die Karte für den an konkreten Lösungen interessierten Oberamtmann Stralendorff nahezu wertlos machte, interessanterweise jedoch nicht für die Mainzer Regierung.

2 Normatives oder kommunikatives Instrument? Der Augenschein und die philosophische Diskussion über Raum und Zeit

Wenn Stralendorff resigniert notierte, die angefertigte Karte könne nicht zur Konfliktlösung dienen, sondern es *bezeugt der augenschein vielmehr das widerspiel*[33] aller Parteien, spiegelte dies seinen mehrfachen Frust wider: Als Oberamtmann war es seine Aufgabe, möglichst geräusch- und konfliktarm die Herrschaft auf dem Eichsfeld durchzusetzen und aufrechtzuerhalten. Als studierter Jurist sollte er die Rechtsnorm zur praktisch-administrativen Anwendung bringen, also in deduktiver Methode kurfürstliche Herrschaftsrechte durchsetzen. Entsprechend verfolgte er seit seinem Amtsantritt fünf Jahre zuvor in dem für die Mainzer Regierung typischen Stil die Linie der strikten, wenn auch keineswegs intransigenten Anwendung geltenden Reichs- und Territorialrechts. In der Causa Wintzingerode 1574/75 hatten die Kurfürstlichen dies mustergültig unter Beweis gestellt, und auch sonst wandte man diese Strategie auf dem Eichsfeld stringent an inklusive der Nutzung moderner Rechtfeststellungsinstrumente wie der Augenscheinkarte. Nichts von alldem hatte jedoch in diesem Fall wirklich funktioniert, mehr noch: Das Handeln der kurfürstlichen Regierung war wenig hilfreich gewesen; die Mainzer Rätekommission hatte wenig mit ihm zusammengearbeitet, noch weniger war sie aus seiner Sicht erfolgreich gewesen, eher autoritär-unbeholfen aufgetreten, nur um ihm am Ende angesichts desselben fruchtlosen Ergebnisses zu vermitteln, er möge endlich für eine Konfliktlösung sorgen.

Was den deduktiv argumentierenden Juristen Stralendorff, der sich aus der Augenscheinnahme eine Lösung entlang der Rechtsnorm erhofft hatte, so sichtlich frustrierte, schien die Mainzer Verantwortlichen – auch sie juristisch gebildet – weniger zu stören. Ganz pragmatisch stellten sie die diplomatischen Uhren

33 LASA A 37a, Nr. 1235, fol. 81–86: Schreiben Stralendorffs an den Kurfürsten vom 28.12.1579, hier fol. 84.

wieder auf Anfang, so als ob es die ursprüngliche Intention des Vorgangs gar nicht gegeben hätte, und begannen erneut mühsame Verhandlungen. Das ‚Setting' der Kartenproduktion hatte sich verändert und so nutzten sie nun eben die Anfertigung des Augenscheins vielmehr im Sinne von dessen Umkehrung durch die Kontrahenten, also so, als ob man auf der Basis der kartographischen Feststellung des Dissenses selbstverständlich die Dinge gemeinsam regeln könne. Die Karte schuf somit neue Gesprächsanlässe. Mit diesem Zugriff, der ja eigentlich der Akzeptanz der Realitäten im Sinne der Akzeptanz der herrschaftlichen Durchsetzungsunfähigkeit entsprach, standen sie allerdings ganz in der Tradition des heuristischen Funktionsverständnisses des Augenscheins.

Denn der hier beschriebene Vorgang des kartographischen Funktionswandels – von der Aufnahme und Feststellung der wahrgenommenen Realität hin zur diskursiven Regulierung und Korrektur der vorgegebenen Realität – war nicht einfach nur Teil von administrativen Prozessen kommunikativ angelegter Herrschaftsausübung in der Frühen Neuzeit. Augenscheinnahme als Überprüfung der ‚erdachten' Realität – also der durch Individuen je spezifisch wahrgenommenen und der wissenschaftlich-rational erklärten Realität – war ein durchaus wichtiges Entwicklungselement der Wissenschaftsgeschichte, um dessen Stellenwert intensiv gerungen wurde. Es widerspiegelte gewissermaßen ein traditionelles Methodenproblem der Wissenschaftsgeschichte, das sich an der Bedeutung normativer oder beobachteter Welterklärung und damit induktiver oder deduktiver Problemlösung festmachte.

Schon seit den Tagen des Herodot (ca. 490 – 420 v.Chr.) – des Vaters der Geschichtsschreibung – galt der Augenschein als Prüfungs- und Evaluationssäule bei der Darstellung von Sachverhalten im Sinne der Erfassung von historisch-politischen Prozessen, kulturellen Leistungen und nicht zuletzt menschlichen Handlungsinteressen und -motiven sowie deren Handlungsräumen.[34] Dabei stand der Abgleich von Ansichten und Überlieferungen durch eigene Beobachtungen zunächst jedoch in keinem Zusammenhang mit genuin kartographischen Problemen, sondern vielmehr mit der Zeitberechnung, aus der sich auch Fragen der Raumberechnung und Raumdarstellung ableiteten und an die sich die philosophische Diskussion über die Absolutheit oder Interpretationsnotwendigkeit von Zahl und Zeit anlagerte.

---

34 Vgl. *Walter Marg* (Hrsg.): Herodot: eine Auswahl aus der neueren Forschung. 3. Aufl. Darmstadt 1982 (Wege der Forschung, Bd. 26); *John Gould:* Herodotus, London 1989; *Reinhold Bichler:* Herodots *Historien* unter dem Aspekt der Raumerfassung, in: *Michael Rathmann* (Hrsg.), Wahrnehmung und Erfassung geographischer Räume in der Antike. Mainz am Rhein 2007, S. 67–80, mit entsprechender weiterführender Literatur.

In diesem Diskurs prallten unvereinbare Auffassungen aufeinander. Während Platon (427–347 v.Chr.) – und mit ihm später viele frühchristliche Philosophen – gegen jede Verdinglichung wetterten, also von einer nicht interpretierbaren Absolutheit von Zeit ausgingen und in Namen, Zeichen und Begriffen nur vorstellungsgenerierende Abbilder der göttlichen Ewigkeit und Allmacht sahen,[35] billigte Aristoteles (384–322 v.Chr.) dem menschlichen Zeichensystem von Sprache und Denken, d. h. von Wahrnehmung, Verarbeitung, Interpretation und Kommunikation, eigene Wertigkeiten und damit auch eigene Gesetzmäßigkeiten und Auffassungen zu. Folgerichtig musste sich das menschliche Zeichensystem in der Konkurrenz mit anderen Auffassungen messen. Die so individuell geschaffene Gegenwart – das spezifische „Es ist" – war demnach Teil einer pluriformen Anordnung der von Menschen geschaffenen Realitäten. Dies erzwang den Vergleich und mithin die Kommunikation über die daraus entstehenden (Erklärungs-)Probleme,[36] um zu gemeinsamen Auffassungen zu kommen. Zugleich anerkannte Aristoteles den Wert und die Notwendigkeit der Sinneswahrnehmung und deren Verarbeitung im Unterschied zur bloßen Bewertung der Gegenwart durch arithmetische Berechnung.

Diese Diskussion war eng an astronomische Fragestellungen und Probleme gekoppelt und dennoch auch für die Kartographie relevant. Astronomische Erscheinungen beeinflussten das unmittelbar erfahrbare irdische Leben, boten bei Tag und Nacht konstant zeitliche wie räumliche Orientierung und vermittelten zugleich die permanente, wenn auch gleichmäßige Veränderung. Weil der Himmel irdische Orientierungshilfen in der antiken Oikumene – also im bekannten belebten Raum der Mittelmeerwelt – bot, versuchte man ihn durch Berechnung und durch Beobachtung – Augenschein – zu verstehen und zu deuten, über entsprechende Erkenntnisse und Interpretationen zu diskutieren und die Zukunft auf der Basis dieser Vorgänge zu gestalten.[37] Eine dabei geführte Diskussion resultierte aus der Frage, ob die Welt rein arithmetisch zu erklären und abbildbar sei oder der sensitiven Erfahrung bedürfe. Neben Aristarchos von Samos (um 310–230 v.Chr.),

---

35 Vgl. *Arno Borst:* Computus. Zeit und Zahl in der Geschichte Europas. 2. Aufl. Berlin 2013, S. 13–15, 23f.

36 Schon Herodot hatte auf die eklatanten Unterschiede, gar Widersprüche zwischen der kartographischen Darstellung bzw. Konstruktion von Räumen und der alltäglich-individuellen Raumwahrnehmung hingewiesen; vgl. *Hans-Joachim Gehrke:* Die Raumwahrnehmung im archaischen Griechenland, in: *Michael Rathmann* (Hrsg.), Wahrnehmung und Erfassung geographischer Räume in der Antike. Mainz am Rhein 2007, S. 17–30, hier S. 29.

37 Vgl. *Eckhart Olshausen:* Eratosthenes in der geographischen Tradition der Griechen, in: *Michael Rathmann* (Hrsg.), Wahrnehmung und Erfassung geographischer Räume in der Antike. Mainz am Rhein 2007, S. 103–110, hier S. 103f.

der den ersten Versuch unternahm, die astronomischen Entfernungen mit arithmetisch zu berechnen, und daraus ein heliozentrisches Weltbild generierte, ist hierbei insbesondere Eratosthenes (276–194 v.Chr.) zu nennen. Der Prinzenerzieher am Hofe des ägyptischen Pharaos Ptolemaios III. Euergetes (246–221 v.Chr.) prägte einen neuen Geographie-Begriff, der den alten – *ges periodos*, die „Herumfahrt" – ersetzte, der noch von dem Aristoteles-Schüler Dikaiarchos von Messene (2. Hälfte des 4. Jahrhunderts) verwendet worden war. Die Erdbeschreibung erfolgte nach Auffassung des Eratosthenes als Abzeichnung der Erde auf der Basis wissenschaftlich gewonnener Informationen unter Zuhilfenahme der Arithmetik bzw. Mathematik. Der Geograph war demnach ein Kartenzeichner; die Welt wurde objektiviert durch die Karte.[38] Dagegen definierte Ptolemaius (2. Jahrhundert n.Chr.) Geographie als die beschreibende Wiedergabe der Erde mittels einer Karte; der Geograph war demnach nicht zwingend ein Kartenzeichner, sondern eher informierender Interpret des durch Linien und Beizeichen Abgebildeten, worunter Naturräume, Städte und Völker summiert waren.[39]

In beiden Fällen besaß der Augenschein eine additive bzw. korrektive Funktion für die Berechnung. Der Unterschied zwischen den genannten Positionen bestand im methodologischen Funktionsverständnis: Entweder objektivierte die Karte die Welt visualisierend, so dass aus ihr deduktiv zwingende Lösungen erschlossen werden konnten, oder sie diente nur als interpretierbares Informationsinstrument, das bedarfsmäßig und kommunikative Lösungen generierte. Jedenfalls war auf diese Weise kartographisches Wissen ein Teil von Bildung, um positives Handeln zu ermöglichen, bspw. um am gewünschten Zielort anzukommen, Informationen über andere Länder zu erhalten bzw. zu sichern oder um erfolgreich Krieg zu führen.

Derartige geographisch-kartographische Theoriediskussionen waren – wie die Geographie bzw. die Kartographie überhaupt – im spätantiken Christentum von untergeordneter Bedeutung.[40] Gott leitete den wandernden Pilger ebenso wie das wandernde Gottesvolk. Eine solche Haltung resultierte nicht zuletzt auch aus der Ablehnung der aristotelischen Verdinglichung und philosophisch-verchristlichten Anknüpfung an Platon durch den in vielerlei Hinsicht theologisch einflussreichen Aurelius Augustinus (354–430). Für ihn war das Wirken Gottes durch den Heiligen Geist zentral, das sich eben nicht in der Zahl und ihrer menschlichen Anwendung gleichgültig in welcher Spielart, sondern in Wundern, Heiligenviten

---

38 Vgl. *Klaus Geus:* Die *Geographika* des Eratosthenes von Kyrene: Altes und Neues in Terminologie und Methode, in: *Rathmann* (Hrsg.), Wahrnehmung (wie Anm. 37), S. 111–122, hier S. 111 f.
39 Vgl. *Geus:* Geographika (wie Anm. 38), S. 111.
40 Vgl. *Linda-Marie Günther:* Raumwahrnehmung in der spätantiken Hagiographie und Historiographie, in: *Rathmann* (Hrsg.), Wahrnehmung (wie Anm. 37), S. 231–241.

und der Frömmigkeit der Seelen offenbarte.[41] Die Berechnung der Zeit – der *computus* – durch den Menschen schien aus diesem Blickwinkel vielmehr die Allmacht Gottes zu relativieren und rückte daher in die Nähe der Gotteslästerung. Gleiches konnte insofern für die Geographie gelten: Wozu den irdischen Raum kennen, wenn das Gottesreich das eigentliche („Raum"-)Ziel menschlichen Seins war? Folgerichtig stellte der Augenschein für spätantike Theologen wie Augustinus die gleichsam entwissenschaftlicht-entpaganisierte, dafür christianisierte Wahrnehmung der Wunder und des Wirkens Gottes dar, die allem menschlichen Tun und Erkenntnisversuch entgegenstehen konnte, vielleicht sogar musste. Immerhin galt aber auch hier: Raum- und Zeitproblematiken waren miteinander verbunden und aufeinander bezogen.

Die Problematik des Augenscheins war damit jedoch keineswegs obsolet; und sie blieb mit der Zeitproblematik eng verbunden. Während Gelehrte wie Beda Venerabilis (673/74–735) prinzipiell an der augustinischen Anschauung festhielten – für ihn zerkleinerte menschliche Berechnung das göttliche Universum – und sogar vor heidnischen *mathematici* warnten,[42] verteidigte Notker Labeo von St. Gallen (950–1022) um 1010 die komputistischen Regeln gerade mit dem Augenschein, also mit der menschlichen Wahrnehmung, und zwar unter Bezugnahme auf das technische Instrument des Astrolabium.[43] Weiter noch gingen Sigebert von Gembloux (1028/29–1112) in seinem *Liber Decennalis* aus dem Jahr 1092, wenn er die ausschließlich mathematische Berechnung der Zeit ablehnte, und Wilhelm von Hirsau (gest. 1091), der die – gerade für die Klostergemeinschaften und deren Gebetszeiten wichtige – astronomische Zeit ausschließlich mit dem Astrolab – also durch Beobachtung des Himmels – bestimmte.[44]

Erst mit der Scholastik vollzog sich langsam eine entscheidende Wende im Verständnis von Zeit und Raum. So unterschied Petrus Abaelardus (1079–1142) zwischen der Menschenzeit, die personale bzw. soziale Beziehungen ordne, und der göttlichen Naturzeit, die keine temporale Differenzierung zwischen Vergangenheit, Gegenwart und Zukunft kenne. Dies war von eminenter, wenn auch keineswegs unumstrittener Bedeutung, weil auf diese Weise Zeit und Raum in die

---

41 Vgl. *Borst:* Computus (wie Anm. 35), S. 26 f., 40. Zu Augustinus vgl. *Peter Brown:* Der Heilige Augustinus. Lehrer der Kirche und Erneuerer der Geistesgeschichte, München 1975, S. 261–273; *Robin Lane Fox:* Augustinus. Bekenntnisse und Bekehrungen im Leben eines antiken Menschen. Stuttgart 2017, S. 624 f., 632 f.; *Klaus Rosen:* Augustinus. Genie und Heiliger, 2. Aufl., Darmstadt 2017.

42 Vgl. *Borst:* Computus (wie Anm. 35), S. 42–47.

43 Vgl. *Borst:* Computus (wie Anm. 35), S. 70 f.

44 Vgl. *Borst:* Computus (wie Anm. 35), S. 79 f.

Verfügungsgewalt des Menschen rückten, ihn wenigstens teilautonom machten und von ihm ansatzweise beherrschbar erschienen. Diese separierende Differenzierung von religiös-natürlicher und menschlich-sozialer Zeitsphäre entsprach nicht zuletzt den Bedürfnissen der zeitgenössischen Handels- und Finanzökonomie, die bei ihren Geschäften mit Terminen operierte. Die Zahl, die gleichwohl auch für die Kirche bei der Berechnung des Kirchenjahres stets wichtig gewesen war und blieb und deren Beherrschung nach dem Willen der päpstlichen Autorität für einen gebildeten Priester unerlässlich sein sollte, wurde auf diese Weise zu *dem* zentralen Instrument sozialer Beziehungen zwischen den Menschen. Daran änderte auch nichts, dass sie – wie die gesamte Komputistik – im Kontext der Übernahme des arabischen Zahlensystems seit dem 12. Jahrhundert – also im Zeitalter der Kreuzzüge und sogenannter Ketzerbewegungen – ins Visier argwöhnischer Juristen, gerade der Kanonisten geriet.[45] Die Durchschlagskraft solcher scholastischer Ideen, die die Welt als wenigstens partiell versteh- und beherrschbar vermittelte, war jedoch nicht aufzuhalten. Sie erwies sich nicht zuletzt in der Zunahme der Kartenproduktion und der Funktionsdiversifikation seit dem ausgehenden Spätmittelalter. Immer stärker richtete sich die Spezialisierung der Kartenproduktion nach den je spezifischen Bedürfnissen, Ansprüchen und Wahrnehmungen der Menschen. Auch diese Entwicklung war ihr mit der Bedeutung des Wertes und der Funktion der Zeitberechnung gemein.[46]

Dieser kursorische Überblick, der an vielen Stellen zu vertiefen und zu differenzieren wäre, weist auf die dem Fallbeispiel ganz prinzipiell inhärente Zugangsproblematik zur Kartenverwendung hin, die mit dem Einsatz der Karte verbunden war. Umso notwendiger erscheint es, sich Interessen und Motive der einzelnen Akteure genauer anzuschauen und sich damit den konkreten Motiven der Nutzungskontexte zu widmen.

45 Vgl. *Borst:* Computus (wie Anm. 35), 82–88. Unbestritten war dieser Vorgang deshalb nicht, weil Scholastiker wie Albertus Magnus und Thomas von Aquin die Komputistik nicht beförderten, sondern sich unter Abwendung von der aristotelischen Realitätsvorstellungen an Augustinus' subjektiviertem Zeitverständnis anlehnten. Gleichwohl lehnten sie Komputistik nicht ab, sondern verweigerten ihr lediglich den philosophischen Status, indem sie sie als Handwerk betrachteten.
46 Vgl. *Borst:* Computus (wie Anm. 35), S. 90–111.

3 Der Augenschein als Instrument der kommunikativen Problemlösung: Kontexte und Abläufe, Akteursinteressen und Wahrnehmungen des Geroder Grenzstreits

So sehr sich der Oberamtmann Stralendorff am Ende des Jahres 1579 um eine Verdeutlichung seines Standpunktes gegenüber der Mainzer Regierung bemüht hatte, so wenig überzeugten seine Ausführungen die Hofräte. Seine Hinweise zur Steuerpflicht der Westernhagenschen Güter bezweifelte man. Hinsichtlich der Bodensteinischen Grenzziehung respektierte man seine Ansichten, um sogleich zu monieren, man wolle dort momentan jeglichen Streit vermeiden und erwarte daher, dass er die getroffenen Abmachungen einhalte. Unverständlich sei allerdings, warum er die Wintzingerode bevorzuge und nicht die Rechte der Westernhagen am Kamp berücksichtige, obwohl sie eindeutige Urkunden vorlegen könnten.[47] In Summe erschien der Oberamtmann als inkompetenter Protektor der Wintzingerode. Der Kurfürst verlangte eine weitere Tagsatzung, auf der durch den Oberamtmann als Schlichter allseits akzeptierte, rechtmäßige Beschlüsse verkündet werden sollten, um diesen und den Geroder Streit zu beenden.

Bei solchem kurfürstlichen Druck blieb es nicht. Stralendorffs Handeln und seine Problemlösungsfähigkeit gerieten weiter ins Zwielicht, als sich kurze Zeit später Hans von Wintzingerode bei der Mainzer Regierung mit dem Anerbieten meldete, alle Konfliktpunkte konsensual zu bereinigen.[48] Zwar habe er die Türkensteuer bereits bezahlt, doch werde er gewiss nicht die unrechtmäßigen Anmaßungen seines Vetters verteidigen. Er bevorzuge es, die Irrungen ohne Prozess zu beenden, allerdings werde die Problemlösung durch die Jurisdiktionskonflikte zwischen Hohnstein und Kurmainz verhindert. Daher regte er an, die landesherrlichen Parteien sollen ihren Jurisdiktionsstreit aussetzen. Er selbst werde mit Burkhard von Bodungen – dem Amtsvogt des kurfürstlichen Amts Gieboldehausen – und Friedrich von Linsingen zwei Freunde aufbieten, die für ihn und im

---

47 LASA A 37a, Nr. 1235, fol. 95–99: Schreiben des Kurfürsten an Stralendorff vom 21.01.1580, hier fol. 97: *So können wir bey uns nitt finden, wie dieses alles also ohnstrittig vnder die Bodensteinische gerichtsbarkeit könne gezogen werden, vnd also die fürhabende abgrentzung onnöttig sein, mann wölle dann alles daß ienig dahin ziehen, was also mitt der thatt Berthold, eß sey gelegen wo eß wölle, ann sich gezogen, welches aber bey getroffenen vertrag dem verstandt gar nitt gehabtt, derowegen dann dißfals Deine Räthe innen zuuiel zumeßen.*

48 Vgl. ebd., fol. 100–103: Schreiben des Hans von Wintzingerode an den Kurfürsten vom 16.02. 1580.

Namen der Vormünder seiner mittlerweile verwaisten Neffen verhandeln sollten; gleiches sollten die Westernhagen tun, und was so verhandelt und verabschiedet werden würde, solle endgültig sein. Hinsichtlich des Streites mit Gerode gelte dasselbe, obwohl der Abt selbst gerade Neuerungen unternehme. Das klang für die Mainzer derart verlockend, dass sie Stralendorff sogleich anwiesen, auf den Vorschlag einzugehen.[49] Einen juristischen Konfliktaustrag vor dem Heiligenstädter Oberlandgericht wollten die Mainzer Hofräte offenkundig um jeden Preis vermeiden, weil sie Weiterungen fürchteten.[50]

Infolge kam es zu direkten Verhandlungen zwischen den Wintzingerode und den Westernhagen, doch im Ergebnis keineswegs so, wie sich die Mainzer Regierung sich dies gewünscht haben dürfte. Die Wintzingerode klagten nämlich im Mai 1580 gegenüber dem Kurfürsten, es sei am 26. und 27. April eine Tagsatzung zwischen den Parteien und ihren jeweiligen Vertretern vorgenommen worden. Dabei habe man die Grenze abermals besichtigt und verglichen. Das Ergebnis sei von den Parteien akzeptiert und die Malsteine gesetzt worden. Die übrigen Streitpunkte habe man bis auf den Tag vom 16. Mai vertagt. Die Westernhagen hätten sich jedoch plötzlich am 28. April der Steinsetzung verweigert, weshalb diese auf den 16. Mai verlegt worden sei; aber auch dort seien sie nicht erschienen. Vielmehr sei es anschließend zu massiven gewaltsamen Auseinandersetzungen mit mehreren Schwerverletzten und Toten gekommen. Die Westernhagen hätten zudem dem Oberamtmann falsche Informationen zukommen lassen und griffen mittlerweile auch unstrittige Güter an. Ganz defensiv beendeten die Wintzingerode ihr Schreiben:

> *So wollen es E. Churf. G. nachmals gnedigst dafür achten, das unser gemudt vnd meinung nicht sey, einigen menschen, das seine so ehre befuget vndt berechtigett, zu endtziehen, oder in Bartholdes fusstapfen zutretten, wie uns von den von Westernhagen zur vngepür vffgerucktt vndt zugemessen wirdt, Sonder woll leiden kontten, das ein iedr das seine, was ehr mitt brieff siegeln vndt glaubwürdigen urkunden bescheinen kahn, auch vormals Innengehabt widderumb volge*[51].

---

49 Vgl. ebd., fol. 104–106: Schreiben des Kurfürsten an Stralendorff vom 28.02.1580.

50 Vgl. ebd., fol. 111–126: Schreiben des Abts Rombold an den Kurfürsten vom 12.04.1580. Dieses Schreiben, das die Streitgeschichte nebst Auflistung aller Delikte Bartholds darlegte, wurde Stralendorff weitergeleitet; vgl. ebd., fol. 127–129: Schreiben des Kurfürsten an Stralendorff vom 29.04.1580.

51 Ebd., fol. 129–132: Schreiben der Vormünder der Neffen des Hans von Wintzingerode (Wulff von Volkerode, Otto und Werner von Hanstein) nebst diesem selbst an Kurfürsten vom 23.05.1580, hier fol. 130'–131. Bei den Vertretern während der Grenzverhandlungen handelte es sich um Burkhard von Bodungen, Friedrich von Linsingen, Friedrich vom Berge und Friedrich von Eschwege.

Selbstverständlich sei man für neue Verhandlungen offen und akzeptiere obrigkeitliche Weisungen, um die Arbeit der kurfürstlichen Kommission des letzten Jahres fruchtbar zu machen. Ihr Anliegen sei lediglich aufzuzeigen, dass in diesem Augenblick

> *vns vndt vnsern armen vnderthanen nicht wenigers gewaldt zugefuegtt, als etwa Barthold seliger vor der zeitt bezichtigett gewesen, welches wir dahn mitt den warzeichen, da es noch ist wol bescheinen konnen*[52].

Die Wintzingerode als Opfer einer Koalition aus Oberamtmann, Abt Rombold und den Westernhagen – das war das neue Narrativ, das man dem Vorwurf, man führe die Konflikttradition Bartholds fort, entgegensetzte. Es verfing in Mainz: Der Mainzer Kurfürst wies Stralendorff tatsächlich abermals harsch an, er solle endlich für eine Deeskalation sorgen und die Westernhagen nachdrücklich an weiterer Gewalt hindern, weil dies unverantwortlich sei und Weiterungen nach sich ziehe.[53] Wie wenig dies alles unmittelbar fruchtete, erwies sich sechs Jahre später, als Kurfürst Wolfgang von Dalberg (reg. 1582–1601) erfreut resümierte, endlich seien die Streitpunkte wegen Gerode doch eigentlich behoben, nur müssten die Malsteine gesetzt werden, auch mit Hohnstein.[54] Kurzum: Alle Probleme waren immer noch offen.

Dass dieser Streit weiter anhielt und gar nicht erst gelöst wurde, lag weniger an der Inkompetenz des Oberamtmanns, sondern an der extrem komplexen Gemengelage der Interessen, bei der sich die Handlungslogiken der verschiedenen Akteure aus ihren höchst divergenten und flexiblen Wahrnehmungen erschließen.

Dies begann schon bei dem ungewöhnlich offensiven, ja aggressiven Verhalten des Abts Rombold von Gerode, das vordergründig den Ausgangspunkt für die archivalisch belegte Konfliktentwicklung darstellte, auch wenn es im Verlauf des Konflikts scheinbar in den Hintergrund trat. Das keineswegs monastisch-zurückhaltende Auftreten des Abts erklärte sich aus den ökonomischen Nöten seiner Gemeinschaft und den politisch-herrschaftlichen Zwängen seines Amts. Kloster Gerode[55] war das älteste (Benediktiner-)Kloster auf dem Eichsfeld. Es war

52 Ebd., fol. 132.

53 Vgl. ebd., fol. 133: Antwort des Kurfürsten an die Wintzingerode vom 30.05.1580, fol. 134–136: Schreiben des Kurfürsten an Stralendorff vom 30.05.1580.

54 Vgl. ebd., fol. 139–141: Schreiben des Kurfürsten an Stralendorff vom 22.05.1586.

55 Vgl. *Bernhard Opfermann:* Die Klöster des Eichsfeldes in ihrer Geschichte. 3. Aufl. Heiligenstadt 1998, S. 46–75; *Günter Christ/Georg May:* Erzstift und Erzbistum Mainz. Territoriale und kirchliche Strukturen. Würzburg 1997 (Handbuch der Mainzer Kirchengeschichte, Bd. 2) (Beiträge zur Mainzer Kirchengeschichte, Bd. 6), S. 381–382; *Philipp Knieb:* Geschichte der Reformation und

1124 von der Markgräfin Richardis von Stade den Mainzer Erzbischöfen übergeben worden. Seine Schutzherren waren seit 1305 die Grafen von Hohnstein. Gerode war mit umfangreichen Herrschaftsrechten wie dem Blutbann, Marktrecht und Münzrecht sowie Freiheiten von Abgaben und Diensten sowie dem Recht auf freie Abtswahl ausgestattet worden. Zudem waren ihm eine Vielzahl von Pfarreien und Patronatsrechten inkorporiert.[56] Für die Mainzer Kurerzbischöfe war es auch politisch von eminenter Bedeutung. Obwohl nicht in die kurfürstliche Amtsorganisation integriert,[57] stellte es bis 1806 ein von allen Akteuren wahrgenommenes Bollwerk kurfürstlicher Herrschaft im Osten des Eichsfeldes dar und trug wesentlich zu deren Stabilisierung und Absicherung bei. Dieses Moment verstärkte sich 1574 durch die Einlösung des seit 1381 an die von Bültzingsleben verpfändeten kurmainzischen Amtes Worbis, weil dadurch die kurfürstliche Herrschaft an der östlichen Grenze kompakter wurde.[58]

Trotz des erheblichen Güterbesitzes[59] waren seit dem 15. Jahrhundert ökonomische Probleme aufgetreten. Mit ihnen war sogar die Bursfelder Kongregation betraut, an die Gerode seit 1464 angeschlossen war. Sie unterstützte seit 1484 die Klostergemeinschaft finanziell. Verschärft wurden die ökonomischen Probleme infolge des Bauernkrieges, in dem die Abtei durch die eigenen Untertanen geplündert wurde. Eine Entschädigungsforderung, wie sie von anderen Klöstern und Adeligen an die Reichsstadt Mühlhausen – einem Ausgangspunkt und Zentrum des Aufstands – erfolgreich erhoben worden war, konnte daher nicht gestellt werden.[60] Die Äbte änderten daher ihre Bauernpolitik nicht. Ihre harte Hand bei der ressourciellen Abschöpfung der Klostergüter wurde sogar von den kurfürst-

Gegenreformation auf dem Eichsfelde. Heiligenstadt (Eichsfeld) ^{2}1909; *ders.*: Zur Geschichte des ehemaligen Benediktinerklosters Gerode, in: Unser Eichsfeld 8 (1914), S. 44–59, 83–100, 129–144, 218–233; *Alexander Jendorff*: Reformatio Catholica. Gesellschaftliche Handlungsspielräume kirchlichen Wandels im Erzstift Mainz 1514–1630 (Reformationsgeschichtliche Studien und Text, Bd. 142). Münster 2000.

56 Die Konventualen betreuten nicht nur die Pfarrei Gerode, sondern auch die in Lüderode, Weißenborn, Jützenbach und Bischofferode und erwarben Patronatsrechte in den außereichsfeldischen Orten Rützlingen, Halbe, Schernberg, Bruchstedt, Kirchhagen, Haussömmern und Kirchberg, die mit der Reformation verloren gingen; vgl. *Opfermann:* Klöster (wie Anm. 55), S. 57.

57 Gleichwohl war es seit 1540 dem kurfürstlichen Oberlandgericht untergeordnet und auf dem Landtag vertreten; vgl. *Christ/May:* Erzstift (wie Anm. 55), S. 391.

58 Vgl. *Christ/May:* Erzstift (wie Anm. 55), S. 352–354, 364–366.

59 Klosterhöfe und Klosterdörfer mit entsprechenden Rechten bestanden in Bleiderode, Naundorf, Weißenborn, Lüderode, Jützenbach, seit 1431 auch in Bischofferode und Holungen. Hinzu kam noch ein Klosterhof in Duderstadt nahe der Oberkirche; vgl. *Opfermann:* Klöster (wie Anm. 55), S. 52–54.

60 Vgl. *Knieb:* Geschichte (wie Anm. 55), S. 28f.

lichen Funktionsträgern harsch kritisiert.[61] Sie befürchteten weitere Unruhen und waren in den Folgejahren beinahe in jeder Hinsicht mit den Äbten unzufrieden. Der Regierungsappell von 1539, die Konvente und Stifte sollten angesichts der Säkularisierungstendenzen der benachbarten Grafen und Fürsten ihren thüringischen Besitz verkaufen, verhallte in Gerode, während die Schuldenlast – im Jahr 1555 immerhin 4 000 Gulden – stieg. Die Visitationen der Jahre 1549 und 1554 offenbarten das Ausmaß der Unbeweglichkeit und Misswirtschaft des Abts Johannes Schmale (pont. 1546 – 1555) und seiner leiblichen Kinder.[62] Nach dessen Verhaftung und Tod setzte die Regierung mit Christoph von Tastungen einen Administrator aus heimischem Adel ein, jedoch erfolglos.[63] Gleichzeitig beschlagnahmten die Grafschaft Hohnstein und Kursachsen 1554 Klostergüter, während der Konvent nur noch aus einem Mönch bestand. Dies brachte die Heiligenstädter und die Mainzer Regierung zu der Erkenntnis, dass das Überleben Gerodes nur aus dem Orden selbst erfolgen könne. Infolge protegierten die Kurfürstlichen im August 1556 die Wahl des Mönchen Gladbacher Konventualen Rombold Collard von Linden (reg. 1556 – 1583). Er sollte die Abtei sanieren, was der kirchenpolitischen Generallinie der Mainzer Regierung seit der Mitte des Jahrhunderts entsprach, das Eichsfeld sukzessive wieder unter die Oberhoheit der Kurfürsten zu bringen. Die spirituelle und materielle Sanierung der Klöster, die im Bauernkrieg schwer gelitten hatten, infolge der lutherischen Lehre personell regelrecht entkernt und anschließend wegen ihrer Schwäche permanent vom Adel attackiert worden waren, stellte einen Baustein dieser Strategie dar. Gelang sie, wurde der Einfluss des ohnehin renitenten Adels eingedämmt und die kurfürstliche Macht gestärkt.

Das Agieren des Neoelekten war ambivalent: Ökonomisch war Abt Rombold erstaunlich erfolgreich, spirituell nachlässig, bauernpolitisch katastrophal.[64] So

---

61 So wies der spätere Geistlichen Kommissar – der Heiligenstädter Stiftsdekan Heinrich Bunthe – 1573 auf die große Abgabenlast der Landbevölkerung hin und erwähnte neben dem Adel exemplarisch auch Gerode, das sich unter den Äbten Petrus II. (reg. 1515 – 1531), Johannes V. (reg. 1531 – 1532) und Pancratius (reg. 1533 – 1545) entsprechend verhalten hatte; vgl. *Knieb:* Geschichte (wie Anm. 55), S. 33; Bayerisches Staatsarchiv Würzburg [StAWü] MRA Stifte und Klöster K 685/1004, fol. 1 – 6, hier fol. 3': Schreiben Bunthes an den Rusteberger Amtsvogt vom 09.06.1573.

62 Vgl. *Opfermann:* Klöster (wie Anm. 55), S. 57; *Knieb:* Geschichte (wie Anm. 55), S. 41 f., 113 f.

63 Der verdiente Rat stellte untragbare materielle Forderungen; vgl. *Alexander Jendorff:* Verwandte, Teilhaber und Dienstleute. Herrschaftliche Funktionsträger im Erzstift Mainz 1514 bis 1647 (Untersuchungen und Materialien zur Verfassungs- und Landesgeschichte, Bd. 18). Marburg 2003, S. 210, Nr. 327/328.

64 Für die Güterenteignungen erhielt er von Kursachsen 1559, von Hohnstein 1573 insgesamt 5 000 Gulden Entschädigung. Rücksichtslos trieb er die Abgaben der Klosteruntertanen ein und sanierte die Abtei materiell, so dass sie im Jahr 1602 über ein Vermögen von 22 000 Talern ver-

sehr man Abt Rombold für seine ökonomische Tüchtigkeit schätzte, so argwöhnisch beobachtete man seine Wirtschaftsstrategie, die gleichermaßen auf der Ausbeutung der Bauern, der Wahrung von Nutz- und Herrschaftsrechten sowie der Rückforderung (vermeintlich) entfremdeten Besitzes basierte. Dies galt auch für seine Wehrhaftigkeit gegenüber An- bzw. Übergriffen des Adels, inklusive des Hohnsteiner Grafen[65]. Denn jene Methoden, die die fiskalischen und kirchenpolitischen Interessen der kurfürstlichen Regierung bedienten, torpedierten ihre territorialpolitischen Ziele, also die Beruhigung der unruhigen eichsfeldischen Herrschaftsperipherie. Abt Rombolds Aktionen führten zu massiven Konflikten mit Barthold von Wintzingerode um die Ickendorfer Flur, Sonder, Kamp und Wildungen.[66] Um dieselben Objekte kam es zu Streitigkeiten zwischen den Wintzingerode und Westernhagen, dabei insbesondere um den Kamp, in dem neben den beiden Adelsverbänden, Gerode, die Abtei Teistungenburg sowie weitere Adelsfamilien Lehen besaßen.[67] All dies generierte ein Problem- und Akteurscluster, das die kurfürstliche Regierung nicht mehr beherrschen, geschweige denn lösen konnte; und der Abt besaß argumentativ-taktisch eine durchaus starke Position gegenüber der Heiligenstädter Regierung.

Ihre Klagen über die Bauernpolitik des Abts waren insofern scheinheilig, weil sie für ihre eigenen landespolitischen Ziele auf ein ökonomisch gesundes Kloster, das man fiskalisch abschöpfen konnte, angewiesen war.[68] Dabei bemerkten die Verantwortlichen in Heiligenstadt und in Mainz sehr wohl, dass ihre Strategie einen Webfehler besaß, weil die Methodik der Teilzielerreichung die Erfüllung der Makroziele erschwerte oder gar verunmöglichte: Die materielle Sanierung Gerodes musste jene Konflikte mit dem Adel generieren, die man eigentlich vermeiden

---

fügte. Aufforderungen zum Wiederaufbau der Klosterkirche missachtete er jedoch; um 1600 gab es nur sechs Mönche; vgl. *Knieb:* Geschichte (wie Anm. 55), S. 40, 115 f.; *Opfermann:* Klöster (wie Anm. 55), S. 57.

65 Mit diesem kam es auch in den Jahren 1578/79 zu Differenzen, die sich allerdings nicht auf das direkte klösterliche Umfeld, sondern entfernteren Besitz bezogen; vgl. LASA A 37a, Nr. 78.

66 Vgl. *Wilhelm Clothar von Wintzingerode:* Barthold von Wintzingerode. Ein Kultur- und Lebensbild aus dem Reformationsjahrhundert. Gotha 1907, S. 88–108.

67 Vgl. *Max von Westernhagen:* Geschichte der Familie von Westernhagen auf dem Eichsfelde während eines Zeitraumes von 7 Jahrhunderten. Reprint der Ausgabe 1909, Heiligenstadt 2003, S. 146, 248, 244–247 (zum komplizierten Verhältnis zwischen Westernhagen und Kloster Teistungenburg).

68 So verpflichtete Kurfürst Daniel den Abt zwecks Rückpfändung des Amts Harburg-Worbis im Juni 1574 auf einen Kredit von 3 000 Talern. Für die Umsetzung der Mainzer Reform- und Rekatholisierungsstrategie, mit der der Aufbau und der Unterhalt des Heiligenstädter Jesuitengymnasiums verbunden war, wurden die eichsfeldischen Klöster zur Finanzierung von Alumnen verpflichtet; vgl. *Knieb:* Geschichte (wie Anm. 55), S. 130, 202 f.

wollte, die man aber eingehen musste, wollte man den Adel in die Schranken weisen. Statt jedoch die politische Linie anzupassen oder bei der Priorisierung der Ziele nachzusteuern, hielten die Verantwortlichen an der politischen Grundausrichtung – die Gleichzeitigkeit der konfessionspolitischen Eindämmungspolitik durch Klostersanierung und der territorialpolitischen Konsolidierung durch Rekuperation – fest und forderten den Abt lediglich auf, doch bitte vorsichtiger zu sein. Zudem wechselten die Mainzer Verantwortlichen manchmal unvermittelt ihren Standpunkt und desavouierten damit die nachgeordneten Funktionsträger in Heiligenstadt. Zwar hatte Kurerzbischof Daniel Brendel bei seinem Eichsfeld-Zug des Jahres 1574 – jenem vielbeachteten territorialpolitischen Großereignis, das entscheidende Weichen stellte – unübersehbare Signale gegeben, indem er mit einem neuen Geistlichen Kommissar – Heinrich Bunthe – und einem neuen Oberamtmann – Stralendorff – zwei Personen bestallt hatte, die fortan die kurfürstlichen Interessen im Sinne einer reformkatholischen und souveränitätsbetonten Linie konsequent durchsetzen sollten. Entsprechend besaßen Stralendorff und Bunthe alle Handlungsfreiheiten, solange es ruhig blieb und es den Interessen der Zentralregierung nach Durchsetzung der kurfürstlichen Oberhoheit und der Eindämmung des Protestantismus diente. Nur scheint den Mainzern im Gegensatz zu den beiden ranghöchsten Heiligenstädter Beamten das Ausmaß der Interessenverflechtung und Widersprüchlichkeit der Partikularinteressen und ihrer eigenen Zielsetzungen nicht immer bewusst gewesen zu sein.[69] Dies galt insbesondere für das schwierige Verhältnis zum Adel, dessen Vertreter sich durchaus gerne öffentlich laut und widerspenstig, ja antikurfürstlich und scheinbar unzähmbar präsentierten.

Insofern nahmen die im Geroder Grenzstreit so prominent auftretenden Wintzingerode keine außergewöhnliche Position ein. Der gesamte eichsfeldische Adel störte gewissermaßen die Interessen der kurfürstlichen Regierung. Doch war Situation der Wintzingerode eine besondere, weil ihre Stammburg Bodenstein erst seit dem Bleichenröder Abschied von 1573 kurfürstliches Afterlehen war. Erst durch diesen Vertrag hatte man jenes schon genannten Barthold habhaft, ihn 1575 wegen fortgesetzten Landfriedensbruchs und Mordes am Förster seiner Vettern verurteilen und hinrichten können.[70] Von der Aburteilung dieses ökonomisch erfolgreichen Söldnerführers profitierten alle anderen Akteure, seine Beseitigung löste aber nicht die bestehenden Strukturprobleme, zumal nicht die wachsenden religionsrechtlichen. Aus Mainzer Sicht hatte es sich bei der Causa Barthold um

---

69 Als bestes Beispiel im Verhältnis Bunthes zu Mainz vgl. *Jendorff:* Reformatio (wie Anm. 55), S. 217–220.

70 Vgl. *Jendorff:* Tod (wie Anm. 6), S. 85–147; *Wintzingerode:* Barthold (wie Anm. 66), S. 79–87.

eine Landfriedenssache, nicht um eine religionspolitische Frage gehandelt. Als solche konnte sie aber aus Sicht der adeligen – meist protestantischen – Standesgenossen gesehen werden, fiel doch die Ausschaltung dieses Adeligen mit dem Eichsfeld-Zug des Kurfürsten Daniel 1574/75, der anschließenden Einleitung von Visitationen, der Errichtung eines Jesuitenkollegs in Heiligenstadt und dem Vorgehen gegen protestantische Prediger zusammen. So besaß die Aburteilung des Protestanten Barthold zwar keinen religionspolitischen Impetus, stellte aber dennoch aus Sicht der Akteure eine Zäsur dar, auf die man sich doch immer wieder und durchaus unnötigerweise bezog, um einen anderen Akteur zu desavouieren und sich selbst zu rechtfertigen.

Diese Zäsurenwahrnehmung war genaugenommen nur das Resultat, Symptom und Abbild der eichsfeldischen Realitäten jener Zeit vor 1574, als sich der Geroder Grenzstreit aufgebaut hatte. Zwar waren die Mainzer Kurfürsten – gerade Albrecht von Brandenburg (reg. 1515–1545) – gewillt gewesen, ‚ihr' *Land des Eichsfeldes* mittels Verwaltungsreformen herrschaftlich besser zu durchdringen, doch brachen sie damit nicht die Stärke von Klöstern und Adel, wie sich auf den Landtagen zeigte.[71] Die kurfürstliche Regierung überließ denn auch aus eigener Überforderung mit anderen, vornehmlich reichspolitischen Herausforderungen die eichsfeldischen Akteure in der ersten Jahrhunderthälfte faktisch sich selbst.[72] Die Causa Lutheri verschärfte diese Entwicklung, insofern der Adel zum ungebremsten Motor der protestantischen Bewegung wurde. Die kurfürstlichen Befehle, die lutherischen Prediger in den Patronatspfarreien und Gerichtsdörfern abzuschaffen, missachtete er. Jene Prediger waren in den 1560er Jahren aus Mainzer Sicht problematisch, weil sie den evangelisch Geneigten in katholischen Orten die Möglichkeit des *Auslaufens* boten, dezidiert antipapistisch-antikurfürstlich predigten und diese Predigten drucken ließen.[73] Die evangelische Lehre auf dem Eichsfeld besaß also einen Ort, dabei mehrere Zentren: die Adelspfar-

---

71 Zu den Bedingungen von Herrschaft auf dem Eichsfeld vgl. *Alexander Jendorff:* Adeliges Selbstverständnis, politische Teilhabe und protestantische Konfession im katholischen Territorium. Die Familie von Wintzingerode, der landsässige Adel und die kurfürstlich-mainzische Herrschaft auf dem Eichsfeld, in: *Enno Bünz/Ulrike Höroldt/Christoph Volkmar* (Hrsg.), Adelslandschaft Mitteldeutschland. Die Rolle des landsässigen Adels in der mitteldeutschen Geschichte (15.–18. Jahrhundert). Leipzig 2016 (Schriften zur sächsischen Geschichte und Volkskunde, Bd. 49) (Veröffentlichungen der staatlichen Archivverwaltung des Landes Sachsen-Anhalt, Bd. A 22), S. 239–284.

72 Die zurückhaltende kurfürstliche Herrschaftspräsenz zeigte sich 1555 im Streit zwischen Duderstadt und dem Grafen von Hohnstein um den Grenzverlauf bei Holungen und Brehme: Er wurde zur Entscheidung der Ritterschaft vorgelegt, die die Grenzlinie mit dem *Krummen Graben* – Besitz der Westernhagen – festlegte; vgl. *Westernhagen:* Geschichte (wie Anm. 67), S. 42, 66.

73 Vgl. *Knieb:* Geschichte (wie Anm. 55), S. 71, 75–76, 93, 144.

reien. Wollte die kurfürstliche Regierung die Rekatholisierung nachhaltig in Angriff nehmen, konnte sie nicht nur auf die Reform der Klöster setzen. Sie musste die Adelspfarreien ins Visier nehmen und damit den Konflikt mit dem Adel über die Frage von Oberhoheit und Subordination wagen. Die Heiligenstädter Amtsträger Stralendorff und Bunthe waren zu diesem Prinzipienkonflikt bereit; von den Mainzern wusste man dies nicht immer zu sagen.

Unter den Protestanten adeligen Standes nahmen die Westernhagen eine herausragende Stellung ein.[74] Zwar traten sie im Grenzstreit als Vermittler auf, waren aber genaugenommen harte Kontrahenten der Wintzingerode und zugleich Wortführer des gegen Stralendorff agierenden protestantischen Adels. Mit den Wintzingerode verbanden sie gemeinsamer Besitz und Herrschaftsrechte in Reinholterode, wozu auch das Patronatsrecht zählte.[75] Die nach außen demonstrierte Einheit entsprach keineswegs immer den internen Verhältnissen in der Familie Westernhagen. 1542/49 hatten ihre Vertreter die Güter geteilt. Seitdem existierten mehrere Stämme und Linien.[76] Das wies auf die Notwendigkeit hin, die jeweiligen Einzelinteressen zu markieren und zu wahren. Konfessionell handelte es sich jedenfalls um eine gespaltene Familie: Während der mit Barthold von Wintzingerode befreundete, wohl auch als Söldnerführer aktive Hans von Westernhagen altgläubig blieb, agierten Jobst, Heinrich und Wilhelm von Westernhagen seit den 1560er Jahren offen protestantisch. In ihren Gerichtsdörfern Berlingerode, Bleckenrode, Brehme, Ecklingerode, Ferna und Hundeshagen setzen die Brüder entsprechende Prädikanten ein, in Berlingerode gar den des Calvinismus verdächtigen Wolfgang Mumpel. Im Gerichtsdorf Teistungen missachteten sie mit der Einsetzung des Flacianers Kaspar Schmidt 1562 das Patronatsrecht der

---

74 Vgl. *Knieb:* Geschichte (wie Anm. 55), S. 70; *Westernhagen:* Geschichte (wie Anm. 67), S. 65–67, 76–168 (zu den Besitz-, Lehens- und Gerichtsverhältnissen), S. 234–244 (zur religionspolitischen Entwicklung). Die Hervorhebung der Westernhagen erfolgt an dieser Stelle auch, weil in der Vergangenheit neben den Wintzingerode zumeist die Hanstein als die herausragenden Adelsvertreter benannt wurden; dies entspricht jedoch eher den erinnerungspolitischen Interessen des 19. Jahrhunderts, die bis in unsere Gegenwart hineinwirken, als den zeitgenössischen Realitäten, die wesentlich pluriformer waren.

75 Vgl. *Westernhagen:* Geschichte (wie Anm. 67), S. 62–63, 247–254.

76 Die Teilung erfolgte in zwei Linien zu jeweils zwei Stämmen: die Teistunger Linie mit dem (Thiloschen) Burgstamm und dem Teistunger (Arnold-) Stamm sowie die zweite Linie mit dem Ottostamm und dem Berlingeroder (Ernst-) Wallstamm. Neben der gleichnamigen Stammburg besaßen sie weitere Rittergüter in Berlingerode, Teistungen, Bleckenrode und Ecklingerode. Zum Teilungsvertrag vom 05.10.1554 der Stämme unter Beteiligung von eichsfeldischen und braunschweigischen Adeligen sowie kurfürstlichen Funktionsträgern vgl. *Westernhagen:* Geschichte (wie Anm. 67), S. 227–230 sowie S. 35–38, 158–168.

Äbtissin von Teistungenburg.[77] Mit Beginn der offensiven Rekatholisierungspolitik der Mainzer seit 1574 profilierten sie sich sogar stramm antiobrigkeitlich, was allerdings offenkundig keine uneingeschränkte Solidarität unter den Standesgenossen nach sich zog.

Mit der Jahrzehnte lang gelebten Verselbstständigung des Adels gegenüber der Mainzer Herrschaft, seiner Protestantisierung, seiner gleichzeitigen Zerstrittenheit und dem neuen Gestaltungswillen der kurfürstlichen Obrigkeit war eine neuralgische Gemengelage entstanden. Sie brach auf, als seit Dezember 1574 eine kurerzbischöfliche Visitationskommission das Eichsfeld bereiste und mit Unterstützung Stralendorffs die protestantischen Prediger der adeligen Patronatsherren ins Visier nahm. Deshalb trafen sich die Herren im März 1575 auf Betreiben Wilhelms von Westernhagen heimlich in Worbis und formulierten ein Schreiben an den Kurfürsten, mit dem sie unter Rekurs auf das Reichsrecht um Schutz und Garantie ihrer Gewissensfreiheit gegen solche Anschläge aus Heiligenstadt baten.[78] Die Absage kam prompt, weshalb sich die Betroffenen abermals – diesmal in Niedergandern außerhalb des Eichsfeldes – versammelten und sich mit Bitte um Unterstützung sowohl an den ehemaligen Oberamtmann Melchior von Graenrodt als auch an die hessischen Landgrafen in Kassel und Marburg wandten. Die darauf erfolgte landgräfliche Intervention in Mainz zog im Juli eine entsprechende Richtigstellung nach sich: Es handele sich ausschließlich um ordnungspolitische Maßnahmen, nicht um Gegenreformation. Zudem hätte sich der Adel zur Wiedererrichtung der rechtmäßigen Ordnung verpflichtet, dieses Versprechen aber nicht gehalten, stattdessen sich widerrechtlich getroffen.[79] Der Ritterschaft – insbesondere den Westernhagen – garantierte der Mainzer im Juli 1575 die persönliche Religionsfreiheit und forderte zugleich unmissverständlich die Beseitigung der Prediger, weil diese nicht rechtmäßig eingesetzt, also dem Geistlichen Kommissar nicht präsentiert und von diesem nicht konfirmiert wor-

---

77 Vgl. *Johann Wolf:* Eichsfeldische Kirchengeschichte mit 134 Urkunden. Göttingen 1816 (ND Hannover-Döhren 1979), Urkunden LXI und LXII; *Knieb:* Geschichte (wie Anm. 54), S. 70 f.; *Levin Freiherr von Wintzingeroda-Knorr:* Die Kämpfe und Leiden der Evangelischen auf dem Eichsfelde während dreier Jahrhunderte. 2 Teile. Halle 1892/93 (Schriften des Vereins für Reformationsgeschichte, Bd. 36/42), S. 35–37; *Westernhagen:* Geschichte (wie Anm. 66), S. 47–63, S. 240–241.

78 Vgl. *Heinrich Heppe:* Die Restauration des Katholizismus in Fulda, auf dem Eichsfelde und in Würzburg. Marburg 1850, S. 85–87, 251–256; *Knieb:* Geschichte (wie Anm. 55), S. 150 f.

79 Graenrodt hatte 1552–1554 amtiert und war 1555 zum Aschaffenburger Vizedom ernannt worden; vgl. *Jendorff:* Verwandte (wie Anm. 63), S. 230–233, Nr. 39 und 97; *Wolf:* Kirchengeschichte (wie Anm. 77), Urkunde LVIII: Schreiben der Ritterschaft vom 09.06.1575; *Knieb:* Geschichte (wie Anm. 55), S. 165–168.

den seien.[80] Im Ergebnis war dies für die Ritterschaft desaströs, zumal ihr selbst die landgräflichen Gewährsleute zu Gehorsam rieten und der Oberamtmann den Westernhagenschen Pfarrer Schmidt zu Teistungen im Juli gewaltsam auswies.[81] Als Reaktion darauf versammelte sich der Adel auf Betreiben Heinrich und Wilhelms von Westernhagen am 11. August 1575 abermals in Niedergandern und verfasste eine neue Supplikation, die diesmal harsch von Daniel Brendel abgefertigt wurde. Daraufhin wandte sie sich an Landgraf Wilhelm von Hessen-Kassel (reg. 1563 – 1594) und an Kurfürst August von Sachsen (reg. 1553 – 1586) und sandte Wilhelm von Westernhagen auf den Regensburger Kurtag, um die Sache unter Rekurs auf die Declaratio Ferdinandea zu vertreten. Ein Jahr später war sie Thema auf dem Regensburger Reichstag, jedoch ohne Wirkung.[82]

Indem sich die Ritterschaft im März an den ehemaligen Oberamtmann von Graenrodt wendete, offenbarte sie, was sie vom neuen Oberamtmann hielt: Stralendorff war ein erst dreißig Jahre alter Mecklenburger, der ursprünglich nach Mainz gekommen war, um familiäre Angelegenheiten zu regeln. Dort war er unter ‚jesuitischer Betreuung' zum Katholizismus konvertiert, hatte offenbar die Gunst der kurfürstlichen Regierung gefunden hatte, schließlich 1576 die Schwester des gegenreformatorisch-jesuitisch gesinnten Fürstabts von Fulda Balthasar von Dernbach (reg. 1570 – 1606, vertrieben 1576 – 1602) geheiratet.[83] Dieser Mann konnte der Ritterschaft nur schwer als gleichrangiger Mediator, er musste vielmehr als kurfürstlicher Exekutor erscheinen; nicht zu Unrecht, wie sich alsbald zeigte. Mit der Einsetzung Stralendorffs schien ein neuer Wind in Heiligenstadt zu wehen. Wo seine Vorgänger noch nolens volens bei der Umsetzung religionspolitischer Mandate der Mainzer Regierung resigniert hatten,[84] ging Stralendorff durchsetzungswillig auf dem Boden des Reichsrechts zu Werke; mehr noch: Er griff die Stimmen aus Gemeinden auf, die den Bruch mit den religiösen Traditionen, das nachlässige Verhalten der Prediger und den Verkauf von Kirchengut

---

80 Vgl. *Wintzingerode-Knorr:* Kämpfe, Teil 1 (wie Anm. 77), S. 63 f.; *Knieb:* Geschichte (wie Anm. 55), S. 167 – 170.

81 Vgl. *Knieb:* Geschichte (wie Anm. 55), S. 170 f.; LASA A 37a, Nr. 1112, fol. 530 – 531: Schreiben Heinrich und Wilhelms von Westernhagen an Stralendorff vom 20.07.1575, und ebd., fol. 534 – 535: Stralendorffs Antwort vom 24.07.1575.

82 Vgl. *Knieb:* Geschichte (wie Anm. 55), S. 172 – 174, 180 – 198.

83 Vgl. *Jendorff:* Tod (wie Anm. 6), S. 114 f., 120 ff.; *Holger Th. Gräf:* Art. „Stra(h)lendorf(f), Leopold", in: Biographisches Lexikon für Mecklenburg, hrsg. von *Sabine Pettke*, Rostock 2004, Bd. 4, S. 269 – 276.

84 Dabei gingen Resignation teils mit Unwilligkeit, teils mit Kapitulation im Sinne der Amtsaufgabe einher, was in manchem Fall gleichermaßen protestantischen Neigungen wie anders gelagerten taktischen Vorgehensweisen geschuldet gewesen sein mag; vgl. *Jendorff:* Reformatio (wie Anm. 55), S. 102 f.

beklagten, und ging energisch gegen die Prediger in den adeligen Gerichtsdörfern vor. An Daniel Scheffer aus dem Hansteinschen Rengelrode und Wolf Mumpel aus Berlingerode statuierte er Exempel, nachdem der katholische Hans von Westernhagen dies verlangt hatte.[85] Dies traf auf die massive Gegenwehr der protestantischen Westernhagen, die Mumpel im Januar 1576 gewaltsam wiedereinsetzten, was den Kurfürsten auf den Plan rief.[86] Doch statt Gehorsam erhielten er und sein Oberamtmann zunächst nur die genannte Bittschrift des Niederadels und dessen Einlassungen.

Mochte ihre Widerständigkeit die Regierungsbemühungen eindrucksvoll verzögern, erlebten die Westernhagen dennoch am eigenen Leibe, wie erfolglos ihre Opposition war. Die Kurfürstlichen wiesen unmissverständlich darauf hin, dass die Willkür der Westernhagen kein Recht, kurfürstliche Rechtsakte jedoch gewiss keine Gewalt, sondern eben Rechtsexekution seien und die Herren ihr Patronatsrecht einbüßten, wenn sie es mit Verweis auf das Gotteswort missbrauchten.[87] So wurde der Berlingeroder Prediger Mumpel im Herbst endgültig des Landes verwiesen.[88] Beim Abzug Mumpels mahnte Stralendorff allerdings die Teistunger Einwohner, den neuen Pfarrer zu akzeptieren,

> *daran euch auch durch niemandt dem zuwieder abfüren [zu] lassen, Sonst aber in and[er]n politischen, weldtlichen sachen vnd dern anhengig ewern Junckern durchaus dienst schuldig gebür [zu] erzeigen vnd leisten*[89].

Für den Juristen Stralendorff bestand demnach Herrschaft durch Recht nicht in der einseitigen Durchsetzung eigener Rechtspositionen, sondern auch in der

---

85 Vgl. *Knieb:* Geschichte (wie Anm. 55), S. 130 – 132.

86 Vgl. *Knieb:* Geschichte (wie Anm. 55), S. 164 – 166, 177 – 178; LASA A 37a, Nr. 1112, fol. 350 – 351: Bericht der kurerzbischöflichen Visitatoren vom 19.03.1575, mit dem ausdrücklichen Hinweis, es stehe die kurfürstliche *reputation* und Glaubwürdigkeit auf dem Spiel, sollte nicht endlich hart durchgegriffen werden.

87 Vgl. *Knieb:* Geschichte (wie Anm. 55), S. 178; LASA A 37a, Nr. 1118, fol. 5 – 9: Schreiben der abgeordneten kurfürstlichen Räte an Jost, Heinrich und Wilhelm von Westernhagen vom 28.01.1576. Unverhohlen drohend verbaten sich die Räte weitere öffentliche Angriffe auf den Kurfürsten.

88 Hierbei zögerte der Oberamtmann, der nicht ohne ausdrücklichen kurfürstlichen Befehl vorgehen wollte, während der stramm gegenreformatorisch gesinnte Pfarrer Leonard Sauer unter Angriffen auf Stralendorff dazu riet, der Kurerzbischof möge das adelige Privatexerzitium grundsätzlich verbieten. Am Ende zitierte der Geistliche Kommissar Mumpel nach Heiligenstadt, bevor er ihn durch Stralendorff des Landes verweisen ließ; *Knieb:* Geschichte (wie Anm. 55), S. 177 f.; *Heppe:* Restauration (wie Anm. 78), S. 270 f.; LASA A 37a, Nr. 1110, fol. 11 – 12: Bericht Sauers an den Kurfürsten vom 06.10.1575.

89 LASA A 37a, Nr. 1118, fol. 15: Schreiben Stralendorffs an die Gemeinde zu Berlingerode vom 31.01.1576.

Akzeptanz anderer valider Rechtsansprüche. Der Oberamtmann war demnach im Unterschied zu anderen kurfürstlichen Akteuren nicht geneigt, eine langfristige Totalkonfrontation zu riskieren oder konfessionspolitische Interessen durch Un-Recht zu wahren. Dafür erntete er die Kritik aus den Reihen der eigenen Leute in Heiligenstadt, während ihn manche der Mainzer Verantwortlichen zur Zurückhaltung anhielten.[90]

Die Westernhagen waren für solche Nuancen allerdings unempfänglich. Sie verboten ihren Untertanen, dem neuen Pfarrer Antonius Figulus Abgaben zu leisten, stachelten sie zu Ungehorsam und gaben keine Antworten auf Schreiben des Geistlichen Kommissars. Am Ende führte Stralendorff im November 1578 eine gewaltsame Strafaktion durch, in deren Gefolge Heinrich von Westernhagen nach Burg Plesse floh.[91] Im Falle des Wintzingerodeschen Gerichtsdorfes Wehnde – Patronat der Äbtissin von Teistungenburg – war der Geistliche Kommissar dagegen erfolglos geblieben. Als im Oktober 1577 der Prediger wechselte, hatte Bunthe einen katholischen Pfarrer dorthin beordert, der jedoch vertrieben wurde, während sich Hans von Wintzingerode und der Hohnsteiner Graf jedwede Einmischung in kirchliche Angelegenheiten des Bodenstein verbaten. Dabei blieb es bis 1624.[92]

Diese Vorgänge wiesen darauf hin, wie schlecht es um das Verhältnis zwischen dem eichsfeldischen Adel und den Heiligenstädter Spitzenfunktionären bestellt war. Im Mai 1577 bat die Ritterschaft den Kurfürsten abermals um Freistellung der Religion in den Gerichtsdörfern, nur um zum dritten Mal eine Abfuhr erteilt zu bekommen.[93] Seitdem galten ihnen der Geistliche Kommissar und der Oberamtmann als Feinde. Hinsichtlich Bunthes mochte das verständlich erscheinen, weil er gezielte Visitationsangriffe auf die obereichsfeldischen Pfarreien unternahm und gerade im Amt Harburg-Worbis Prediger absetzte.[94] Bunthe betrieb eine Rekatholisierungsstrategie mittels Durchsetzung der kirchlichen Rechtsnorm. Stralendorff dagegen hatte sich auf das protestantische Duderstadt konzentriert und so lange um ein erträgliches Verhältnis zum Adel bemüht, bis

---

90 Die Klage des Pfarrers Sauer – einer jener katholischen Scharfmacher auf dem Eichsfeld – vom Oktober 1575 (wie Anm. 88) wurde durch die Mahnung des kurfürstlichen Hofmeisters Hartmut von Kronberg – der wichtigste Protestant im Hofrat – an Stralendorff konterkariert, doch nicht zu scharf gegen den Adel vorzugehen; vgl. LASA A 37a, Nr. 1112, fol. 539–540: Schreiben Kronbergs vom 04.07.1575.

91 Vgl. *Knieb:* Geschichte (wie Anm. 55), S. 216–217; *Wintzingerode-Knorr:* Kämpfe, Teil 1 (wie Anm. 77), S. 84.

92 Vgl. *Knieb:* Geschichte (wie Anm. 55), S. 217.

93 Vgl. *Knieb:* Geschichte (wie Anm. 55), S. 217–218; *Wolf:* Kirchengeschichte (wie Anm. 77), Urkunde LXIII: Antwort des Kurfürsten vom 17.06.1577 auf die Bittschrift vom 01.05.1577.

94 Vgl. *Knieb:* Geschichte (wie Anm. 55), S. 207 f.

sich die Ritterschaft nach der Regierungsübernahme Wolfgangs von Dalberg erneut an den Mainzer Kurfürsten wandte und den Oberamtmann dabei frontal angriff. Das diplomatische Ergebnis dieser Aktion war dasselbe wie zuvor, nur dass Stralendorff nun seine adelsfreundliche Politik endgültig aufgab, sich wieder den Predigern der Adelsdörfer widmete, Land gezielt an Katholiken vergab und weitere verpfändete Ämter einlöste: So kündigte er 1583 den Wintzingerode den Scharfenstein und kaufte 1584 die Rechte des Hans von Westernhagen in Reinholterode.[95]

4 Fazit: die Augenscheinkarte als pragmatisches Produkt individueller Realitätswahrnehmung und Realitätsverarbeitung

Das geschilderte eichsfeldische Konfliktgeschehen weist aus, wie intensiv und geschickt alle beteiligten Akteure die zeitgenössisch modernsten Instrumente und Methoden des Politikmanagements – Karten, Kommissionen, juristisch-kommunikative Austragsverfahren – verwendeten und miteinander kombinierten. Zugleich wussten sie um deren Effektivitätsbeschränktheit und Akzeptanzabhängigkeit und versuchten sie entsprechend für ihre Interessen einzusetzen. Die Verwendung von Karten und Skizzen als Instrumente der Interessenvertretung bzw. Positionsbehauptung beschränkte sich demnach nicht allein auf die praktische Verwaltungstechnik der kurfürstlichen Beamten. Sie war eine allgemeine bzw. übliche Verhandlungstechnik in den territorialpolitischen Auseinandersetzungen, die von den Untertanen auf dem Eichsfeld sogar gegen die kurfürstlichen Funktionsträger selbst gewendet wurde. Dies belegen zwei Vorgänge um 1600: Die Stadt Heiligenstadt beschwerte sich 1602 über Lippold von Stralendorff, der zu diesem Zeitpunkt bereits im kaiserlichen Prag zu reüssieren versuchte, über den unmäßigen und widerrechtlichen Aufkauf und Umbau von Stadthäusern. Ähnliche Beschwerden wurden kurze Zeit später über seinen Interimsnachfolger im Amt – Wilhelm von Harstall (amt. 1602–1605) – und dessen Pläne zum Neubau einer Scheune geäußert, weshalb der zuständige Rusteberger Amtsvogt – ein nachgeordneter Beamter – von der Kurmainzer Regierung zu einer Stellungnahme

---

95 Vgl. *Knieb:* Geschichte (wie Anm. 55), S. 248–270; *Jendorff:* Selbstverständnis (wie Anm. 71), S. 265.

aufgefordert wurde.[96] Beide Vorgänge müssen im Kontext einer aufgewühlten Diskussion über die Amtsführung Stralendorffs bewertet werden, dem eigensüchtiges, ja landesschädliches Verhalten umso massiver vorgeworfen wurde, je länger seine Oberamtmannschaft gedauert hatte, und den man durch sozialpopulistische Problemthemen wie dem Immobilienaufkauf desavouieren wollte.

Augenscheinkarten und -skizzen wurden demnach zwar objektivierend, nicht aber objektiv verwendet. Jeder Akteur versuchte durch die Kommunikation über den Streitkomplex und durch die dabei vorgenommene Kartenanfertigung seine Interpretation der Realität zu vermitteln, genaugenommen seine Wahrnehmung der Realität zur Basis der folgenden Streitlösung werden zu lassen. Der gemeinsame Augenschein vom Herbst 1579 wurde auf diese Weise zur kommunikativ gefundenen Interpretation der Realität, insofern in die Augenscheinkarte alle Beteiligten ihre Ansprüche hineinmalen ließen und damit gewissermaßen ein Streitpanorama erstellten. Durch die Augenscheinnahme wurde jedoch die eigentliche Intention der Aktion obsolet: Aus dem ultimativen Konfliktlösungsinstrument wurde ein Instrument der weiteren Kommunikation. Die Augenscheinkarte wurde im weiteren Konfliktverlauf selbst zum Akteur.

Ein solches Ergebnis mahnt daran, die Karte – insbesondere auch die Augenscheinkarte – als ein komplexes Medium an sich zu begreifen. Dies gilt entsprechend für die Funktionalisierung von Raum und Raumdarstellungen im Regierungs- und Verwaltungsalltag, also jener Sphäre, in der die Interessen der verschiedenen Akteure und ihre jeweilige Realitätswahrnehmung aufeinanderprallten, in irgendeiner Weise harmonisiert werden mussten und in der verschiedene Handlungslogiken in das Geschehen miteinflossen, kurz: in der sich Politik konkretisierte.

Ein solcher Zugriff auf Karten und Skizzen war kein eichsfeldisches Spezifikum. Vielmehr war er ihren Anfertigungen inhärent, weil ihnen entsprechende Motive und Interessen zugrunde lagen, die als Produkte aus dem Willen der Interessenten an der Erklärung, Gestaltung und Instrumentalisierung der Umwelt resultierten. Karten stellten demnach Abbildungen der Realität im Sinne einer Interpretation des individuell-spezifisch Wahrgenommenen dar, das entlang spezifischer Eigeninteressen verarbeitet und genutzt werden sollte. Sie waren

96 Vg. LASA A 37a, Nr. 384: Beschwerde der Stadt Heiligenstadt über die Stralendorffschen Bürgerhäuser, hier Skizze fol. 50; LASA A 37a, Nr. 384: Beschwerde der Stadt Heiligenstadt über Harstalls Scheunenbaupläne an der Stadtmauer, hier fol. 22–24: Schreiben des zuständigen Amtsvogts Adam Craus an die Mainzer Regierung mit entsprechender Augenschein-Skizze (fol. 23). Hierzu detailliert mein Beitrag: „Der unvermögende Mensch achtet sein Ferkel wie sein Auge". Der Augenschein als ‚objektivierendes' Argument in Heiligenstädter Immobilienkonflikten um 1600, in: Zeitschrift für Thüringische Geschichte 73 (2019) S. 35–62.

ihrem Wesen nach relativ, ihrer Funktion nach deskriptiv-analytisch, ihrem Ziel nach subjektiv-funktionalistisch. Den entsprechenden Nutzungskontexten und Nutzungseffekten intensiver nachzugehen, muss demnach die weitere Aufgabe der historischen Kartographie sein.

Anette Baumann

Beweiskommissionen und Augenscheinkarten

Strategien der Visualisierung von Inaugenscheinnahmen am Reichskammergericht (1495 – 1806)[1]

1 Einleitung

Mitten im Winter des Jahres 1575 überfiel Matern von Vestenberg das Haus des Hans Staudt in Obernhaag. Er nahm dort im Zusammenhang mit Fehdevorwürfen dessen Bruder gefangen. Vestenberg brachte den Inhaftierten in den nächsten größeren Ort, wo er ihn an den Pranger stellen und mit einer Peitsche züchtigen ließ. Anschließend verwies Vestenberg Staudt aus dem Territorium.[2]

Graf Johann von Schwarzenberg sah die Gefangennahme Staudts durch Vestenberg als Verletzung seiner Rechte auf die Hals- und Zentgerichtbarkeit in Obernhaag an. Vestenberg war jedoch anderer Ansicht. Er hielt Obernhaag für ein Lehen des Grafen von Castell und damit Teil seines Besitzes. Ein Seedamm bilde, so meinte er, die Grenze zum Territorium des Grafen von Schwarzenberg. Der Streit eskalierte und es folgte eine Reihe gegenseitiger Pfändungen. Schließlich verständigten sich die beiden Adeligen auf Vergleichsverhandlungen, die jedoch unterlieben. Die Gewaltspirale setzte sich erneut in Gang und Vestenberg überfiel mit einigen adeligen Standesgenossen das Schloss Schwarzenberg. 1576 gingen beide Parteien zur friedlichen Streitschlichtung an das Reichskammergericht, neben dem Reichshofrat[3] das höchste Zivilgericht im Alten Reich.

Dort beantragten beide Parteien jeweils eine Kommission, die die Aufgabe hatte, Zeugen zu befragen und das strittige Gebiet in „Augenschein zu nehmen". Die Zeugenvernehmung wurde protokolliert, über das strittige Gebiet jeweils pro Partei eine Augenscheinkarte[4] angefertigt und dem jeweiligen Zeugenrotulus

---

1 Teile des Aufsatzes beruhen auf zahlreichen intensiven und sehr fruchtbaren Diskussionen mit Dr. Evelien Timpener, Universität Gießen. Dafür möchte ich mich herzlich bedanken.

2 BAyHStA München, Bestand Reichskammergericht Nr. 11417.

3 Zu Reichshofrat und Reichskammergericht siehe die Art. von *Eva Ortlieb* in der Enzyklopädie der Frühen Neuzeit 10 (2009):"Reichshofrat", Sp. 914 – 921 und „Reichskammergericht", Sp. 923 – 929.

4 BayHStA München, Plansammlung (künftig: PlSlg.) 21407 und 21408.

https://doi.org/10.1515/9783110683424-006

beigegeben. Beide Rotuli mit den Augenscheinkarten wurden dem Gericht als Beweismittel vorgelegt und sollten den Richtern als Hilfe zur Urteilsfindung dienen.

Diese Augenscheinkarten hatten in dem Prozess eine besondere Funktion. Sie bildeten die Übersetzung der Wahrnehmung der Parteien bzw. der Beweiskommission in ein visuelles Medium. Sie waren ein wesentlicher Bestandteil der Prozessführung und dienten als Entscheidungsgrundlage im Sinne von Evidenz.

Im Folgenden sollen die Arbeit der Beweiskommissionen des Reichskammergerichts, besonders aber die Inaugenscheinnahme und die daraus resultierende Augenscheinkarte im Mittelpunkt der Betrachtung stehen. Es geht um die konkrete Arbeit der Kommission vor Ort, die Kommunikation mit Zeugen und Parteien und vor allem die Arbeit der Hersteller der Augenscheinkarten in der Kommission. Hierzu sollen die Akten selbst, die Augenscheinkarten sowie theoretische Überlegungen und praktische Anleitungen des Zeitgenossen Rütger (auch Rutger) Ruland[5] zu den Beweiskommissionen befragt werden. Sein Werk „De commissariis et commissionibus" wurde erstmals 1597 publiziert und bis 1724 15 Mal aufgelegt. Hinzu kommt ein in deutscher Sprache erschienenes Formularbuch[6]. Die beiden Werke Rulands wurden bereits von den Zeitgenossen sehr geschätzt. So nennt Deckherr von Wallhorn, einer der bedeutendsten Richter des Reichskammergerichts zu Beginn des 18. Jahrhunderts, Rutger Rulands Werk ein „opus sine exemplo, illustre et imcorporable"[7].

Zuvor sollen jedoch kurz der Forschungsstand, die Quellen und auch einige Begriffsdefinitionen vorgestellt werden.

---

5 Der Autor dieses bedeutenden Werkes wurde 1568 in Aachen geboren. Er war Reichskammergerichtsadvokat und selbst Beweiskommissar am Reichskammergericht, außerdem Syndikus der Stadt Aachen. Ab den 1590er Jahren ist er in Hamburg anzutreffen, wo er besonders als kaiserlicher Kommissar in Streitigkeiten zwischen Hamburg und Holstein-Schauenburg tätig war. 1622 wurde er von Kaiser Ferdinand II. nobilitiert. Rütger Ruland starb am 13. Dezember 1630. Siehe *N.N. Beneke:* Artikel: „Rütger Rulant, I., II., und III.", in: ADB 29 (1889), Neudruck 1970, S. 635–636, S. 636.

6 Formvlarivm, Ad Tractatvm De Commissariis, Et Commisionibvs Cameræ Imperialis pertinens = Das ist, Ein außführlich Formularbuch, zum Tractat von Commissarien vnd Commissionen Cameræ Imperialis gehörig, in zwei Theil abgetheilet. [...]. Durch Den Ehrnvesten und Hochgelehrten Herrn Rutgern Ruland der Rechten Doctorn. Editio secvnda. Frankfurt, *Nicolaus Hoffmann* 1617.

7 *Egidius Joseph Carl von Fahnenberg:* Litteratur des kayserlichen Reichskammergerichts, Wetzlar 1792, Nachdruck Glashütten 1972, S. 64.

Abb. 15: Gegend bei Appenfelden, Bayerisches Hauptstaatsarchiv München, PlSlg. 21407; Maler: Heinrich Brückner aus Kitzingen, 89 cm x 45 cm, Mitte 16. Jahrhundert.

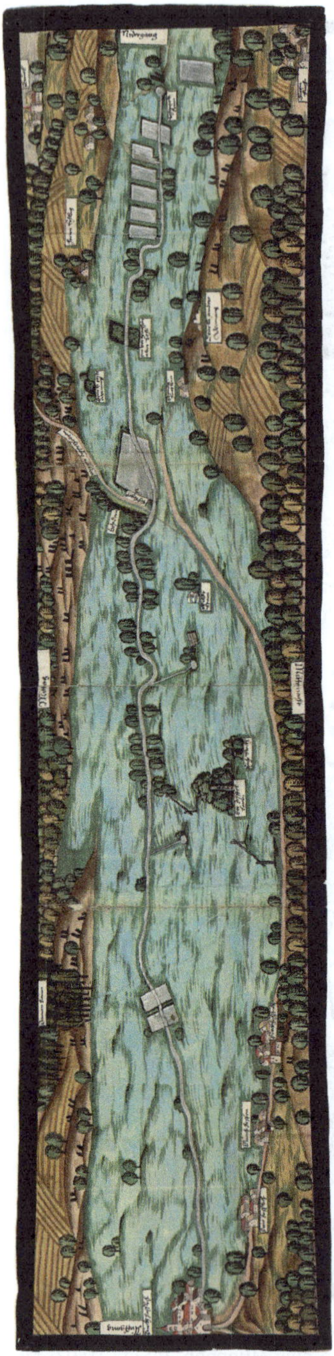

Abb. 16: Gegend bei Appenfelden, Bayerisches Hauptstaatsarchiv München, PlSlg. 21408; Maler: Lukas Radler aus Bamberg, 1,21 m x 21 cm, Mitte 16. Jahrhundert.

2 Begriffsdefinitionen, Forschungsstand und Quellen

Zu beachten ist, dass in der Wissenschaft für die zeichnerische Darstellung von Raum im Verfahren des Reichskammergerichts unterschiedliche Begriffe verwendet werden. Die Forscher sprechen von Regionalkarten, Manuskriptkarten, Augenscheinkarten etc. Grund hierfür ist, dass das Reichskammergericht selbst keine einheitliche Begrifflichkeit kennt. In den Quellen ist von *Augenschein, Contrafractur, Riss, Abriss* etc. die Rede. Ich benutze künftig den künstlichen Begriff *Augenscheinkarte*, um damit zu zeigen, dass die vorhandene zeichnerische, malerische, aber auch gedruckte Darstellung immer im Zusammenhang mit einer tatsächlichen oder performativen Inaugenscheinnahme des Geländes erfolgte,[8] also immer eine enge Relation zwischen Augenzeugenschaft und Visualisierung besteht. Gleichzeitig wird durch die Wahl des Begriffs deutlich, dass es sich um eine eigenständige Bildgattung handelt, die eng an die Funktion des Gerichts gekoppelt ist.

Grundsätzlich stellt die Kommissionsforschung am Reichskammergericht eine große Forschungslücke dar.[9] Intensiv und genau hat sich nur Raimund J. Weber in zwei Aufsätzen mit den Beweiskommissionen am Reichskammergericht befasst.[10] Neben allgemeinen Schilderungen zum Ablauf einer Kommission stellt

---

8 Siehe hierzu auch *Evelien Timpener:* Die Karte als Argument? Bildliche Darstellungen von territorialen Verhältnissen in Reichskammergerichtsprozesse zwischen Frankfurt und Hanau-Münzenberg im 16. Jahrhundert, in: *Mathias Kälble/Helge Wittmann* (Hrsg.), Reichsstadt als Argument. 6. Tagung des Mühlhäuser Arbeitskreises für Reichsstadtgeschichte Mühlhausen 12.–14. Februar 2018. Petersberg 2019, S. 197–219, S. 208. Allgemein siehe auch *Anette Baumann:* Visuelle Evidenz: Beobachtungen zu Inaugenscheinnahmen und Augenscheinkarten am Reichskammergericht (1495–1806), in: Rechtsgeschichte – Legal History, 27 (2019), S. 2–5.

9 Im Gegensatz zum Reichshofrat. Siehe *Eva Ortlieb:* Im Auftrag des Kaisers. Die kaiserlichen Kommissionen des Reichshofrats und die Regelung von Konflikten im Alten Reich (1637–1657). Köln/Weimar/Wien 2001 (Quellen und Forschungen zur höchsten Gerichtsbarkeit im Alten Reich, künftig: QFHG, Bd. 38). Hier hatten allerdings die Kommissionen eine weit umfangreichere Aufgabe als beim Reichskammergericht.

10 *Raimund J. Weber:* Probleme und Perspektiven der Kommissionsforschung am Beispiel der Reichskammergerichtsakten im Staatsarchiv Sigmaringen, in: *Anette Baumann/Siegrid Westphal/Stephan Wendehorst/Stefan Ehrenpreis* (Hrsg.), Prozeßakten als Quelle. Neue Ansätze zur Erforschung der Höchsten Gerichtsbarkeit im Alten Reich. Köln/Weimar/Wien 2001 (QFHG, Bd. 37), S. 83–102 und *ders.:* Kaiserliche „Beweiskommissare" vor dem Dreißigjährigen Krieg. Johann Christoph und Johann Friedrich Tafinger aus Ravensburg, in: Schriften des Vereines für Geschichte des Bodensees und seiner Umgebung 120 (2002), S. 203–250.

er in seinen Aufsätzen vor allem mehrere bedeutende Beweiskommissare in den Vordergrund.

Zu den Augenscheinkarten am Reichskammergericht sind in jüngster Zeit zahlreiche Veröffentlichungen erschienen.[11] Sie beziehen sich meist auf einen konkreten Fall bzw. die Augenscheinkarte selbst und beschäftigen sich – wenn überhaupt – nur zum Teil mit der Inaugenscheinnahme durch die Beweiskommission und Zeugenaussagen. Theoretische Überlegungen der Zeitgenossen, vor allem Rutger Rulands Darstellung zu der Inaugenscheinnahme und der Verfertigung von Augenscheinkarten, werden in der aktuellen Wissenschaftsliteratur, bis auf Weber, nicht oder kaum berücksichtigt.

---

11 Die wichtigsten Veröffentlichungen: *Timpener:* Die Karte als Argument? (wie Anm. 8), S. 197–219; *Andreas Rutz:* Die Beschreibung des Raums. Territoriale Grenzziehungen im Heiligen Römischen Reich. Köln/Weimar/Wien 2018 (Norm und Struktur, Studien zum sozialen Wandel im Mittelalter und Früher Neuzeit, Bd. 47); *Anette Baumann/Anja Eichler/Stefan Xenakis* (Hrsg.): Augenscheine. Karten und Pläne vor Gericht. Ausstellungskatalog der Gesellschaft für Reichskammergerichtsforschung. Wetzlar 2014. Daneben Einzeldarstellungen zu Karten etc.: *Thomas Horst:* Die älteren Manuskriptkarten Altbayerns. Eine kartographiehistorische Studie zum Augenscheinplan unter Berücksichtigung der Kultur- und Klimageschichte (SRBLG 161), 2 Bde. München 2009, Bd. 1, S. 199; *Gabriele Recker:* Augenschein in Sachen Köln contra Köln. Zwei Exemplare einer Prozesskarte, in: Jahrbuch des Kölner Geschichtsvereins 68 (1997), S. 143–152; *dies.:* Prozeßkarten in den Reichskammergerichtsakten. Ein methodischer Beitrag zu Erschließung und Auswertung einer Quellengattung, in: *Baumann/Westphal/Wendehorst/Ehrenpreis* (Hrsg.), Prozeßakten als Quelle (wie Anm. 10), S. 165–182; *dies.:* Von Trier nach Köln 1550–1850. Kartographiehistorische Beiträge zur historisch-geographischen Verkehrswegeforschung. Betrachtungen zum Problem der Altkarten als Quelle anhand eines Fallbeispiels aus den Rheinlanden. Rahden, 2003; *dies.:* Gemalt, gezeichnet und kopiert. Karten in den Akten des Reichskammergerichts (Schriftenreihe der Gesellschaft für Reichskammergerichtsforschung, H. 30), Wetzlar 2004; *dies.:* Karten vor Gericht, in: Zeitenblicke. Online-Journal für Geschichtswissenschaften 3 (2004), Nr. 3 [13.12.2004] URL http://www.zeitenblicke.de/2004/03/editorial-deu.htm (abgerufen am 17. April 2020).

Paul Warmbrunn: Die Arbeiten des Malers und Kartographen Wilhelm Besserer für das Reichskammergericht in Speyer im 16. Jahrhundert, in: Mitteilungen des Historischen Vereins der Pfalz 105 (2007), S. 151–179 und *ders.:* Augenschein und Pläne als Beweismittel in Reichskammergerichtsprozessen. Aufgezeigt an Beispielen aus Speyer und Umgebung, in: *Baumann/Eichler/Xenakis* (Hrsg.), Augenscheine, ebd., S. 9–22. An älterer Literatur siehe z.B.: *Hansmartin Schwarzmaier:* Kartographie und Gerichtsverfahren. Karten des 16. Jahrhunderts als Aktenbeilagen. Zugleich ein Katalog der ältesten handgezeichneten Karten des Generallandesarchivs Karlsruhe, in: *Gregor Richter* (Hrsg.), Aus der Arbeit des Archivars. Festschrift für Eberhard Gönner. Stuttgart 1986 (Veröffentlichungen der staatlichen Archivverwaltung Baden-Württemberg 44), S. 163–186.

3 Beweiskommissionen im Idealfall

Beweiskommissionen konnten von den einzelnen Prozessparteien initiiert werden. Jede Partei bestellte in diesem Fall nach Beantragung und Genehmigung durch das Reichskammergericht getrennt, aber mit Zustimmung der Gegenpartei, den Kommissar, die Zeugen sowie den Maler.[12]

Es gab aber auch Kommissionen, bei denen beide Parteien gemeinsam nur einen Kommissar und einen Maler bestellten.[13] Entweder hatte man sich, wohl auch aus Kostengründen, schon vorab auf dieses Procedere geeinigt, oder es handelte sich um eine sogenannte *commissio ad perpetuam Rei memoriam*[14]. Diese Kommission diente dazu, von vorneherein einen Streit vor Gericht zu verhindern. Dies war dann der Fall, wenn sich z. B. zwei Grenzanrainer trafen, um gemeinsam eine Grenze o. ä. zu besichtigen und Zeugen über ihren genauen Verlauf zu befragen. Dies wurde in Form eines gemeinsamen Rotulus und einer Augenscheinkarte dokumentiert und an das Reichskammergericht geschickt. Dort sollte der Rotulus aufbewahrt und bei einem späteren Streitfall zur Klärung hinzugezogen werden.

Eine dritte Möglichkeit bestand darin, dass das Gericht selbst eine Kommission in Auftrag gab und auch den Maler selbst bestimmte.[15] Dies konnte geschehen, wenn beide Parteien jeweils eine Kommission initiiert und einen Maler gestellt hatten, das Reichskammergericht jedoch mit den so entstandenen Augenscheinkarten unzufrieden war.[16]

---

12 Z. B. BayHStA München Bestand Reichskammergericht Nr. 536, Nr. 1559, Nr. 2067/I-V, Nr. 491, Nr. 11417, Nr. 919. Es ist jeweils das sogenannte *Spezialprotokoll* einzusehen.

13 Evelien Timpener beschreibt sogar ein Beispiel, in dem sich die Parteien zwar auf einen Maler einigten, dieser aber zwei Augenscheinkarten anfertigte. *Timpener:* Die Karte als Argument? (wie Anm. 8), S. 219.

14 *Commissiones ad futuram rei memoriam* in dt. Komissionen zum ewigen Gedächtnis waren schon im römisch-kanonischen Recht bekannt. Dick weist darauf hin, dass diese *commissiones* zum ersten Mal im DepA von 1600 §§ 28, 83 und 125 erwähnt werden und vermutet deshalb eine langjährige Praxis. Dies kann mit den jetzt vorliegenden Quellenbefunden ganz und gar bestätigt werden. Siehe *Bettina Dick:* Die Entwicklung des Kameralprozesses nach den Ordnungen von 1495 bis 1555. Köln/Wien 1981, (QFHG, Bd. 10), S. 339, Anmerkung 662. Rutger Ruland erwähnt auch sie in ihrem Werk nicht.

15 BayHStA München RKG 2142, I-II. Produkt vom 22. Dez. 1572.

16 Siehe z. B.: BayHStA München RKG 2142, I-II. Produkt vom 22. Dez. 1572. Der Plan von Wilhelm Besserer hat die Signatur BayHSta München PlSlg. 9204. Der fehlerhafte Plan hat die Signatur BayHStA München PlSlg. 9203. Der zweite fehlerhafte Plan fehlt.

Den rechtlichen Hintergrund für die Beweiskommissionen bildete das sogenannte Artikelverfahren[17], bei dem der Klagevortrag in einzelne nummerierte Sätze aufgeteilt und in Wahrheitsbehauptungen eingeteilt wurde. Diese artikulierten Klagevorbringungen bildeten die Grundlage für die Kommission. Aus den Klageartikeln und den daraus folgenden *articules Defensionales*, die s.g. Klageerwiderung der Gegenpartei[18], wurden die *articules Probatoriales* gebildet[19], die dem Kommissar übergeben wurden, der die Kommission leitete. Die Parteien konnten dann, basierend auf den *Probatoriales*, ihre Fragen an die Zeugen formulieren, die diese dann auch beantworten mussten.

Bevor dies geschehen konnte, musste zuerst in einem Kommunikationsprozess der Parteien mindestens ein Kommissar ernannt und durch die Parteien geeignete Personen als Zeugen vorgeschlagen werden. Dabei mussten die Zeugen mit vollem Namen, Wohnort und Stand benannt werden. Die Anzahl der Kommissionsmitglieder und der Zeugen war nicht festgeschrieben. Zum Beweisantritt mussten auch die Gegenpartei bzw. ihre Bevollmächtigten zur Zeugenbefragung eingeladen werden.

Die Aufgabe der Kommissare bestand nun darin, eine Untersuchung im Rahmen der gestellten Beweisfragen durchzusetzen. Die Zeugen mussten fristgerecht vorgeladen und einzeln zu allen Beweisfragen vernommen werden. Treffpunkt war meist das örtliche Wirtshaus oder Rathaus. Über die Befragung ließen die Kommissare ein Protokoll verfertigen. Wenn die Zeugenaufnahme beendet war, wurde das Protokoll verschlossen, indem man den Pergamenteinband an den drei überstehenden Seiten miteinander vernähte und ihn so gesichert und

---

17 Siehe *Peter Oestmann:* Artikel: Artikelprozess, in: HRG 1, 2. Lfg., 2. völlig überarb. und erw. Aufl. hrsg. von Albrecht Cordes u. a., 2005, Sp. 313 bis 314; siehe auch *Andreas Deutsch:* Artikel „Beweis", in: HRG 1, 3. Lfg. 2005, Sp. 559–566, vor allem Sp. 563.

18 Definition der *Articuli defensiones*, ... „sind die Articul, welche derjenige, so einer Übelthat beschuldiget wird, zu seiner Defension oder Vertheidigung übergiebet" ... oder ... wann der Beklagte auf die Articulos positionales seiner Viderparthey geantwortet hat, und nachmahlen er selbst auch Articuln übergibt und einlegt und Zeugen darauf führet, damit seine Responsum zu vertheidigen, desselbigen Defensional=Artickel mag er mit der Zeugen Sag beweisen, und über ein jeglichen Artickel zusammen ziehen, was auf eines jeden Zeugen Sag dienstlich, dergleichen ableinen, was verweißlich und nachtheilig daran seyn mag. ... siehe bei *Samuel Oberländer* (Hg.): Lexikon juridicum Romano-Teutonicum: Das ist vollständiges Lateinisch-Teutsches Juristisches Hand-Lexicon, Nürnberg 1723. Neudruck Köln/Weimar/Wien 2000.

19 Die *articuli probatoriales*, sind die Beweispunkte, „so derjenige, dem der Beweiß zuerkennen ist, führet, und aus denjenigen positionibus, so von dem Beklagten verneint, durch Fragen heraus gezogen sind, oder auch sonst auf alle Weise, entweder durch Zeilen, oder briefliche Urkunden, die Warheit darzuthun, hergenommen sind. Es wird auch zugleich Commission begehrt. ... Oder die Beweiß=Articul sind die Intention und Meynung und Materi, welche der Zeugenführer beweisen will". Siehe Lexicon juridicum, Stichwort *articuli probatoriales* (wie Anm. 15).

mit Siegeln versehen an das Gericht schickte.[20] Dort wurde der Rotulus dann in der Audienz durch die jeweilige Partei präsentiert, von den Prokuratoren beider Parteien recognosziert, d.h. die Siegel und der Verschluss des Rotulus auf Korrektheit und Unversehrtheit überprüft. Waren die Siegel nicht gebrochen und der Protokollband nicht verbotenerweise geöffnet worden, beantragten die Parteien die Öffnung des Rotulus. Danach bestand auch die Gelegenheit, den Rotulus zu kopieren.[21]

Wurde zusätzlich eine Inaugenscheinnahme durchgeführt und darüber eine Augenscheinkarte verfertigt, gab es mehrere Möglichkeiten der konkreten Durchführung:

1) Der Kommissar und die beiden gegnerischen Prozessvertreter oder Parteien gingen zusammen mit dem Maler in das Gelände und brachten gemeinsam an dem jeweiligen strittigen Punkt ihre Argumente zu den *Probatoriales* vor. Daraus konnten dann Fragen für die Zeugen formuliert werden. Aufgrund dieser Begehung wurde dann die Augenscheinkarte angefertigt und den Zeugen bei der Befragung vorgelegt.[22]
2) Die zweite Variante bestand darin, dass die Fragen schon vollständig ausformuliert waren und die Kommission mit den Parteienvertretern – eventuell auch mit den Parteien selbst – und mit den Zeugen sowie dem Maler selbst zur weiteren Beweisaufnahme in das Gelände gingen.[23]

Ursprünglich war die Hinzuziehung eines Malers/Geometers bei der Inaugenscheinnahme, die immer unter Anwesenheit beider Parteien erfolgte, nicht zwingend vorgesehen. Die Parteien bestimmten jedoch, um sich auch gegen spätere Anfechtungen abzusichern, unter Zustimmung des Kommissars und der Gegenpartei einen Maler/Geometer. Der Gegenpartei blieb es dann überlassen, bei Gelegenheit ebenfalls eine Karte malen zu lassen.[24] Dabei erhielt der Kartenhersteller durch den Kommissar eine genaue Gebrauchsanweisung, wie die Karte aussehen sollte und was hierfür notwendig war.[25] Außerdem wurde der Maler/Geometer durch den Kommissar unter Anwesenheit aller Beteiligten vereidigt. Dafür gab es im 16. Jahrhundert keinen festen Eid, sondern es sind mehrere Varianten überliefert. Wichtig war, dass die Maler klug und nicht parteiisch waren.[26]

---

20 *Weber:* Beweiskommissare, (wie Anm. 10), S. 203.
21 Z.B. BayHStA München, RKG Nr. 2458 und 2067. Siehe jeweils das Spezialprotokoll.
22 Z.B. Stadtarchiv Lübeck, RKG, S. 10, f. 261r ff.
23 Z.B. LHASA, MD, Rep. A 53, A Nr. 31, I-VII.
24 *Weber:* Beweiskommissare (wie Anm. 10), S. 230.
25 *Rutger Ruland:* De commissariis, Pars I, Liber 3, Caput XXI.
26 *Ruland:* De commissariis (wie Anm. 25).

Ein Bestandteil des Eides konnten auch die Vorgaben des Kommissars für die Verfertigung der Augenscheinkarte sein.

Die Maler, auch oft *Contrafaktoren* genannt, konnten bei der Inaugenscheinnahme nicht mehr als Skizzen anfertigen. In der Werkstatt wurde dann anhand der Skizzen ein Entwurf erstellt, der dem zuständigen Kommissar des Gerichts zur Genehmigung vorgelegt wurde. Auf der Grundlage dieses Entwurfs erfolgte letztendlich die malerische Ausarbeitung, die häufig unter Nachprüfung im Gelände durch den Kommissar vollendet wurde.[27]

Wie eine solche Inaugenscheinnahme in Beisein des Malers und unter der strengen Ägide des Kommissars konkret aussehen konnte, soll folgendes Beispiel verdeutlichen:

Im Fall des Prozesses Graf Joachim von Fürstenberg-Heiligenberg gegen Bürgermeister und Rat der Stadt Überlingen wurden Eid und Gebrauchsanweisung des Kommissars bei Jagdrechtsauseinandersetzungen anschaulich miteinander verbunden. Der Maler Othmar Eckenberger aus Ravensburg[28] wurde zur Verfertigung der Augenscheinkarte beauftragt und musste mit erhobenen Fingern zu Gott und den Heiligen oder zu Gott und dem Heiligen Evangelium schwören. Dabei versicherte er, dass er den Bezirk des Bodensees, der ihm vom dem Kommissar benannt und angezeigt wird, nach „besten verstand getrewlich und fleissig dermassen abcontrafacten und abmalen wölle“, damit Dritte, die den Bezirk ebenfalls kennen, bezeugen können, dass der Maler den Befehl getreulich gefolgt sei und alles „fleissig verrichtet“ [29] habe. Entscheidend war aber auch, dass der Maler niemanden „zu lieb noch zu laid weeder durch freundschafft, feindschaft, neid, has, gnad, ungnad, mit gaben schenkung oder umb anderer ursachen willen, wie die erdacht werden möchten und euch in sollichen verhalten, als in Gott dem allmächtigen am iüngsten tag, darum betrawen red und auch antwort geben.“[30]

Nachdem der beauftragte Maler diesen umfangreichen Eid geschworen hatte, besichtigten Kommissar, Parteien bzw. ihre Vertreter und der Maler sowie Schreiber gemeinsam das Gelände, was sorgfältig protokolliert wurde: Zuerst ging man hinaus aus der Stadt Konstanz zum Kloster Kreuzlingen, das im Thurgau lag, um von dort Teile des Bodensees überblicken zu können („so ein hoch Haus ist und da gar nach der gantz obertheil des Bodensees übersehen, auch Hagnau, Hafen, Buchhorn, Langenargen und etliche andere Flecken“).[31] Die Sicht war

27 *Ruland:* De commissariis (wie Anm. 25).
28 GLA Karlsruhe, Bestand 71, Nr. 827, Q 22f. 108r.
29 GLA Karlsruhe, Bestand 71, Nr. 827, Q 22f. 108r
30 GLA Karlsruhe, Bestand 71, Nr. 827, Q 22f. 108v.
31 GLA Karlsruhe, Bestand 71, Nr. 827, Q 22f. 109r.

hierfür leider nicht ideal, so wird im Protokoll vermerkt, dass das Wetter „desselben tags nit schön, sondern etwas unüblich gewäsen“[32]. Trotzdem hätte die Kommission die entsprechenden Teile des Bodensees, die zum Lehensbezirk des Klägers gehörten, gesehen, nämlich Buchhorn, Langenargen, auch die Stadt Konstanz und die Rheinbrücke. Das reichte dem Kommissar jedoch nicht. „Damit die abcontrafactur desto besser und gerechter gemacht würde“ beschloß der Kommissar, zusätzlich in das Kloster Petershausen zu gehen und dort den Herren Prälaten um Einsichtnahme in eine „Landtafel“ zu bitten, die „ain schöne grosse und mit der Hand gerissene Beschreibung oder contrafactur des Bodensees, sampt desselben umbliegenden Stätten, Schlössern, Klöstern, Dörffern und Flecken hat“[33]. Diese Landtafel wurde deshalb hinzugezogen, da „andere dergleichen tafeln, für gericht gelobt und gehalten worden“[34]. Der Maler selbst hatte dann „die gelegenheit dieser landsart, sovil ime zu diese sach dienstlich und von nöten gewesen in unser gegenwärtigkeit und hiernach weiter besichtiget und abgerissen“[35]. Dabei blieb es aber nicht, denn man ritt noch an einen weiteren Ort, um den Bodensee an der entscheidenden Stelle, in der der Hirsch aus dem See gezogen wurde, selbst zu besichtigen. Dabei kam auch eine „Schnur“ zum Einsatz, die entsprechende Abstände messen sollte. Es wurde genau angegeben, wie die Vermessung stattfinden sollte: „die Schnur oder der Strick [soll] von Überlingen for den Linden an, hinab gegen Sermatingen zeigen“[36]. Danach wurden noch weitere Entfernungen mit „schriten“ oder mit „ainer schnur“[37] gemessen.

Schauen wir uns die Visualisierung der Inaugenscheinnahme etwas genauer an: Die Augenscheinkarte zeigt nur einen Teil des Bodensees (Abb. 17). Am unteren Rand wird die Stadt Konstanz angedeutet. An ihrer nördlichen Seite führt eine Rheinbrücke hinüber zur Halbinsel, die grün koloriert ist und wo sich das Kloster Petershausen befindet. Einzelne Bäume und Sträucher, auch angedeutete Grashalme sind erkennbar. Darüber wird der obere Teil des Bodensees sowie ein Teil des Fürstenberger Ufers abgebildet. Zwischen Halbinsel und Ufer sind der Kopf und das Geweih eines Hirsches zu sehen. Er war der Auslöser des Konfliktes. Zwischen Linden und dem Dorf Sermatingen ist über das Wasser eine Linie gezeichnet. Hier könnte es sich um die im Protokoll beschriebene Schnur handeln. Die Ortschaften selbst sind mit weißen Kartuschen mit ihrem Namen bezeichnet. Stilisierte Häuser bzw. Kirchtürme finden sich nicht. Hinzu kommt eine weitere

32 GLA Karlsruhe, Bestand 71, Nr. 827, Q 22f. 109r.
33 GLA Karlsruhe, Bestand 71, Nr. 827, Q 22f. 109r.
34 GLA Karlsruhe, Bestand 71, Nr. 827, Q 22f. 109r.
35 GLA Karlsruhe, Bestand 71, Nr. 827, Q 22f. 109r.
36 GLA Karlsruhe, Bestand 71, Nr. 827, Q 22f. 109v.
37 GLA Karlsruhe, Bestand 71, Nr. 827, Q 22f. 110r.

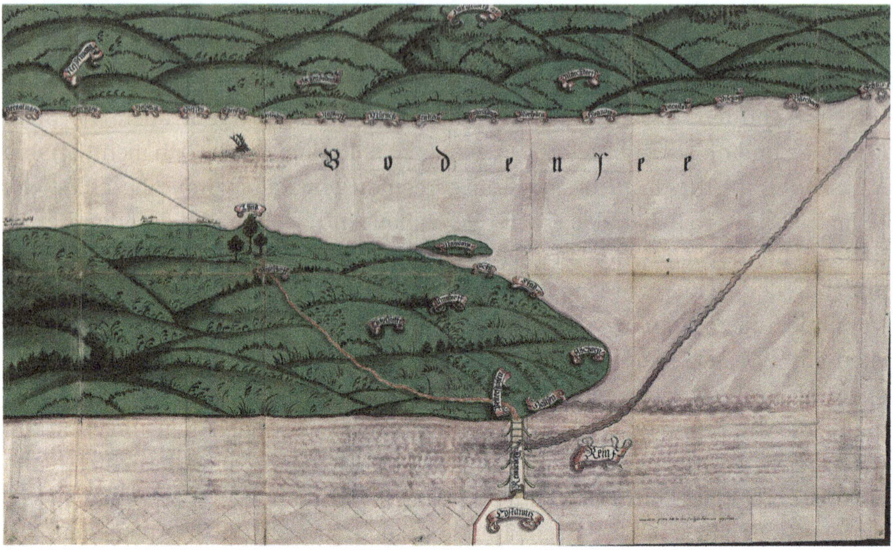

Abb. 17: Der Bodensee bei Konstanz Generallandesarchiv Karlsruhe, PlSlg, H-Überlingen FN 9; Maler: Othmar Eckenberger, Maße unbekannt, 2. Hälfte 16. Jahrhundert.

Beschriftung, die direkt auf die Karte aufgetragen ist.[38] Sie ist zum Teil in Latein und hat wohl erklärende Funktion bzw. es handelt sich um Ergänzungen, wie z. B. „Lacus, quem hac in loco vulgus Rhenum appellitat", „Walenhausen", „zur alten Burg", „Bodmann Schloß und Flecken", „Terra". Angedeutete Wellenlinien zeigen wohl den Strom des Rheins durch den See.

Protokoll und Karte zeigen deutlich: Die sinnvolle Sichtung der Augenscheinkarte gelingt nur mit Hilfe des Textes im Protokoll, der den Betrachter durch das Bild lenken soll. Rutger Ruland bemüht für diese Vorgehensweise die Metapher des navigierenden Schiffes: Gleichwie die Nautik einem Schiff den Kurs dirigiert, soll der Richter oder der Betrachter durch das Bild geführt werden.[39] Es geht nicht um die Erfassung der strittigen Situation mit einem Blick, sondern die Hineinversetzung des Richters in die Augenscheinkarte und die virtuelle Orientierung im Raum mit Hilfe einer Gebrauchsanweisung. Sie geschieht in Form des schriftlichen Protokolls der Inaugenscheinnahme oder durch die Legende im Bild selbst.

---

38 GLA Karlsruhe, Bestand Plansammlung, H-Überlingen FN 9.
39 *Rutger Ruland:* Pars I, Buch V, Kapitel XXI.

Für die Führung des Betrachters durch die Augenscheinkarte im Sinne Rutger Rulands haben sich die Maler dabei unterschiedlicher Mittel bedient. Sie sollen hier zusammen mit den rechtlichen Aspekten erstmals vorgestellt werden:

Erstens: Dokumentation des Ereignisses der Inaugenscheinnahme oder Streitpunkte und Kommission werden gleichzeitig abgebildet.

Die Situation der Begehung durch die Kommission und ihr Innehalten bei für den Prozess strittigen Landschaftspunkten bzw. Markierungen werden als einzelne Episoden in der umgebenden prozessrelevanten Landschaft in der Augenscheinkarte selbst festgehalten. Der Betrachter der Augenscheinkarte folgt dabei der Beweiskommission von Markierungspunkt zu Markierungspunkt im Gelände und kann sich so mit Hilfe der protokollierten Zeugenaussagen und der durch den Maler dargestellten Geländesituation einen Überblick verschaffen.[40]

Als besonders eindrückliches Beispiel (Abb. 18) dient hier die Augenscheinkarte des würzburgischen Hofmalers Jakob Cay, der am unteren Bildrand Bischofsheim an der Rhön eingezeichnet hat und oben links den Ort Wüstensachsen. Zwischen beiden Orten liegen rund zwölf Kilometer, die die Kommission in einzelnen Schritten gegangen ist.[41]

Der Betrachter wird in eine Landschaft, die aus Wiesen und Weiden und Dörfern besteht, mit Hilfe von Stationen, die durchnummeriert sind, geführt. Insgesamt handelt es sich um sechs Markierungspunkte. An diesen Markierungen wird eine unterschiedliche Anzahl von Personen gezeigt, die die Kommission zur Inaugenscheinnahme darstellen. Anwesend sind immer ein mit einer Schaube bekleideter Herr, wohl der Kommissar, sowie eine Person, die Papier und meist auch eine Feder in der Hand hält. Hier handelt es sich entweder um den Maler oder den Protokollanten. Die Kommission wird auch nach getaner Arbeit gezeigt. Unterhalb von Nr. 6 sitzt sie an einem ausgebreiteten Tischtuch und speist. Ein Transportwagen hat hierfür die notwendigen Utensilien gebracht. Ein Kommissionsmitglied macht sich zusätzlich an einer Vogelscheuche zu schaffen. Es handelt sich quasi um eine Visualisierung der Inaugenscheinnahme.[42]

Aber es werden nicht einfach nur die Inaugenscheinnahme durch die Zeugen und die Kommission dokumentiert. Vielmehr sind hier zudem die Orte vermerkt, in denen die *Propositionales* durch den kaiserlichen Kommissar mit den Anwälten der Parteien, den Verwaltungs- und Forstbeamten sowie weiteren Sachkundigen

---

40 Siehe auch *Timpener:* Die Karte als Argument? (wie Anm. 8), S. 217.

41 BayHStA München, PlSlg. 10778, Prozessakte RKG 622/1; siehe auch *Baumann/Eichler/Xenakis* (Hrsg.): Augenscheine (wie Anm. 11), S. 64f und *Willy Kiefer:* Eine malerische Landschaftsdarstellung der Gegend um Wüstensachsen in der Rhön, in: Fuldaer Geschichtsblätter, Zeitschrift des Fuldaer Geschichtsvereins Jahrgang 85/2009, S. 34–48.

42 BayHStA München, PlSlg. 10778.

Abb. 18: Gegend um Wüstensachsen, Bayerisches Hauptstaatsarchiv München, PlSlg. 10778, Maler: Jakob Cay, 59 x 42,5 cm, 1584.

Abb. 19: Detailaufnahme Picknick; Gegend um Wüstensachsen, Bayerisches Hauptstaatsarchiv München, PlSlg. 10778, Maler: Jakob Cay, 59 x 42,5 cm, 1584.

besprochen wurden. Konkret ging es dabei um eine Grenze, die durch Schläge, einen Haag – „Hall" genannt – und einen Brunnen gebildet wurden. Brunnen, Schläge und Haag waren durch Unbekannte zerstört worden. Deshalb hatte Bischof Julius von Würzburg 1584 die Feststellung der Grenze durch die Kommission verlangt. An den einzelnen durch den Maler dokumentierten sechs Markierungspunkten war es zu Zerstörungen gekommen.[43]

Die übrige Landschaft wird zusätzlich mit farbigen Buchstaben und „Namensschildchen" charakterisiert. Die Legende am unteren vom Betrachter gesehenen linken Bildrand erläutert den näheren Zusammenhang der Buchstaben. Eine Erklärung der Zahlen findet sich in der Legende nicht. Sie kann nur durch die Lektüre des Rotulus erfahren werden.

Interessant ist die zweite Legende am unteren rechten Bildrand. Hier heißt es: „Edirt, furgelegt, recognosciert darwieder excipiert, protestiert und verantwort. Samstags, den 13. Septembris anno 1584".[44]

Hintergrund hierfür ist, dass der Anwalt der gegnerischen Prozesspartei des Reichsritter von Thüngen, Johann Eisenmenger, die Darstellung des Augenschein bezweifelte: „Der Abriß dem Augenschein nit sei gemeß angestellt und abgemalet worden".[45] Um das Fortschreiten der Kommission nicht zu gefährden, rief der Kommissar die Parteien deshalb erneut zusammen, um in Würzburg die vorgebrachten Bedenken zu besprechen und eventuell Veränderungen vorzunehmen. Hierzu erschien auch der Maler. Besonders strittig war dabei die Stelle, die mit dem Buchstaben A „Selftergk" gekennzeichnet ist.[46] Sie ist in der in München vorliegenden Karte an dieser Stelle ausgebessert, d. h. ein Stück Papier wurde ausgeschnitten und durch ein anderes Stück, das von hinten aufgeklebt wurde, ersetzt.[47] Der Grund für die Meinungsverschiedenheit war letztlich, dass diese Stelle den Zeugen und den Anwälten nicht vorgezeigt worden war. Bei diesem

43 BayHStA München, PlSlg. 10778.

44 BayHStA München, PlSlg. 10778.

45 BayHStA München, RKG 622/1, Produkt 7. Okt. 1584, f. 269v.

46 BayHStA München, RKG 622/1, Produkt 7. Okt. 1584, f. 274 r-v.

47 BayHStA München, PlSlg. 10778.

Besprechungstermin kam es zu keiner endgültigen Einigung. Thüngen hegte den Verdacht, dass der würzburgische Hofmaler parteiisch sein könnte und wollte schließlich selber einen unparteiischen Maler anstellen, um die Gegend „abreißen" zu lassen[48]. Die eigentliche Kommission mit der Zeugenbefragung schritt gleichzeitig weiter voran. Schließlich ließ es Thüngen dabei bewenden, behielt sich aber vor, in Speyer gegen den Abriss zu widersprechen. Diese rechtlich schwierige Situation dokumentiert die zweite Legende[49]. Thüngen scheint dann jedoch keine zweite Augenscheinkarte vorgelegt zu haben. Jedenfalls wird nichts in der Prozessakte erwähnt und eine zweite Augenscheinkarte ist nicht erhalten.

Zweitens: Mehrhorizontenperspektiven

In einer weiteren Darstellungsform wird der Betrachter durch die Abbildung mindestens zweier Horizonte auf der Augenscheinkarte in das Bild quasi hineingestellt. Er steht mittendrin im Geschehen und kann von diesem durch den Maler angegebenen Standpunkt aus die ihn umgebende Landschaft besichtigen oder zumindest virtuell begehen. Die Maler gebrauchen diese Darstellungsart häufig, wenn in dem Prozess ein Fluss oder Bach eine Rolle spielte. Die Höhenstaffelung des Flusstales wird in den vertrauten horizontalen Ansichten des am Boden stehenden Betrachters gezeigt. Sie sind so angeordnet, dass „die Höhen in zwei einander diametral entgegengesetzten, panoramaförmigen Streifen gemäß zwei Hauptblickrichtungen zerteilt und längs der Talsohle nach oben und unten in die Zeicheneben umgeklappt wurden".[50]

In unserem Beispiel (Abb. 20), ein Prozess Fugger gegen Ulm um die Uferbefestigung der Iller, wird der Blick des Betrachters durch den Ulmer Stadtmaler quasi von der Mitte einer Brücke aus, die die Iller überspannt, gelenkt. Von diesem Punkt aus soll der Betrachter die Landschaft und das Geschehen um sich herum sehen. Nördlich und südlich der Brücke steigt die Landschaft an. Sie wird durch einzelne Beschriftungen näher bestimmt. Derweil spielen sich auf dem Fluss Dramen ab, die Zeugen anschaulich berichtet haben. Die Iller war zu dieser Zeit ein reißender Fluss mit unberechenbaren Stromschnellen. Ein ungleicher Kampf entstand und die Flößer wurden mit ihren Flößen an die Brücke gedrängt. Sie kenterten. Tote und Verletze mussten aus dem Wasser gezogen werden. Gleichzeitig beschädigte der reißende Fluss durch seinen Lauf das südliche Ufer.[51]

---

48 BayHStA München, RKG 622/1, Produkt 7. Okt. 1584, f. 275r.

49 BayHStA München, PlSlg. 10778.

50 Siehe hierzu Ausstellungskatalog „Von der gemalten Landschaft zum vermessenen Land", bearb. von Gerhard Leidel unter Mitarbeit von Monika Ruth Franz. München 2006, Gerhard Leidel zu 3.11 Das Gebiet um Prühl bei Oberscheinfeld, S. 96 f.

51 BayHStA München, PlSlg. 9972 und 9972a, sowie RKG 1312; siehe auch *Franz Karg:* „Gepew an der Iller". Brücken und Bauten im Bereich ehemaliger Fuggerscher Herrschaften in der Frühen

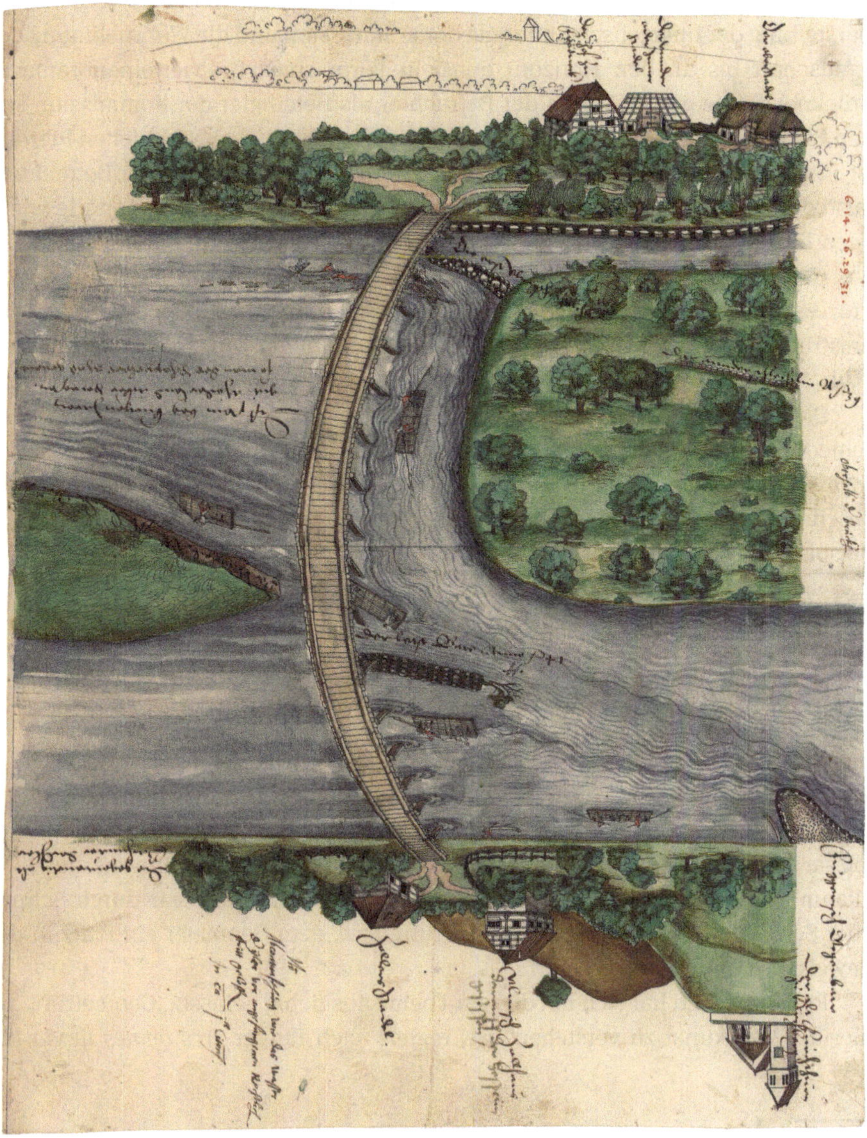

Abb. 20: Plan Verlauf der Iller, Bayerisches Hauptstaatsarchiv München, PlSlg. 9972a, Maler: Georg Riederer aus Ulm, 46,5 cm x 62,5 c,, Mitte 16. Jahrhundert.

Neuzeit, in: *Otto Kettemann/Ursula Inler* (Hrsg.), Die Iller. Geschichte am Wasser von Noth und

Der Maler Heinrich Brückner ging noch einen Schritt weiter. Er verband die Darstellung der Inaugenscheinnahme der Kommission und die Wahrnehmung der Landschaft bis an den Horizont quasi in Form eines Dreiviertelpanoramas.[52] Brückner zeigte genau, wohin der Betrachter als Beteiligter der Kommission seinen Blick richten sollte, denn die Beweiskommission mit den zahlreichen Pferden ist in der Augenscheinkarte unverkennbar. Aus der Perspektive des Betrachters (also des Mitglieds der Kommission) eröffnete sich ein Rundblick, der alle wichtigen Elemente der Inaugenscheinnahme erfasste. Der Richter wird auch hier in das Geschehen quasi hineingezogen oder eingebunden. Die Eiche, die in dem Prozess als Gerichtsort eine wichtige Rolle spielte, ist klar erkennbar. Auch der umstrittene Weg auf einem Seedamm nach Appenfelden wird so augenscheinlich (Abb. 15).[53]

Diese beiden Darstellungsformen bilden Grundspielarten, die in den unterschiedlichsten Formen in vielen Augenscheinkarten mit der Darstellung des Horizonts gegenwärtig sind.[54] Dabei ist die Darstellung nicht auf das 16. Jahrhundert beschränkt. Auch im 18. Jahrhundert gibt es hierfür noch ein eindrucksvolles Beispiel.[55]

4 Vermessung und Geometrie

Aber kommen wir noch einmal auf die Inaugenscheinnahme des Bodensees zurück. Sie erfolgte in der Zeit zwischen 1563 und 1566 und ist dabei rund 30 Jahre vor dem Erstdruck von *De commissariis* entstanden. Neben den Hinweis und die Gebrauchsanweisung für die „Abconterfeiung" des Bodensees durch den Kommissar enthält die schriftliche Beschreibung einen weiteren Hinweis auf eine „Raumbeschreibung", die die Distanzen erfassen soll, und zwar durch Schnur oder Seil. Damit wird auch der Vermessung bzw. dem Geometer ein Platz in der Beweisaufnahme zugewiesen.[56]

Rutger Ruland hat sich mit diesem Thema ausgiebig befasst. „Geometria", die hier als Messkunst zu verstehen" ist, regiert nach Rutger *„res omnes in via hu-*

Kraft (Druckerzeugnisse des Schwäbischen Bauernhofmuseums Illerbeuren 5), Kronburg-Illerbeuren 1992, S. 155–169.

52 BayHStA München, PlSlg. 21407 und Abbildung Nr. 15 aus dem Eingangsbeispiel.

53 Siehe auch *Timpener:* Die Karte als Argument? (wie Anm. 8), S. 208.

54 Siehe auch GLA Karlsruhe, Bestand 71, Nr. 2480, Rosenberg gegen Würzburg, der dazu gehörige Plan GLA Karlsruhe, Plansignatur: H-Buch am Ahorn/3.

55 GLA Karlsruhe, Plansignatur: H-Kuppenheim/11.

56 GLA Karlsruhe, Bestand 71, Nr. 827, Q 22f. 108ff.

mana“ [57]. Geometer und Maler sind für Rutger Ruland bei der Inaugenscheinnahme gleichberechtigt.[58] Grundsätzlich vertrat Ruland die Meinung, dass man Messungen nicht ignorieren könne[59] und stellt fest, dass Geometer am Reichskammergericht häufig hinzugezogen würden. Dabei hielt Ruland pro Beweiskommission zwei *Agrimensores* für ausreichend. Im Zweifel könne auch ein Dritter hinzugezogen werden. Sie seien vor allem dann notwendig, wo Erde, Mauern und Grenzen zu bestimmen seien. Dabei sei der Kommissar gut beraten, wenn die Grenzen zusammen mit dem Grund und Boden gemessen würden.[60] Grundsätzlich sollten alle Parteien bei den Messungen anwesend sein. Messungen empfahl Ruland auch deswegen, weil den *Agrimensoren* geglaubt würde.[61] Ruland unterschied explizit zwischen Maler und Geometer. Der Maler sei vor allem dazu da, wenn in der Kommission etwas Spezielles dargestellt werden sollte.[62] Er müsse sich vor allem um die Visualisierung der Inaugenscheinnahme kümmern, also die konkrete Darstellung.[63] Mit dem Verhältnis Malerei-Vermessung hat sich bereits Claudius Ptolomäus (ca. 100 – 160) in einem antiken Traktat der *De geographia* befasst, der 1482 in Ulm gedruckt wurde und im 16. Jahrhundert geradezu zu einem Bestseller mutierte. Der Grieche unterschied dabei zwischen der Darstellung großer Räume, die auf mathematisch-vermessungstechnischen Grundlagen basierten und die vor allem Kartenmachern vorbehalten sein sollten, und der Darstellung kleiner Räume, die ausschließlich Maler abbilden sollten. Philipp Apian hat dies anschaulich in einem Holzschnitt dargestellt.[64]

Ein Beispiel, dem vermutlich Messungen im größeren Maßstab zu Grunde lagen, stammt von dem Nördlinger Maler Friedrich Seefried aus dem Jahr 1594[65] (Abb. 21). Seefried musste in seinem Malereid schwören, die Gestalt dieser Sachen gemäß der Erfahrung seiner Kunst und gemäß der Wahrnehmung seiner Sinne abzukonterfeien und zu entwerfen. Wahrscheinlich hat Seefried sich zur Fertigung des Augenscheins bestimmter Messmethoden bedient. Der Zirkel mit Maßstab legt

57 *Rutger Ruland:* De commissariis, Pars I, Liber 1, Caput VII.
58 *Rutger Ruland:* De commissariis, Pars I, Liber 3, Caput XXI.
59 *Ruland:* De commissariis (wie Anm. 57).
60 *Rutger Ruland:* De commissariis, Pars I, Liber 1, Caput XX.
61 *Ruland:* De commissariis (wie Anm. 60).
62 *Rutger Ruland:* De commissariis, Pars I, Liber 3, Caput XXI.
63 *Ruland:* De commissariis (wie Anm. 62).
64 *Petrus Apianus:* Cosmographia, herausgegeben von Rainer Gemma Frisius Antwerpen 1553 f. 2r, zitiert nach Gerhard Leidel, Die bayerische Landschaft als Darstellungsproblem der archivischen Kartographie des 16. Jahrhunderts, in: Philipp Apian und die Kartographie der Renaissance. Ausstellungskatalog der Bayerischen Staatsbibliothek, Gesamtredaktion: Hans Wolff. Weißenhorn 1989, S. 166 – 179, S. 176 f.
65 BayHStA München, PlSlg. 9764 und Reichskammergericht 2382/I-II.

Abb. 21: Gebiet um Absberg, am oberen Brombach und am Igelsbach, Bayerisches Hauptstaatsarchiv München, PlSlg. 9764, Geometer: Friedrich Seefried, 52 x 77,5 cm, 1594.

dies nahe und erhebt den Anspruch der Messbarkeit. Auf der Zeichnung ist eine östliche (positive) Deklination von geographisch-Nord festgehalten. Der Kompass indiziert die Einordnung des dargestellten Gebiets in die vier Weltgegenden.[66] Es ist leider nicht klar, wie Seefried das Gelände aufgenommen, welche Geräte er verwendet hat und welche Daten er sich notierte. Vielleicht wurden auch nur bestimmte Distanzen in der Augenscheinkarte gemessen. Wir kennen das Verfahren bereits in der Augenscheinkarte des Bodensees. Auch andere Augenscheinkarten legen dies nahe. Der Maler Seefried will auf jeden Fall mit seiner Darstellung dem Augenzeugenprinzip bei der Inaugenscheinnahme genügen, indem er die Erdoberfläche in ihrer sinnlichen Erscheinung festhält. Aber auch das Situationsprinzip soll erfasst werden, indem er die Größenverhältnisse in ihrer metrischen Tatsächlichkeit zum Ausdruck bringen will.[67] Der qualitativen Wahrnehmung wird eine quantitative physikalische (messbare) Welt wenigstens zum Teil unterlegt.

Wie Vermessungen konkret durchgeführt werden konnten, zeigt die Augenscheinkarte des gräflich-öttingischen Geometers Johann Konrad Röhlin, die aus dem Jahre 1624 stammt.[68] Mit Hilfe der Darstellung am unteren Rand können wir vielleicht erahnen, wie die Landschaft vermessen wurde. Die Szene zeigt einen barhäuptigen Geometer, der auf einem Hügel neben einem Baum stehend über die vor ihm ausgebreite Landschaft blickt. Er hält ein Instrument in der Hand, das aus einem Stab besteht, auf dem oben horizontal eine quadratische Platte montiert ist. Darüber ist eine skalierte Kreisscheibe angebracht. Der Geometer beobachtet mit dem Hilfsmittel in seiner Hand den Lichtraum und wählt daraus geeignete Strahlen aus. Er kann so, ohne sich zu bewegen, große Distanzen darstellen. Er erfasst Informationen wie Punkte und Strahlen und verarbeitet sie weiter in einen abstrakten geometrischen Raum.[69] Dies geschieht durch Konstruktion und Berechnung. Der Geometer hat zudem einen Gehilfen, der im Gras schläft. Er musste als Vermessungshelfer die Markierungsstangen setzen und die schwere Messkette ziehen (Abb. 22).[70]

---

66 Siehe hierzu Ausstellungskatalog „Von der gemalten Landschaft zum vermessenen Land“, bearb. von Gerhard Leidel unter Mitarbeit von Monika Ruth Franz. München 2006, Gerhard Leidel, 6.1, S. 130.

67 Ebenda.

68 BayHStA München, PlSlg. 21412, die dazugehörige Akte: Bestand Reichskammergericht 15694. Siehe auch Manfred Hörner und Margit Ksoll Marcon (Bearb.), Bayerisches Hauptstaatsarchiv Reichskammergericht, Bd. 9, Nr. 3228 – 3883 (Buchstabe F), Bayerische Archivinventare 50/9, hrsg. von der Generaldirektion der Staatlichen Archive Bayerns. München 2012, Nr. 3569, S. 304.

69 Siehe hierzu Ausstellungskatalog „Von der gemalten Landschaft zum vermessenen Land“, bearb. von Gerhard Leidel unter Mitarbeit von Monika Ruth Franz. Leidel 10.3, S. 262f.

70 BayStA München, PlSlg. 21412.

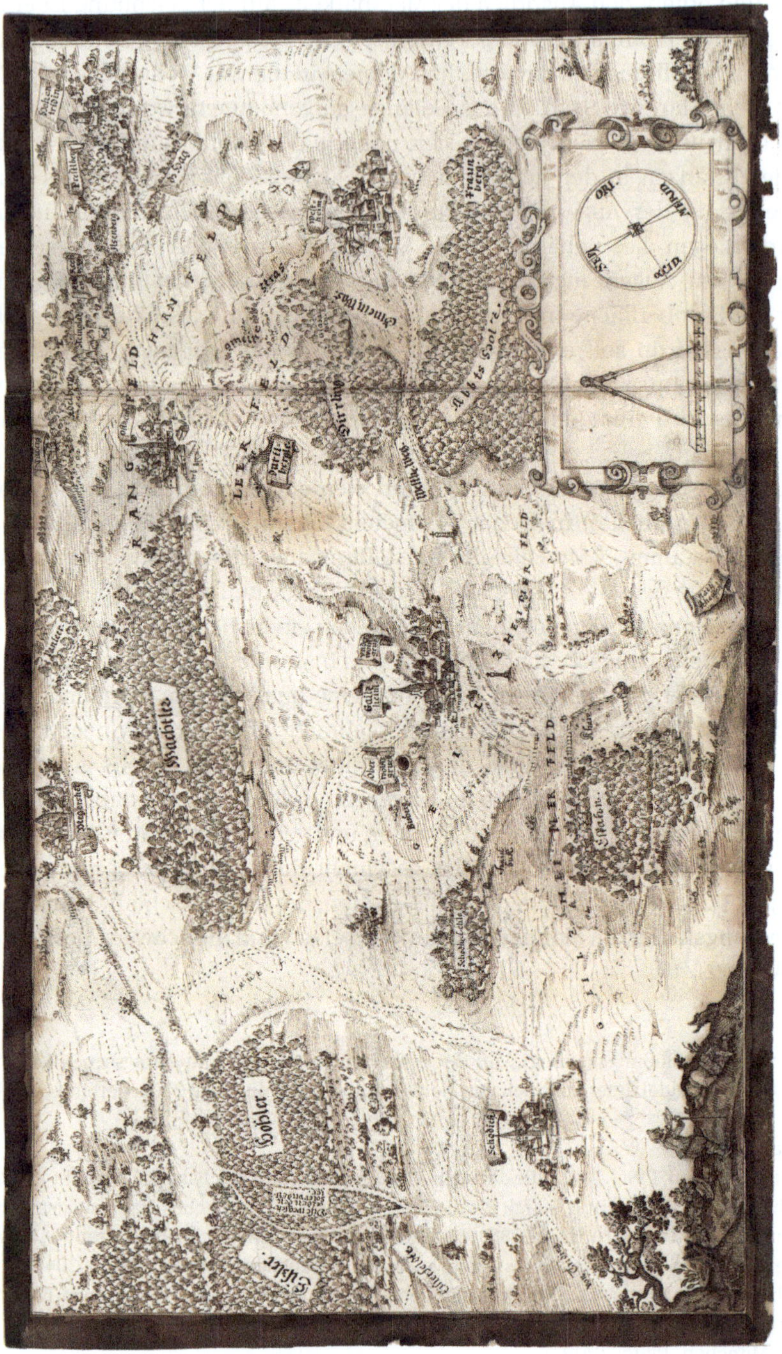

Abb. 22: Die Gegend um Geilsheim östlich von Wassertrüdingen (Lkr. Ansbach), Bayerisches Hauptstaatsarchiv München, PlSlg. 21412, Geometer: Johann Konrad Röhlin, 30,6 x 55,3 cm, 1624.

Die Augenscheinkarte selbst ist nicht koloriert. Die sinnliche Erscheinung wird dadurch eingeschränkt oder reduziert. Die Messbarkeit erscheint als wichtigeres Element. Sie wird auch bei Röhlin durch einen Zirkel und einen Maßstab gezeigt.[71] Es handelt sich bei beiden Darstellungen um sogenannte Transversalmaßstäbe, die bis zur Mitte des 20. Jahrhunderts üblich waren. Die zu messende Länge wurde auf der Karte mit einem Stechzirkel abgegriffen und dann am Transversalmaßstab gemessen.[72] Dem uninformierten Betrachter erschloß sich weder der Verwendungszweck noch die Begründung des Transversalmaßstabes. Kartographen sehen deshalb darin ein „geheimnisvolles" Mittel.[73]

Tatsächlich ist die Vermessung des Territoriums eng an Herrschaft und Staatsgeheimnis gekoppelt: Im Streit zwischen Pfalz und Brandenburg (ca. 1600) um eine Grenze in der Nähe des Klosters Waldsassen protestierte Brandenburg, als der beteiligte Maler/Geometer seine Messinstrumente auspackte und zu messen begann.[74] Die Kommission drohte zu scheitern. Es kam zu weiteren Verhandlungen und schließlich wurde festgehalten, dass die Vermessung dem alleinigen Zweck diene, eine vollkommene Augenscheinkarte zu verfertigen.[75] Trotz heftigen Widerspruchs konnte der Kommissar nach langwierigen Verhandlungen durchsetzen, dass das Maß bzw. der Maßstab auf der Augenscheinkarte abgebildet wurde. Es handelt sich um die Vorform eines Transversalmaßstabes. Die für die Messung verwendeten Instrumente blieben bis zur Veröffentlichung des Rotulus mit der Augenscheinkarte jedoch „geheim".[76] Sie durften erst nach der Öffnung gezeigt und wiederverwendet werden.

5 Fazit

Fassen wir zusammen: Rutger Ruland hat gegen Ende des 16. Jahrhunderts eine theoretische Abhandlung vorgelegt, in der die Durchführung von Beweiskommissionen und der Idealfall einer Inaugenscheinnahme beschrieben werden. Grundsätzlich handelt es sich dabei um einen äußerst komplexen Kommunikationsprozess zwischen Kommissar, Zeugen, Maler bzw. Geometer und den Parteien und ihren Vertretern. Dabei zeigt uns Ruland ein streng formalisiertes Ver-

71 BayStA München, PlSlg. 21412.

72 *Hans-Joachim Vollrath:* Verborgene Ideen. Historische mathematische Instrumente. Wiesbaden 2013, S. 54.

73 *Vollrath:* Verborgene Ideen (wie Anm. 72), S. 55.

74 BayHStA München, Reichskammergericht 14839/I-II, Rotulus vom 5. Okt. 1603, f. 105 v ff.

75 BayHStA München, Reichskammergericht 14839/I-II, Rotulus vom 5. Okt. 1603, f. 110 v.

76 BayHStA München, Reichskammergericht 14839/I-II (wie Anm. 75).

fahren, das es ermöglicht, einzelne nachvollziehbare Verfahrensschritte zu erkennen, die dem formalisierten Verfahren des Reichskammergerichts Rechnung tragen. Das Ergebnis dieses Prozesses ist eine Text-Bild-Dokumentation, die äußert komplex ist, und nur im Zusammenspiel von Text und Augenscheinkarte zu definieren und zu beurteilen ist. Bei der eigentlichen Visualisierung kommt Malern und Geometern die gleiche Bedeutung zu. Evident ist dabei das, was direkt bei der Inaugenscheinnahme gesehen und visualisiert wird.

Betrachtet man die Augenscheinkarten über drei Jahrhunderte hinweg, so kann festgestellt werden, dass immer mehr Geometer, Ingenieure und Feldmesser die Arbeit der Visualisierung von Raum übernahmen. Es scheint, als ob Messbarkeit eine immer entscheidendere Rolle spielte. Trotzdem muss im Sinne von Evidenz vor einer einfachen teleologischen Entwicklung vom Gemälde zur Karte gewarnt werden. Vielmehr zeigen zahlreiche Augenscheinkarten, dass die Hersteller immer wieder verschiedene Wege, Abzweigungen, Verknüpfungen und Sackgassen im Ringen nach der beweisbaren Form gingen. Symptomatisch ist der Ruf nach einem Gutachter in einem Prozess im Einzugsbereich der Hansestadt Lübeck, der zwei Augenscheinkarten aus der zweiten Hälfte des 18. Jahrhunderts vergleichen soll. Zugespitzt geht es für den Gutachter darum zu entscheiden, was mehr Beweiskraft hat, die gemessene Karte oder die malerische Darstellung.[77] Allein die Bestellung eines Gutachters gerade in dieser Frage zeigt, dass die Diskussion um Wahrhaftigkeit und Messbarkeit auch noch zu diesem Zeitpunkt nicht beendet war.

Die Ausführungen zur Beweiskommission am Reichskammergericht zeigen aber deutlich, dass eben nicht – wie die bisherige Forschung behauptet – Karten nur „als Illustration zu einem vor Gericht verhandelten Streitfall dienten“[78] und

---

77 Stadtarchiv Lübeck, Bestand Reichskammergericht, W 40.

78 *Thomas Horst:* Die älteren Manuskriptkarten Altbayerns. Eine kartographiehistorische Studie zum Augenscheinplan unter Berücksichtigung der Kultur- und Klimageschichte (SRBLG 161), 2 Bde. München 2009, Bd. 1, S. 199. Siehe auch *Andreas Rutz:* Die Beschreibung des Raums (wie Anm. 11), S. 319; *Fritz Hellwig:* Tyberiade und Augenschein. Zur forensischen Kartographie im 16. Jahrhundert, in: *Jürgen F. Bauer/Peter-Christian Müller-Graf/Manfred Zuleeg* (Hrsg.), Europarecht – Energierecht – Wirtschaftsrecht. Festschrift für Bodo Börner zum 70. Geburtstag. Köln u. a. 1992, S. 805 – 834, S. 826, und auch *Gabriele Recker:* Augenschein in Sachen Köln contra Köln (wie Anm. 11), S. 143 – 152, S. 144; *dies.:* Prozeßkarten in den Reichskammergerichtsakten (wie Anm. 11), S. 165 – 182, S. 180 f; *dies.:* Von Trier nach Köln 1550 – 1850 (wie Anm. 11), S. 117; und im Gegensatz dazu *Schwarzmaier:* Kartographie und Gerichtsverfahren (wie Anm. 11), S. 163 – 186, S. 184 und *Jürgen Bolland:* Die Hamburger Elbkarte aus dem Jahre 1568, gezeichnet von Melchior Lorichs. 3. Aufl., Hamburg 1974 (Veröffentlichungen aus dem Staatsarchiv der Freien und Hansestadt Hamburg, Bd. 8), S. 16 f.

sich die Augenscheinkarten erst im Laufe des 17. Jahrhunderts allmählich als Beweis durch setzten.

Viele Fragen sind noch offen. Hier konnte nur ein erster Einblick in die komplexe Praxis der Inaugenscheinnahme und ihre Dokumentation im Sinne von Evidenz gezeigt werden. Es muss weiteren Forschungen vorbehalten bleiben, zu klären, wie die Zeitgenossen das Ringen um Wahrhaftigkeit und Nachprüfbarkeit in Augenscheinkarten letztlich bewerteten.[79]

79 Siehe *Anette Baumann:* Visuelle Evidenz: Beobachtungen zu Inaugenscheinnahmen und Augenscheinkarten am Reichskammergericht (1495 – 1806), in: Rechtsgeschichte – Legal History, 27 (2019), S. 2 – 5.

Karl Härter

Galgenlandschaften

Die Visualisierung und Repräsentation von Stätten und Räumen der Strafjustiz in bildhaften Medien der Frühen Neuzeit

Zahlreiche Ausgaben der im Heiligen Römischen Reich deutscher Nation erlassenen peinlichen Halsgerichtsordnungen und anderer Werke des frühneuzeitlichen Strafrechts sind durch Abbildungen von Stätten und Einrichtungen der Strafjustiz „geziert". Übereinstimmend zeigen die Bambergische Halsgerichtsordnung (1507), die Brandenburgische Halsgerichtsordnung (1516) oder die Peinliche Gerichtsordnung Kaiser Karls V. (1532) einen Pfahl mit Feuer, Rabenstein (gemauerte Plattform zum Vollzug der Schwertstrafe), Galgen (auf einem Hügel), Pranger, Staupbesen (Prügelstrafe), Schwert, ein Rad auf einem Pfahl, Streckgalgen, Schandstein, Daumenschrauben und Block.[1] Diese für die Frühe Neuzeit charakteristischen Dinge und Zeichen repräsentieren nicht nur Kriminalität, Strafverfahren und Strafen, sondern verweisen auch auf die medial-symbolhafte Visualisierung und Repräsentation von Stätten, Orten und Räumen der Strafjustiz,[2] wie das Titelblatt der 1533 in Mainz gedruckten Ausgabe der Carolina bereits deutlich erkennen lässt: der Galgen steht auf einem bevölkerten Platz in einer hügeligen Landschaft außerhalb von Stadtmauern an einer Landstraße und ein Hinrichtungszug bewegt sich zur Richtstätte (Abb. 23).

Die räumliche Dimension von Recht kann sich auf vielfache Weise manifestieren. Die Rechtsgeschichte hat diese meist als Geltungsbereiche von Recht in Form von Rechtskreisen, Rechtsregionen, Rechtsgebieten, Rechtslandschaften oder Rechtsgemeinschaften konzeptualisiert.[3] Erst in den letzten Jahren wurde

1 Bambergische Halßgerichts vnd Rechtlich ordnung, in[n] peinlichen sachen zu volnfarn [...]. Mainz 1531; Brandenburgische halßgerichtsordnung. Nürnberg 1516; Des allerdurchleuchtigsten großmechtigste[n] vnüberwindtlichsten Keyser Karls des fünfften: vnnd des heyligen Römischen Reichs peinlich gerichts ordnung [...]. Mainz 1533.

2 *Barbara Dölemeyer:* Dinge als Zeichen des Rechts – Zur Rechtsikonographie und Rechtsarchäologie, in: *Tobias Kienlin* (Hrsg.), Die Dinge als Zeichen. Kulturelles Wissen und materielle Kultur. Bonn 2005, S. 221–229; sowie als Überblick mit zahlreichen Abbildungen: *Wolfgang Schild:* Alte Gerichtsbarkeit. Vom Gottesurteil bis zum Beginn der modernen Rechtsprechung. München 1980; *Wolfgang Schild:* Folter, Pranger, Scheiterhaufen. Rechtsprechung im Mittelalter. München 2010.

3 Vgl. als methodisch orientierenden Überblick: *Caspar Ehlers:* Rechtsräume. Ordnungsmuster im Europa des frühen Mittelalters. Berlin 2016; als Zusammenfassung der rechtshistorischen

https://doi.org/10.1515/9783110683424-007

Abb. 23: Titelbild der 1533 in Mainz gedruckten Ausgabe der Carolina.

unter dem Einfluss des allgemeinen *spatial turn* in der Geschichtswissenschaft[4] die Perspektive auf „Gerichtslandschaften“[5] oder das rechtliche Verfahren des „Augenscheins“[6] erweitert und damit auch Jurisdiktion und Verfahren stärker einbezogen. Die historische Kriminalitätsforschung hat ebenfalls den *spatial turn*

Konzepte: *Barbara Dölemeyer:* Rechtsräume, Rechtskreise, in: Europäische Geschichte Online (EGO), hrsg. vom Institut für Europäische Geschichte (IEG), Mainz 12. März 2010. URL: http://www.ieg-ego.eu/doelemeyerb-2010-de (abgerufen am 1. Februar 2019).

4 *Gerd Schwerhoff:* Historische Raumpflege. Der „spatial turn“ und die Praxis der Geschichtswissenschaften, in: *Wilfried Reininghaus/Bernd Walter* (Hrsg.), Räume – Grenzen – Identitäten. Westfalen als Gegenstand landes- und regionalgeschichtlicher Forschung. Paderborn 2013, S. 11–27.

5 *Anja Amend/Anette Baumann/Stephan Wendehorst/Steffen Wunderlich* (Hrsg.): Die Reichsstadt Frankfurt als Rechts- und Gerichtslandschaft im Römisch-Deutschen Reich. München 2008 (bibliothek altes Reich, Bd. 3).

6 *Anette Baumann/Anja Eichler/Stefan Xenakis* (Hrsg.): Augenscheine – Karten und Pläne vor Gericht. Wetzlar 2014.

vollzogen und sich dem Raum zugewandt[7] und Themen wie grenzübergreifende Kriminalität und Strafverfolgung einbezogen, die ebenfalls eine starke räumliche Dimension aufweisen.[8] Hiervon ausgehend richtet sich das Interesse der folgenden Ausführungen auf Räume der frühneuzeitlichen Strafjustiz, die durch spezifische Stätten, Orte, Grenzen, Zeichen und Symbole strukturiert und in den bildhaften Medien der Karte und des Einblattdrucks repräsentiert wurden.[9] Es geht folglich nicht um den Zusammenhang von Raum, Recht und Geltung, sondern um Jurisdiktionsräume und Stätten der Strafgerichtsbarkeit und deren symbolische Visualisierung und mediale Repräsentation.

Die räumliche Dimension und die Stätten der „höheren" beziehungsweise „peinlichen" Strafgerichtsbarkeit manifestierten sich in dem Zuständigkeitsbereich eines Gerichts im städtischen oder territorial-ländlichen Raum.[10] Im letzteren existierten wiederum unterschiedliche Land-, Cent- oder Amtsgerichte, patrimoniale Gerichte, Viztumsgerichte oder sonstige genossenschaftlich-korporative Strafgerichte unterschiedlicher Obrigkeiten, deren Jurisdiktion sich über kleinste territoriale Räume bis zu einer ganzen Landesherrschaft erstrecken konnte. Bedingt durch die lokale und oft auch korporativ-genossenschaftliche Organisation von Straf-, Land- und Centgerichten hatte sich seit dem Mittelalter im Heiligen Römischen Reich deutscher Nation eine unüberschaubare Vielfalt solcher regionalen Strafgerichte entwickelt. In dem Kernraum des Alten Reiches um die Reichsstadt Frankfurt am Main – dem heutigen Rhein-Main-Gebiet und Südhessen –, der im Folgenden näher untersucht werden soll, waren dies zahlreiche Stadt-, Cent- und Landgerichte unterschiedlicher Obrigkeiten (Reichsstadt Frankfurt, Kurfürstentümer Mainz und Pfalz, Landgrafschaft Hessen-Darmstadt, Fürstbistum Würzburg, Grafschaft Erbach, Grafschaft Hanau, Nassauische Fürstentümer, Grafschaft Isenburg, Grafschaft Solms-Rödelheim und andere), die die höhere und oft auch die niedere Strafgerichtsbarkeit ausübten.

---

7 Vgl. als rezenten Forschungsüberblick: *Falk Bretschneider:* Spatial turn et histoire de la justice pénale moderne, in: Crime, Histoire & Sociétés / Crime, History & Societies 21 (2017), S. 297–307.

8 *Karl Härter:* Grenzübergreifende Kriminalität von Vaganten und Räuberbanden – interterritoriale Strafverfolgung und Landessicherheit im Alten Reich (1648–1806), in: *Wolfgang Wüst* (Hrsg.), Historische Kriminalitätsforschung in landesgeschichtlicher Perspektive. Fallstudien aus Bayern und seinen Nachbarländern 1500–1800. Erlangen 2017, S. 19–46.

9 Die Mediengeschichte von Karten und Einblattdrucken kann hier nicht näher ausgeführt werden; vgl. dazu aus der neueren Literatur: *Andreas Würgler:* Medien in der frühen Neuzeit. München 2009; *Ute Schneider:* Die Macht der Karten. Eine Geschichte der Kartographie vom Mittelalter bis heute. Darmstadt 2006.

10 *Sylvia Kesper-Biermann/Ulrike Ludwig/Jens Eisfeld:* Strafrecht, in: Enzyklopädie der Neuzeit, Bd. 12, hrsg. von *Friedrich Jaeger.* Stuttgart 2010, Sp. 1082–1103, hier Sp. 1086–1088.

Für die räumliche Organisationsform der Strafgerichtsbarkeit im territorialen Raum waren die Centen kennzeichnend, deren Bezeichnung bereits auf die räumliche Dimension der Gerichtsorganisation verweist, die sich seit dem 12. und 13. Jahrhundert etabliert hatte. Daneben verfügten nur wenige Städte über eigene Strafgerichte und Jurisdiktionen. In Darmstadt und Mainz zentralisierten die Landesherren ab dem 16. Jahrhundert die strafrechtlichen Entscheidungskompetenzen, die nicht mehr von lokalen oder Stadtgerichten, sondern zentralen Regierungs- und Justizorganen ausgeübt wurden, die Durchführung des inquisitorischen Untersuchungsverfahrens und die Strafvollstreckung verblieben jedoch bei den lokalen Gerichten, deren räumliche Organisationsform bestehen blieb. Lediglich die Reichsstadt Frankfurt behielt eine autonome Strafgerichtsbarkeit, die sich ebenfalls auf das reichsstädtische Territorium außerhalb des durch die Stadtbefestigung markierten städtischen Kernbezirks erstreckte.[11] Die strafrechtlichen Räume waren nicht notwendig mit territorialen, herrschaftlichen oder staatlichen Räumen deckungsgleich, sondern sie konnten sich vielfach und auf verschiedenen Ebenen (lokale, territoriale, ländliche, städtische oder diejenige der Reichskreise und des gesamten Reiches) überlagern und verschieben.[12] Zwischen den Inhabern von Rechten und Gerichtsbarkeiten entstanden folglich auch Konflikte um Räume und Grenzen der Strafjustiz, die sich womöglich in Karten und Einblattdrucken widerspiegelten.

Zu den jeweiligen Jurisdiktionsräumen gehörten unterschiedliche Orte, Stätten, Plätze, Gebäude, Einrichtungen, Dinge und Symbole der Strafgerichtsbarkeit. Sie lassen sich generell unterscheiden in meist räumlich positionierte oder abgegrenzte Orte/Stätten des Gerichts (Gerichtsplatz) und des Strafvollzugs (Richtplatz) und lagen im Untersuchungsraum überwiegend außerhalb der ummauerten Städte. Innerhalb der durch die Stadtbefestigung räumlich markierten Städte symbolisierten Rolande und Schwerter die höhere Strafgerichtsbarkeit, wobei Rathäuser und Hallen als Orte der Gerichte sowie Rathaus-, Markt- und sonstige öffentliche Plätze als Orte des Strafvollzugs dienten, letztere auch räumlich

---

11 Hier können lediglich die wichtigsten Obrigkeiten und Jurisdiktionen genannt werden; vgl. zu einzelnen: *Joachim Eibach:* Frankfurter Verhöre. Städtische Lebenswelten und Kriminalität im 18. Jahrhundert, Paderborn u. a. 2003; *Christiane Birr:* Konflikt und Strafgericht. Der Ausbau der Zentgerichtsbarkeit der Würzburger Fürstbischöfe zu Beginn der frühen Neuzeit. Köln 2002; *Melanie Julia Hägermann:* Das Strafgerichtswesen im kurpfälzischen Territorialstaat. Entwicklungen der Strafgerichtsbarkeit in der Kurpfalz, dargestellt anhand von ländlichen Rechtsquellen aus vier rechtsrheinischen Zenten. Würzburg 2002; *Karl Härter:* Policey und Strafjustiz in Kurmainz. Gesetzgebung, Normdurchsetzung und Sozialkontrolle im frühneuzeitlichen Territorialstaat. Frankfurt am Main 2005, S. 247–274.

12 *Karl Härter:* Strafrechts- und Kriminalitätsgeschichte der Frühen Neuzeit. Berlin/Boston 2018, S. 19–24.

markiert durch dauerhaft installierte Pranger/Prangersäulen, Schandsteine, „Trillerhäuschen“, Käfige oder Ketten. Darüber hinaus wurden auch Kirchtürme (zum Beispiel im Fall der Münsteraner Täufer) und Türme der Stadtbefestigung als Orte des Strafvollzugs benutzt, um daran Käfige mit Delinquenten oder Körperteile anzubringen. Türme und sonstige Amtsgebäude wurden auch für das Inquisitionsverfahren (Inhaftierung der Inquisiten, Durchführung von Verhören und Folter) benutzt. Spezifische Gebäude für Gerichte und Strafvollzug wie vor allem Zuchthäuser entstanden erst allmählich während der Frühen Neuzeit. Auch die städtischen Richtstätten, auf denen Todesstrafen vollzogen wurden, befanden sich meist außerhalb der Stadtmauern, vor einem Stadttor oder an einer wichtigen, in die Stadt führenden Landstraße. In Frankfurt, Mainz und Darmstadt wurden Strafen allerdings auch innerhalb der Stadtmauern auf Markt- und Rathausplätzen vollzogen.

Abb. 24: Platz vor dem Darmstädter Residenzschloss.

Der 1676 publizierte Kupferstich von Pieter Rodingh zeigt den zentralen Platz von Darmstadt (heute Marktplatz) mit Blick auf das Residenzschloss, aus der Perspektive des (nicht abgebildeten) Rathauses, vor dem charakteristische Einrichtungen der Strafgerichtsbarkeit prominent (von links nach rechts) abgebildet sind: um den Marktbrunnen mit Säule, auf der der hessische Löwe mit Wappenzeichen sitzt, gruppieren sich ein einschläfriger (Tauch-)Galgen, ein als Lasterstein ausgeformter Pranger mit männlichen und weiblichen Narrenfiguren, ein Schandesel, auf dem zwei Delinquenten sitzen, ein Trillerkäfig und eine Schandwippe; berittene landgräfliche Herolde machen wohl auf den Strafvollzug aufmerksam, den bereits einige Marktbesucher und Passanten verfolgen (Abb. 24). Symbolisch dargestellt sind folglich Schand- und Ehrenstrafen und damit der Jurisdiktionsraum der städtischen Strafgerichtsbarkeit, die gleichwohl unter Aufsicht der Landesherrschaft steht. Diese hatte Mitte des 16. Jahrhunderts auch damit begonnen, jurisdiktionelle Entscheidungskompetenzen von lokalen Strafgerichten zu den zentralen landesherrlichen Organen zu verlagern. Insofern repräsentiert das Bild auch die Überschneidung oder Hybridität von Jurisdiktionsräumen, denn die Hinrichtungsstätte mit Galgen für den Vollzug von peinlichen und Todesstrafen der landesherrlichen Cent befand sich auf einer Erhöhung nahe der Landstraße zwischen den Städten Darmstadt und Bessungen, die ein gemeinsames Centgericht und damit einen landesherrlichen Jurisdiktionsraum bildeten.[13]

Im ländlich-territorialen Raum befanden sich die einem spezifischen Jurisdiktionsraum zugeordneten Gerichtsplätze meist auf Hügeln, künstlich errichteten Anhebungen oder Plätzen, die an Landstraßen lagen und durch Hecken, Zäune und Bäume (Gerichtslinden) „eingehegt" und damit markiert und abgegrenzt wurden. Die zugeordneten Stätten der Strafvollstreckung wie Richtstätten, Hinrichtungsplätze, Hochgerichte, Rabensteine und Galgen lagen ebenfalls an öffentlich sichtbaren, gut zugänglichen Orten, zum Beispiel auf Hügeln und an Landstraßen, in manchen Fällen auch in der Nähe von Landes- und Gemarkungsgrenzen.[14] Zu den Richtstätten gehörten Galgenacker oder Galgenfeld, Henkerspfade und Galgenwege, auf denen sich die „Hinrichtungsprozessionen"

---

13 Fürstl. Hessen Darmstat. ResidenzSchlos, gezeichnet und gestochen von Pieter Rodingh, 1676, ULB Darmstadt, Ansichten 3494 a, online: http://tukart.ulb.tu-darmstadt.de/622/1/index.htm (abgerufen am 1. Februar 2019); vgl. *Peter Engels:* Geschichte Bessungens. Darmstadt 2002, S. 34 f. und 73 f.; *Peter Engels:* Art. „Richtstätten", in: Stadtlexikon Darmstadt, online: https://www.darmstadt-stadtlexikon.de/r/richtstaetten.html (abgerufen am 7. Februar 2019).

14 Zu einzelnen Gerichten und deren Gerichts- und Hinrichtungsstätten vgl. *Friedrich Battenberg:* Geschichte der hessischen Zent Jugenheim, in: Seeheim-Jugenheim mit den Ortsteilen Balkhausen, Malchen, Ober-Beerbach, Steigerts, Stettbach im Wandel der Zeiten. Ein Heimatbuch. Seeheim-Jugenheim 1981, S. 53 – 79; *Rudolf Kunz:* Das Zentgericht, in: ebd., S. 80 – 95; *Rudolf Kunz:* Die Zent Zwingenberg, in: Geschichtsblätter Kreis Bergstraße 6 (1973), S. 105 – 159; *Hans-Joachim Zimmermann:* Gerichts- und Hinrichtungsstätten in hoch-stiftisch-würzburgischen Amts- und Landstädten. Würzburg 1976.

bewegten, sowie Galgen- oder Henkerswiesen (auch Schindanger, Schindwasen, Rabenacker), auf denen die Scharfrichter die Leichen von Hingerichteten „verscharrten" beziehungsweise „unchristlich" begruben. Hinrichtungsstätten, Galgenfelder und zugehörige Einrichtungen des Strafvollzugs galten als „infam", „unehrlich" oder „unrein", waren tabuisiert und sollten nicht berührt oder betreten werden, da sich „Infamie" übertragen und den Betreffenden ebenfalls infamieren könnte. Insofern kam dem Raum der Richtstätte eine spezifische soziale und magische Qualität zu. Das Betreten, Durchqueren und Agieren im Bereich von Hinrichtungsplätzen erfolgte auch aus diesem Grund auf spezifischen Galgenwegen oder Henkerspfaden und war durch komplexe Rituale wie zum Beispiel der Handwerker beim Errichten oder Abbrechen eines Galgens, dem Hinrichtungszug oder der gemeinsamen „Zehrung" von Brot und „Galgenwein" strukturiert.[15]

Die Richtstätten – vor allem die in unterschiedlichen Varianten auftretenden Galgen und Rabensteine – waren so im territorialen Raum an Straßen, auf Erhöhungen, vor Stadttoren oder an Grenzen platziert, dass ihre abschreckende und entehrende Funktion möglichst zur Entfaltung kam, zumal die Körper oder Körperteile von Hingerichteten am Galgen hängen blieben oder auf Pfählen und Rädern aufgespießt und „ausgestellt" wurden. Kennzeichnend waren Sichtbarkeit, Zugänglichkeit und Öffentlichkeit, die gewährleisteten, dass sowohl größere Bevölkerungsgruppen an Strafvollzug und Hinrichtungen teilnahmen als auch dauerhaft erkennbar Zwecke und Inhaber der Strafjustiz repräsentiert wurden. Sie fungierten als dauerhafte Symbole der Hoch- und Strafgerichtsbarkeit und markierten Rechts- und Jurisdiktionsräume. Galgen, Räder, Rabensteine und Pranger waren öffentliche Zeichen, *daß einer mit dem Ober-Peinlichen oder Halß-Gericht und Blut-Bann beliehen: So wird nothwendig erfordert, daß solche öffentlich auf- und dargestellt werden*, vermerkte Lünig 1720, der auch auf den abschreckenden Zweck verwies: *daß es denen bösen gott- und ruchlosen Buben ein Schrecken und Warnung sey, von ihren Ubelthaten abzulassen.*[16] Die Markierung und Vermittlung

15 Zu Hinrichtung, Ritualen und Scharfrichter siehe ausführlich: *Richard van Dülmen:* Theater des Schreckens. Gerichtspraxis und Strafrituale in der frühen Neuzeit. 3. Aufl. München 1988; *Jutta Nowosadtko:* Scharfrichter und Abdecker. Der Alltag zweier „unehrlicher Berufe" in der Frühen Neuzeit. Paderborn u. a. 1994; *Jutta Nowosadtko:* Hinrichtungsrituale: Funktion und Logik öffentlicher Exekutionen in der Frühen Neuzeit, in: *Sigrid Schmitt/Michael Matheus* (Hrsg.), Kriminalität und Gesellschaft in Spätmittelalter und Neuzeit, mit 14 Abbildungen. Stuttgart 2005, S. 71–94. Als Beispiel vgl. den Abbruch des Mainzer Galgens 1783/84: Protokollextrakt Landesregierung 17.4.1783, Gutachten 26. und 27.5.1784, Protokoll Landesregierung mit Referat Hofrat Bentzel, Beschluß und Stellungnahme des Kurfürsten, 3.6.1784, Bayerisches Staatsarchiv Würzburg, Mainzer Regierungsarchiv, Cent 150.

16 *Johann Christian Lünig:* Theatrum Ceremoniale Historico-Politicum, Oder Historisch- und Politischer Schau-Platz des Europäischen Cantzley-Ceremoniels [...]. Leipzig 1720, S. 1403.

von Jurisdiktions- und Herrschaftsrechten war folglich eine wesentliche räumliche Funktion von Richtstätten, denn die *Anlegung der eigentlichen peinlichen Gerichtsplätze, oder der sogenannten Feimstätte, Rolande und Rabensteine gebühret nur einem Gerichtsherrn, dem die peinliche Gerichtsbarkeit zustehet*, wie Quistorp in seinen weit verbreiteten Grundsätzen des Peinlichen Rechts hervorhob.[17] Insgesamt stifteten Gerichts- und Richtstätten eine auf Rechtsräume bezogene Erinnerung und Tradition, die teilweise bis heute lebendig ist[18] und deren räumlich prägende Wirkung sich in zahlreichen Flurnamen niedergeschlagen hat, die Einrichtungen und Orte der Strafjustiz dauerhaft in der Erinnerungskultur verankerten.[19]

Ein typisches Beispiel für die räumliche Lage und die langfristigen Wirkungen von Gerichts- und Hinrichtungsplätzen stellt das zum Kurmainzer Amt Starkenburg gehörende Centgericht auf dem Landberg bei Heppenheim dar.[20] Der Landberg bei Heppenheim ist von 1224 bis Anfang des 19. Jahrhunderts als Stätte des Centgerichts nachweisbar, das die niedere und höhere Strafgerichtsbarkeit unter wechselnden Gerichtsherren (Reichsabtei Lorsch, Kurmainz, Kurpfalz und Großherzogtum Hessen) ausübte. Bis zum Ende des 16. Jahrhunderts sprachen dort die 14 Schöffen (aus den Städten Bensheim und Heppenheim) noch selbst Recht und verhängten auch Todesurteile. Nach der Wiederinbesitznahme des Amtes Starkenburg durch Kurmainz (1624/1648) verlor das Gericht zwar die Entscheidungskompetenz, die räumliche Organisationsform der Cent blieb jedoch erhalten und das Centgericht hatte weiterhin die Aufgabe, Todesurteile beim „Endlichen Rechtstag" auf dem Landberg zu verkünden und für den Vollzug der Hinrichtungen zu sorgen. Die wohl älteste bildliche Darstellung des Gerichtsplatzes (siehe Abb. 25) stammt von dem Rechtshistoriker Karl von Amira (1848–

---

17 *Johann Christian Quistorp:* Grundsätze des deutschen peinlichen Rechts. Rostock/Leipzig 1783, S. 1501.

18 Zu Vielfalt und Erinnerungskultur von Hinrichtungsstätten vgl. *Jost Auler* (Hrsg.): Richtstättenarchäologie, Bd. 1–3. Dormagen 2008, 2010 und 2012; *Gerhard Ammerer/Christoph Brandhuber:* Schwert und Galgen. Geschichte der Todesstrafe in Salzburg. Salzburg 2018.

19 *Hans Ramge:* Flurnamen als Spiegel bäuerlicher Erinnerungskultur. Am Beispiel südhessischer Namen zu Rechtsorten, in: *Werner Rösener* (Hrsg.), Tradition und Erinnerung in Adelsherrschaft und bäuerlicher Gesellschaft. Göttingen 2003, S. 219–260.

20 Das Folgende nach: *Karl Härter:* Regionale Strukturen und Entwicklungslinien frühneuzeitlicher Strafjustiz in einem geistlichen Territorium: die Kurmainzer Cent Starkenburg, in: Archiv für Hessische Geschichte und Altertumskunde 54 (1996), S. 111–163; *Karl Härter:* Die Hinrichtungsstätte des Centgerichts Starkenburg und die dort vollzogenen Todesstrafen, in: Mitteilungen des Museumsvereins Bensheim e.V. 51 (2005), S. 8–21; *Karl Härter:* Die Gerichtsstätte auf dem Landberg bei Heppenheim in rechtshistorischen Abbildungen und Darstellungen, in: Die Starkenburg, Blätter für Heimatkunde und Heimatpflege 89 (2012), S. 1–4.

Abb. 25: Der Landberg bei Heppenheim.

1930), der die räumliche Dimension des Landbergs in seiner Zeichnung von 1888 gut vermittelt.

Die räumliche Lage war wesentlich für die Funktion der Gerichtsstätte: außerhalb der Stadt, etwa 20 Meter oberhalb einer stark frequentierten Handels- und Landstraße („Bergstraße“, heute Bundesstraße 3) auf einer „künstlich“ anmutenden Erhebung mit umgebender Freifläche, so dass Erreichbarkeit, Sichtbarkeit und Erkennbarkeit sowie Abgegrenztheit und Offenheit des Platzes unter freiem Himmel gewährleistet waren. Während die Mitglieder des Gerichts auf dem klar abgegrenzten Hügel tagten, der einen besonderen Friedensbereich bildete, konnte sich die Gerichtsgemeinde um den Hügel herum versammeln. Friedensbereich und Erkennbarkeit der Gerichtsstätte wurden auch durch mindestens vier Gerichtslinden markiert, von denen Amira 1888 noch zwei zeichnen konnte. Der Bereich des Gerichtshügels war zudem durch Hecken abgegrenzt und durch mehrere Marksteine markiert worden. Die spezifische Raumwirkung ist auch auf späteren Fotografien (von 1929) des Rechtshistorikers Karl Frölich noch gut zu erkennen.[21]

Abb. 26: Der Landberg 1929.

Zum Versammlungsort des Gerichts auf dem Landberg gehörte die Richtstätte mit dem Hochgericht, etwa drei Kilometer südlich, ebenfalls an der Landstraße und auf der Gemarkungsgrenze zwischen den Städten Bensheim und Heppenheim gelegen (die gemeinsam das Centgericht mit Schöffen besetzten). In unmittelbarer Nähe lag auch die Galgenwiese, auf der der Scharfrichter die Delinquenten vergrub. Der Hinrichtungsplatz lag (wie der Gerichtsplatz), etwa 70 bis 150 Meter östlich der Landstraße, auf einem kleinen vorspringenden Hügel, erreichbar durch einen Weg („Galgenweg"), war nahezu rechteckig und maß in der Ost-West-Ausdehnung rund 55, in der Nord-Süd-Ausdehnung etwa 75 Meter, nahm also eine Fläche von über 4 000 Quadratkilometern ein, die leicht erhoben in der Landschaft lag und durch insgesamt zehn Marksteine abgegrenzt war. Der hölzerne Galgen musste gelegentlich erneuert werden und bei Schwertstrafen errichteten die Handwerker ein hölzernes Podest. Die Richtstätte war so gelegen, dass der Hinrichtungszug mit Gericht, Gerichtsmannschaft, Scharfrichter, Pfarrer, Amtsträgern und Gerichtsgemeinde vom Landberg über die Landstraße zum Hinrich-

21 Die Bildersammlung Karl Frölich steht online zur Verfügung unter: http://sfr.rg.mpg.de/sammlung/; als Beipiel für die Auswertungsmöglichkeiten der hier behandelten Thematik: *Barbara Dölemeyer:* Strafe, Strafvollzug und Strafdrohung im Bild, in: *Georg Steinberg* (Hrsg.), Recht und Macht. Zur Theorie und Praxis von Strafe. Festschrift für Hinrich Rüping zum 65. Geburtstag. München 2008, S. 377–390.

tungsplatz in Form einer Prozession ziehen konnte, wo die Centmannschaft den Platz abschirmte, um den sich die Bevölkerung versammelte.

Die spezifische Topographie des Landbergs und der Hinrichtungsstätte auf einem Hügel an der Landstraße erzeugte die für die Frühe Neuzeit charakteristische Räumlichkeit und Symbolik: Sichtbarkeit und Erreichbarkeit, Herstellung der Gerichtsöffentlichkeit und Teilhabe der Gerichtsgemeinde, Abgrenzung und Schutz des Gerichtes und des Scharfrichters, traditioneller Vollzug der Strafe und der zugehörigen Rituale sowie dauerhafte Repräsentation von Strafe und Jurisdiktion. Der Jurisdiktionsraum des Gerichts war allerdings nicht deckungsgleich mit dem Amt beziehungsweise der Landesherrschaft, da auch einige Dörfer der Grafschaft Erbach und der Landgrafschaft Hessen-Darmstadt der Strafgerichtsbarkeit des Centgerichts unterstanden. Um diese kollidierenden Rechtsräume kam es dann auch zu Konflikten sowohl zwischen den verschiedenen Territorien als auch zwischen Gericht und Gerichts- beziehungsweise Landesherren. Das Kurmainzer Jurisdiktionalbuch des Amtes, das im Jahr 1668 die Rechte des Mainzer Kurfürsten und des Amtes aufzeichnete, enthielt daher eine handgezeichnete Karte des Amtes, auf der die unterschiedlichen Territorien und Landesgrenzen farbig markiert (grün = Kurmainz, rot = Grafschaft Erbach) und auch die Lage des Hinrichtungsplatzes durch eine (kaum erkennbare) quadratische Signatur angedeutet wurde.[22] Auf dieser Grundlage entstand die 1690 im Druck publizierte Karte von Nicolaus Person, *Rheno Superiori ab una parte adiacentium descriptio Moguntia*, die den Hinrichtungsplatz durch die charakteristische „Galgensignatur“ markiert.[23]

Für die frühneuzeitlichen Obrigkeiten und Inhaber von Rechten im Bereich der Strafgerichtsbarkeit war es folglich von besonderer Bedeutung, ihre Rechte in den jeweiligen Räumen symbolisch zu visualisieren und zu repräsentieren. Dies erfolgte – wie beispielhaft gezeigt – durch Zeichen, Dinge und Stätten des Rechts, die eng mit Gericht und Strafe verbunden waren und Präsenz, Sichtbarkeit und symbolische Repräsentanz obrigkeitlicher Strafgerichtsbarkeit gewährleisteten und damit auch Räume der frühneuzeitlichen Strafjustiz markierten. In Anlehnung an die Raumsoziologie von Martina Löw kann dies auch als „Verräumlichung“ oder *spacing* frühneuzeitlicher Strafjustiz konzeptualisiert werden. Die Formierung von Rechtsräumen erfolgt dabei „through the placing of social goods and people or by the positioning of markings that are primarily symbolic to

---

22 *Ohngefehrliche Delineation des Ambts Starkenburg mit dessen angehorigen Centen und angränzenden Herrschaften*, Kurmainzer Jurisdiktionalbuch 1668, Bayerisches Staatsarchiv Würzburg, Mainzer Jurisdiktionalbücher 9.

23 *Nicolaus Person:* Rheno Superiori ab una parte adiacentium descriptio Moguntia, 1690.

identify ensembles of goods and people as such. [...] Spacing thus means erecting, deploying, or positioning."[24]

Abb. 27 und 28: Ausschnitte aus den geosteten Karten *Ohngefehrliche Delineation des Ambts Starkenburg* und *Rheno Superiori:* links (nördlich) Bensheim, rechts (südlich) Heppenheim, dazwischen erkennbar die Landstraße (Bergstraße), in deren Mitte, oberhalb (östlich) die Hinrichtungsstätte markiert mit einer quadratischen Signatur bzw. einem Galgensymbol.

Über die bereits dargestellte unmittelbare räumliche Positionierung von Stätten, Zeichen, Dingen und Ritualen der Strafjustiz entfaltete sich der Prozess des *spacing* auch in frühneuzeitlichen Druckmedien. Stätten und Zeichen frühneuzeitlicher Strafgerichtsbarkeit wurden seit dem 16. Jahrhundert zunehmend in populären, bildhaften Medien dargestellt, die sich an ein allgemeines Publikum richteten, kommerzielle Absichten verfolgten, aber auch den Zwecken der Ob-

24 *Martina Löw:* The Sociology of Space. Materiality, Social Structures, and Action. New York 2016, S. 134.

rigkeiten dienten und deren Botschaften vermittelten.[25] Dies lässt sich insbesondere anhand von Karten und illustrierten Einblattdrucken beobachten, die eine spezifische Ikonographie und medial-symbolische Visualisierung frühneuzeitlicher Strafjustiz entwickelten und damit auch Rechtsräume der Strafgerichtsbarkeit visualisierten und repräsentierten.[26] Dies soll im Folgenden anhand von Karten und Einblattdrucken, die Richtstätten und Hinrichtungen im Untersuchungsraum um die Reichsstadt Frankfurt darstellen, exemplarisch aufgezeigt werden.

Der territoriale Raum um die Reichsstadt Frankfurt war (wie oben ausgeführt) durch komplexe Herrschaftsstrukturen und Rechtsräume gekennzeichnet, in denen neben der Reichsstadt Frankfurt zahlreiche Obrigkeiten die Strafgerichtsbarkeit in unterschiedlichen Jurisdiktionsräumen und Gerichtsbezirken ausübten. Die Strafgerichtsbarkeit war auch innerhalb der jeweiligen Territorien nicht immer einheitlich strukturiert, sondern war meist mit einzelnen Stadt-, Land- oder Centgerichten verbunden, die eigene lokale Rechtsräume bilden konnten. Gelegentlich überschnitten sich diese strafrechtlichen Räume mit Territorial- und Herrschaftsräumen oder verschiedene Obrigkeiten übten in einem Gerichtsraum unterschiedliche Rechte aus. Jede Obrigkeit war bemüht, die ihr zukommende Strafgerichtsbarkeit in ihren Herrschaftsräumen zur Geltung zu bringen und zu repräsentieren. Dies erfolgte durch zahlreiche Gerichts- und Richtstätten, die im Untersuchungsraum um die Reichsstadt Frankfurt eine regelrechte Galgenlandschaft bildeten, denn dem Galgen kam die stärkste symbolische Wirkung zu.

Die landesgeschichtliche Literatur und das Landesgeschichtliche Informationssystem Hessen (LAGIS) weisen für das heutige Hessen rund 175 Orte mit Hinrichtungsstätten nach, von denen sich eine große Zahl im heutigen Rhein-Main-Gebiet und in Südhessen befanden. Im heutigen Frankfurter Stadtgebiet waren dies beispielsweise: Frankfurt, Bergen, Bonames, Bornheim, Harheim, Heddernheim, Nieder-Eschbach, Nieder-Erlenbach, Sossenheim, Niederrad, Niederursel und Rödelheim, die meist zu anderen Territorien (Kurmainz, Hanau,

---

25 Vgl. *Gerd Schwerhoff:* Kriminalitätsgeschichte – Kriminalgeschichten. Verbrechen und Strafen im Medienverbund des 16. und 17. Jahrhunderts, in: *Rebekka Habermas/ders.* (Hrsg.), Verbrechen im Blick. Perspektiven der neuzeitlichen Kriminalitätsgeschichte. Frankfurt am Main 2009, S. 295–322; *Karl Härter/Gerhard Sälter/Eva Wiebel* (Hrsg.): Repräsentationen von Kriminalität und öffentlicher Sicherheit. Bilder, Vorstellungen und Diskurse vom 16. bis zum 20. Jahrhundert. Frankfurt am Main 2010; *Joy Wiltenburg:* Crime and culture in early modern Germany. Charlottesville, NC 2012.

26 Vgl. als erste Fallstudien: *Thies Evers:* Richtstätten in zeitgenössischen Bildquellen. Typologie und Topographie, in: *Auler* (Hrsg.), Richtstättenarchäologie, Bd. 1, S. 444–465; *Jost Auler:* Richtstättendarstellungen in der historischen Kartographie. Beispiele aus dem Rheinland, in: *ders.* (Hrsg.), Richtstättenarchäologie, Bd. 3, S. 276–287.

Solms) gehörten; im Umland (Rhein-Main-Gebiet, Südhessen) befanden sich Galgen in Sulzbach (Taunus), Offenbach, Seligenstadt, Steinheim, Hofheim, Nieder-Roden, Langen, Babenhausen, Sprendlingen, Reinheim, Ober-Ramstadt, Dieburg, Egelsbach, Erzhausen, Arheilgen, Darmstadt, Bessungen, Eberstadt, Pfungstadt, Seeheim-Jugenheim, Erfelden, Beerfelden, Michelstadt/Erbach und Heppenheim.[27] Die räumliche Prägung und Verankerung dieser Galgenlandschaft lässt sich auch an den Flurnamen mit den Wortbestandteil „Galgen" ablesen: die LAGIS Datenbank Hessische Flurnamen weist für das Rhein-Main-Gebiet 505 und für Südhessen 290 (von 1945 für ganz Hessen) Galgen-Flurnamen aus; insgesamt lassen sich damit um die 70 Richtstätten lokalisieren, die allerdings auch innerhalb eines Jurisdiktionsraums räumliche Veränderungen aufweisen können. Die Orte der Hinrichtungsstätten wurden zwar überwiegend durch die in der mündlichen bäuerlichen Erinnerungskultur verankerten Flurnamen tradiert, finden sich aber auch auf frühneuzeitlichen Kartenwerken.[28]

Seit Mitte des 16. Jahrhunderts stellen gedruckte Pläne, Stadtansichten und Landkarten des Untersuchungsraums Richtstätten durch gezeichnete Galgen oder „Galgensignaturen" – meist ein zweischläfriger Galgen – dar. Das früheste ermittelte Beispiel ist der 1552 publizierte Plan der Belagerung von Frankfurt am Main, ein Holzschnitt des Conrad Faber von Creuznach, der bis heute in zahlreichen Auflagen gedruckt wurde.[29] Die Zeichnung bietet eine zeittypische Vogelschauperspektive auf Frankfurt aus dem Südwesten, die vor allem die militärischen Ereignisse und die Topographie der Stadt darstellt. Prominent und überdimensioniert hervorgehoben ist allerdings auch der Hinrichtungsplatz im Westen der Stadt auf einer kleinen Erhöhung (Galgenberg) an der nach Mainz führenden Landstraße mit Rabenstein beziehungsweise gemauertem Podest, vierschläfrigem Galgen, drei Erhängten und Rädern auf Pfählen (Abb. 29). Ein Galgenweg verbindet den Hinrichtungsplatz mit der Landstraße, die bei dem als *Galgen pfort* beschrifteten Stadttor in die Stadt mündet. Über Galgenpforte, Landstraße und Galgenweg wird der städtische Raum mit dem Hinrichtungsplatz verbunden und der Raum der Strafjustiz – in dem sich auch räumliche Rituale wie die Hinrichtungsprozessionen vollzogen – ikonographisch im Bildmedium strukturiert und repräsentiert. Der Frankfurter Rat als Auftraggeber des Belage-

---

27 Die Nennung erfolgt hier lediglich kursorisch und ohne Anspruch auf Vollständigkeit oder genaue zeitliche Verortung.

28 LAGIS Datenbank Hessische Flurnamen, online: https://www.lagis-hessen.de/de/subjects/index/sn/fln; *Ramge:* Flurnamen (wie Anm. 19), S. 247–252.

29 Francofordiae, ac emporii Germaniae celeberrimi, effigiatio [...], Belagerungsplan der Stadt Frankfurt am Main nach Conrad Faber von Creuznach, 1552, online: https://de.wikipedia.org/wiki/Datei:Frankfurt_Belagerungsplan_1552.jpg (abgerufen am 1. Februar 2019).

rungsplans hatte folglich ein Interesse daran, die Hoch- und Strafgerichtsbarkeit der Reichsstadt im neuen Medium des gedruckten Plans beziehungsweise der Vogelschauperspektive zu visualisieren und zu kommunizieren.

Abb. 29: Ausschnitt aus dem Belagerungsplan der Stadt Frankfurt am Main.

Entstanden sind die Bezeichnungen Galgenpforte/Galgentor, Galgengasse (vom Tor zum Roßmarkt führend), Galgenfeld, Galgenberg und Galgenwarte (an der Landstraße gelegene Befestigung mit Turm an der Grenze zwischen Frankfurter und Kurmainzer Territorium) freilich früher und sie lassen sich bereits im 15. Jahrhundert nachweisen.[30] Das *spacing* der Strafgerichtsbarkeit der Reichsstadt durch Zeichen beziehungsweise Bezeichnungen mit einer symbolischen Wirkung setzte folglich bereits an der Wende zur Frühen Neuzeit ein. Diese räumlich strukturierende Wirkung der Strafjustiz lässt sich an der Positionierung von Einrichtungen ablesen, die mit dem Galgen verbunden wurden: Über die Mainzer Landstraße und aus dem Kurmainzer Territorium kommend wurde nach der Grenze die Galgenwarte passiert, die insofern auch den Wechsel in den Jurisdiktionsraum der Reichsstadt markierte. Im weiteren Verlauf der Landstraße repräsentierten das auf dem Galgenberg gelegene Hochgericht sowie das Galgenfeld die Frankfurter Strafjustiz. In den ummauerten Kernraum der Stadt gelangte man durch das Galgentor, hinter dem die Galgengasse zum Roßmarkt führte, der in besonderen Fällen ebenfalls als Hinrichtungsplatz genutzt wurde.[31]

---

30 Vgl. aus der älteren Stadtgeschichtsschreibung: *Achilles Augustus von Lersner/Gebhard Florian:* Der Weit-berühmten Freyen Reichs-, Wahl- und Handels-Stadt Franckfurt am Mayn Chronica [...], Tl. 1. Frankfurt am Main 1706, S. 491–505; *Johann Georg Batton:* Oertliche Beschreibung der Stadt Frankfurt am Main. Aus dessen Nachlasse hrsg. von dem Vereine für Geschichte und Alterthumskunde zu Frankfurt a.M. durch L. H. Euler. Frankfurt am Main 1861, S. 117–122.

31 Vgl. hierzu auch: *Joachim Eibach:* Zugehörigkeit versus Heterogenität in der vormodernen Stadt. Regulierung durch Präsenz und Sichtbarkeit, in: *Julia A. Schmidt-Funke/Matthias Schnettger* (Hrsg.), Neue Stadtgeschichte(n). Die Reichsstadt Frankfurt im Vergleich. Bielefeld 2018, S. 43–72;

Die räumlich-symbolische Wirkung von Galgenfeld, Galgenhügel und Galgen lässt sich noch an der 1782 entstandenen Zeichnung von Johann Kaspar Zehender ablesen (Abb. 30).[32]

Abb. 30: Hinrichtungsstätte der Reichsstadt Frankfurt, 1782.

Seit Mitte des 16. Jahrhunderts manifestierte sich dieses *spacing* der Strafgerichtsbarkeit in der Ikonographie von Vogelschauen, Plänen, Stadt- und Landkarten. Insofern bildete die Strafjustiz ein wichtiges Element der Konstruktion, Imagination und Darstellung von Räumen und Grenzen mittels Karten, die der Visualisierung und Verortung von frühneuzeitlicher Herrschaft dienten, als Informationsträger fungierten und auf die Kartographie als Medium von Politik und Recht verweisen. Dies erfolgte nicht nur durch das „mapping" des nach Souveränität strebenden Territorialstaats und seiner Grenzen, sondern auch durch die symbolische Repräsentation von Strafgerichtsbarkeit. Damit vermittelten Karten spezifische Bilder von Herrschafts- und Rechtsräumen, die sich insbesondere an der Visualisierung von Hinrichtungsstätten mittels „Galgen" und den dadurch konstruierten „Galgenlandschaften" ablesen lassen.[33]

Marina Stalljohann-Schemme: Der „Central-Platz" Frankfurt. Die Reichsstadt als kulturelles Zentrum in der literarisch-publizistischen Öffentlichkeit, in: ebd., S. 181–221.

32 *J. C. Zehender:* Blick auf das Galgenfeld mit dem Galgen an der Mainzer Landstraße, 1782, Historisches Museum Frankfurt am Main, online: Historische Ortsansichten, https://www.lagis-hessen.de/de/subjects/idrec/sn/oa/id/893 (abgerufen am 1. Februar 2019).

33 *Ingrid Baumgärtner/Martina Stercken* (Hrsg.): Herrschaft verorten. Politische Kartographie im Mittelalter und in der frühen Neuzeit. Zürich 2012; *Johanna Lehmann:* Karten als Informationsträger frühneuzeitlicher Herrschaft. Zwei Regionalkarten des Spessarts, in: *Ingrid Baumgärtner* (Hrsg.), Fürstliche Koordinaten. Landesvermessung und Herrschaftsvisualisierung um 1600. Leipzig 2014, S. 219–232; *Thomas Horst:* Gericht und Herrschaft in Bayern, in: ebd., S. 233–250; *Ingrid Baumgärtner:* Kartographie als Politik. Die Landesaufnahme in Hessen um 1600, in: ebd., S. 189–217; *Jordan Branch:* The cartographic state. Maps, territory and the origins of sovereignty. Cambridge 2014, S. 69–99.

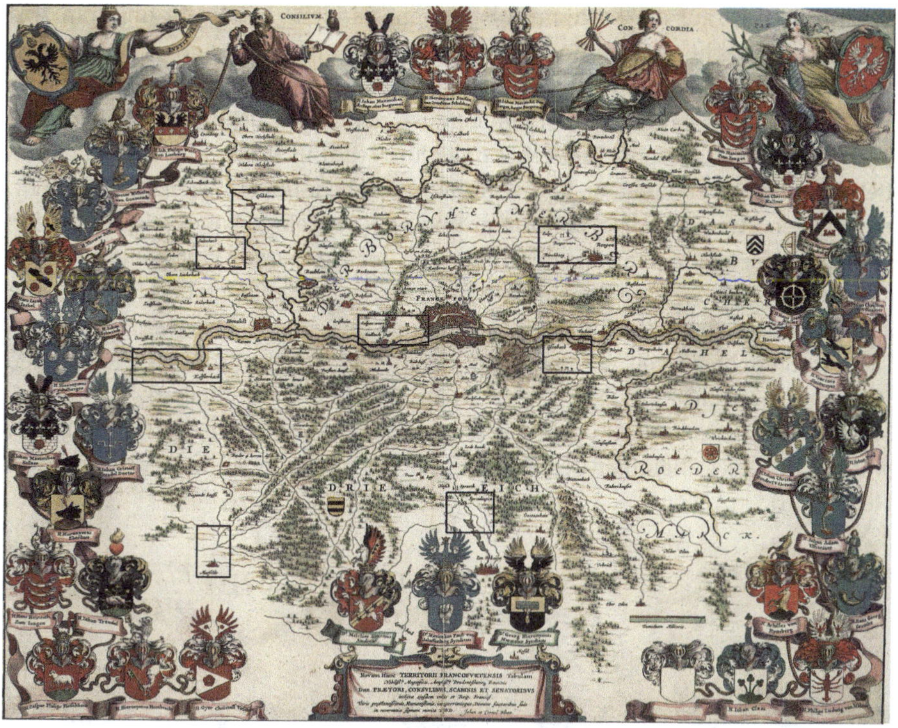

Abb. 31: Schwarz umrandet die mit Galgensignaturen eingezeichneten Hinrichtungsplätze um Frankfurt.

Die erste gedruckte Karte des Frankfurter Territoriums (*Novam Hanc Territorii Francofurtensis Tabulam*), die Johann und Cornelius Blaeu um 1600 in Amsterdam publizierten und die bis ins 18. Jahrhundert in zahlreichen Auflagen erschien, markiert durch eingezeichnete ein- oder zweischläfrige Galgen insgesamt acht Hinrichtungsplätze. Die nach Norden ausgerichtete Karte beschränkt sich folglich nicht nur auf die Strafgerichtsbarkeit der Reichsstadt Frankfurt, sondern konstruiert eine „Galgenlandschaft“ und damit unterschiedliche Jurisdiktionsräume. Die Frankfurter Richtstätte und Strafgerichtsbarkeit symbolisiert der einzige dreischläfrige Galgen auf einem Hügel, der als „Gericht“ bezeichnet wird und nördlich der lediglich skizzierten Landstraße liegt.[34] Eingezeichnet ist weiterhin die *Galgenwart* an der Grenze des Frankfurter Territoriums zu Kurmainz; der

34 Novam Hanc Territorii Francofurtensis Tabulam [...] Iohan. et Cornel. Blaeu. Amsterdam 1600, hier benutzt das Digitalisat der Ausgabe von 1647: https://langen.ykom.de/serverlocal/diys_files//karten/fr__df_dk_0010301_gross.jpg (abgerufen am 1. Februar 2019).

Grenzverlauf ist auf der Karte nur als baumbestandene Landwehr um Frankfurt kenntlich gemacht und wurde erst nachträglich in handkolorierten Exemplaren eingefärbt.

Nördlich des Mains hervorgehoben ist der *Galge* bei der *Bergerwart* im Nordosten Frankfurts auf einer Erhebung, durch die die Straße zwischen der Stadt Bergen und der Friedberger Warte Frankfurts (ebenfalls ein Grenzpunkt) zieht. Bergen gehörte zur Grafschaft Hanau und war Sitz eines Landgerichts, dessen Hinrichtungsplatz in der Nähe der Grenze lag. Im Nordwesten sind weitere Galgen südlich von Eschborn, an der Landstraße zwischen Schwalbach und Hausen, und südlich von Sulzbach (im Taunus) an der Landstraße nach Höchst eingezeichnet. Die Strafgerichtsbarkeit in Eschborn übten die Herren Kronberg aus, deren Herrschaft 1704 an Kurmainz fiel; in Sulzbach war die Gerichtsbarkeit 1561 zwischen Frankfurt und der Kurpfalz geteilt worden, blieb aber umstritten (ab 1613 war die Kurpfalz alleiniger Gerichtsherr, ab 1648 kam der Ort unter Kurmainzer Herrschaft).

Abb: 32

Abb: 34

Abb: 33

Abb: 35

Abb. 32: Der „Galgenraum" Frankfurts. **Abb. 33 – 35:** Galgen bei Bergen, Eschborn und Sulzbach. Ausschnitte aus Novam Hanc Territorii Francofurtensis Tabulam, 1600

Südöstlich des Mains wird der Hinrichtungsplatz von Offenbach durch eine zweischläfrige Galgensignatur und zwei auf Pfähle gesteckte Räder hervorgehoben. Damit sollte wohl unterstrichen werden, dass das Amt Offenbach Bedeutung für die Strafgerichtsbarkeit der Grafen von Isenburg hatte, das sich zudem 1628 zeitweilig als Grafschaft Isenburg-Offenbach verselbständigte. Südwestlich des

Mains ist bei Kelsterbach, das zum Amt Langen der Grafschaft Isenburg-Ronneburg gehörte und 1600 an die Landgrafschaft Hessen-Darmstadt verkauft wurde, ein einschläfriger Galgen eingezeichnet. Mit Kelsterbach gelangte auch Mörfelden 1600 von Isenburg an Hessen-Darmstadt, in dessen Norden ebenfalls ein einschläfriger Galgen in der Nähe sich kreuzender Landstraßen eingezeichnet ist. Ein zweischläfriger Galgen findet sich südlich von Sprendlingen, das zur Grafschaft Isenburg gehörte, an der Landstraße nach Langen. Die Galgensignaturen und damit die Repräsentation von Strafgerichtsbarkeiten und Jurisdiktionsräumen konzentrieren sich folglich neben der Reichsstadt Frankfurt auf Kurmainz, die Grafschaft Isenburg und die Landgrafschaft Hessen-Darmstadt.

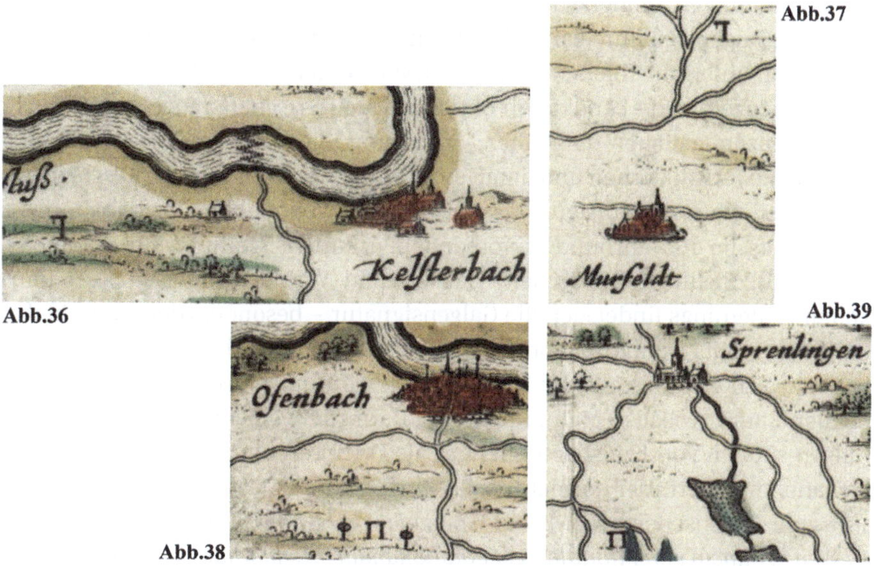

Abb. 36–39: Galgen bei Offenbach, Kelsterbach, Mörfelden und Sprendlingen, zur Hochgerichtsbarkeit der Grafen von Isenburg und/oder der Landgrafschaft Hessen-Darmstadt gehörend. Ausschnitte aus Novam Hanc Territorii Francofurtensis Tabulam, 1600

Die abgebildeten Hinrichtungsstätten sind (nach den zeitgenössischen kartographischen Maßstäben) räumlich korrekt positioniert und ihre Existenz lässt sich durch weitere Quellen und über zahlreiche Flurnamen nachweisen. Die im heutigen Stadtgebiet Frankfurts liegenden frühneuzeitlichen Richtplätze sind vollständig repräsentiert; aus dem Umland fehlen nur wenige wie zum Beispiel die Richtstätten bei Höchst, Steinheim und Nieder-Roden, die zu dieser Zeit noch existierten und genutzt wurden.[35] Dargestellt sind insbesondere Jurisdiktionen, bei denen die Herrschaftsverhältnisse im Zeitraum um 1600 wechselten sowie Hinrichtungsplätze, die an wichtigen Land- und Handelsstraßen und in der Nähe territorialer Grenzen lagen, die allerdings in der Karte nicht eingezeichnet sind. Die mit Galgensignaturen markierten Jurisdiktionsräume werden freilich nicht exakt abgegrenzten territorialen Herrschaftsräumen zugeordnet. Insofern ging es dabei wohl nicht nur um die Repräsentation von Herrschaftsräumen, sondern um weitere Botschaften und *images*, die den Rezipienten vermittelt werden sollten: Die mittels Karten visualisierten Richtstätten konnten die Neugier oder gar „Sensationslust" von Käufern ansprechen, Reisenden Sicherheit signalisieren (funktionierende Strafverfolgung im Frankfurter Raum) oder sie informieren und auf Gefährdungen aufmerksam machen.[36]

Der „Galgensignatur" kam folglich eine symbolisch-kommunikative Wirkung zu, die von unterschiedlichen Rezipienten verstanden werden konnte. Noch bevor die frühneuzeitlichen Landkarten obrigkeitliche Herrschaftsräume durch territoriale Grenzen genauer darstellten, markieren diese Galgensignaturen unterschiedliche Jurisdiktionen und damit strafrechtliche Räume. Um 1600 scheint sich der Galgen als standardisiertes graphisches Zeichen etabliert zu haben, das zu den bereits im 16. Jahrhundert vorhandenen Kartensignaturen für Städte (Festungswall), Siedlungen (Kirchen, Häuser) und Wälder (Baumsignatur) hinzukommt. Allerdings findet sich die Galgensignatur – besonders der zweischläfrige Galgen – bereits früher in handgezeichneten Augenscheinkarten. Für Südhessen lässt sie sich erstmals auf der *Tabulam hanc Moguntiae geometrice* nachweisen, die den Raum zwischen Main, Rhein und Darmstadt-Arheilgen darstellt und den Galgen südlich von Egelsbach offenbar als Orientierungspunkt mittels „Galgensignatur" markiert. Der Kurmainzer Geograf Godfried Mascop zeichnete die Karte 1576 zum Augenschein *wegen Graf Wolfgang von Isenburg und Landgraf Jorgen zu Hessen in puncto peremtorialium et additionalium articulorum, den Eisenbickel und*

35 Vgl. dazu die Beschreibung aller Kurmainzer Centgerichte von 1765 in: Bayerisches Staatsarchiv Würzburg, Mainzer Regierungsarchiv, Cent 17; die Einträge in: LAGIS Datenbank Hessische Flurnamen; *Ramge:* Flurnamen (wie Anm. 19), S. 249–252 und Abb 6: Karte „Galgen", S. 259; *Jost Auler:* Katalog erhaltener Hochgerichte in Deutschland und einigen Nachbarländern, in: *ders.* (Hrsg.), Richtstättenarchäologie 1 (wie Anm. 18), S. 308–325, hier S. 312–315; sowie die Wikipedia-Art.: „Richtstätten in Frankfurt am Main", https://de.wikipedia.org/wiki/Richtstätten_in_Frankfurt_am_Main und „Berger Warte", https://de.wikipedia.org/wiki/Berger_Warte (abgerufen am 1. Februar 2019).

36 Zur schwierigen Interpretation der obrigkeitlich-herrschaftlichen Botschaften von Karten vgl. *Lehmann:* Karten als Informationsträger (wie Anm. 33); *Horst:* Gericht und Herrschaft (wie Anm. 33).

25 abgepfändete Hämmel betr.; sie ist in den Reichskammergerichtsakten überliefert.[37]

Abb. 40: Galgensignatur südlich von Egelsbach auf der Augenscheinkarte *Tabulam hanc Moguntiae geometrice.*

Ob die Markierung von Jurisdiktionsräumen mittels Galgen und von territorialen Herrschaftsräumen durch Grenzen und Farben zwischen 1570 und 1630 in einem Zusammenhang mit der sich etwa zeitgleichen verstärkenden „Verstaatlichung" und Zentralisierung der Strafjustiz oder den sich ebenfalls intensivierenden Herrschafts- und Jurisdiktionskonflikten zusammenhängt, lässt sich noch nicht definitiv beantworten, aber zumindest begründet vermuten. Allerdings verwenden großräumigere Karten nur sehr selten Galgensignaturen; für den hier untersuchten Raum enthält nur die von Nicolas Visscher um 1680 publizierte Karte der Kurpfalz *Palatinatus Rheni* und die oben bereits behandelte, 1690 von Nicolaus Person publizierte Karte von Kurmainz (*Rheno Superiori*) vereinzelte und kaum erkennbare Galgensignaturen von Hinrichtungsplätzen, die im jeweiligen Territorium lagen. Die meisten Karten, die die Kurpfalz, Kurmainz, Hessen-Darmstadt oder die Grafschaft Erbach darstellen, repräsentieren den Raum der Landesherrschaft seit etwa 1600 mittels eingezeichneter Landesgrenzen und eingefärbter Territorien.[38]

Für den Frankfurter Raum wurde die „Galgenlandschaft" dagegen von weiteren Kartenwerken übernommen. Die ebenfalls in zahlreichen Auflagen seit 1630 von Jan Jansson in Amsterdam publizierte Karte *Territorium Francofurtense* ist zwar nach Süden ausgerichtet, ansonsten aber weitgehend von Blaeu „abgekupfert" und übernimmt auch alle Galgensignaturen.[39] Ein etwas verändertes Bild des Frankfurter Territoriums und der Galgenlandschaft bietet erst Johann Baptist

37 Tabulam hanc Moguntiae geometrice absolvit R. Archiepiscopi moguntinensis geographus, Hessisches Staatsarchiv Darmstadt, Bestand P 1 Nr. 155. Der hier nur angedeutete Zusammenhang zwischen Augenscheinkarten, sonstigen handgezeichneten Plänen und gedruckten Karten bedarf noch weiterer Erforschung, die an dieser Stelle nicht geleistet werden kann; vgl. dazu aber: *Anette Baumann/ Stefan Xenakis:* Augenscheine – Karten und Pläne vor Gericht, in: *Baumann/Eichler/ Xenakis* (Hrsg.), Augenscheine (wie Anm. 6), S. 7 f.; ebd., im Katalog S. 74 ein weiteres Beispiel.
38 *Nicolas Visscher:* Exactissima Palatinatus Rheni ac Ducatus Bipontini Tabula, 1682.
39 *Jan Jansson:* Territorium Francofurtense, Kupferstich. Amsterdam 1630.

Homann mit seiner ab 1707 in Nürnberg in zahlreichen Auflagen publizierten *Abbildung der Keysrl. Freyen-Reichs-Wahl-und Handelsstatt Franckfurt Am Mayn*, die nach Norden ausgerichtet ist und *Gebiet und Gräntzen* farbig markiert.[40] Hohmann hebt das Frankfurter *Galge Feld* mit *Hoch Gericht* und dem neu hinzugekommenen *Rabenstein* hervor, der 1608 errichtet worden war, und situiert auch den Hinrichtungsplatz bei Sulzbach im Frankfurter Territorium. Mit Galgensignaturen markiert sind weiterhin die unmittelbar in Grenznähe gelegenen Gerichte bei Eschborn, die *Bergerwart*, bei Offenbach (nun mit nur einem Rad) und – neu hinzugekommen – der Galgen nordwestlich der Kurmainzischen Stadt Höchst; verschwunden ist dagegen der Galgen bei Kelsterbach. Durch die eingefärbten Grenzverläufe und die Bezeichnung der jeweiligen Obrigkeiten werden die repräsentierten Strafgerichtsbarkeiten und Jurisdiktionsräume eindeutig den Herrschaftsräumen – Reichsstadt, Kurfürstentum Mainz, Grafschaft Hanau, Grafschaft Isenburg – zugeordnet. Damit wurden auch die Galgenräume territorial verortet und begrenzt.

Die ikonographische Repräsentation räumlicher Dimensionen frühneuzeitlicher Strafjustiz durch spezifische Zeichen, Einrichtungen und Rituale kann auch anhand von illustrierten Einblattdrucken aufgezeigt werden, von denen eine beachtliche Zahl Verbrechen und vor allem Strafen darstellt.[41] Um eine direkte Vergleichsperspektive zu erhalten, soll das *spacing* der Strafjustiz in den Bildern beziehungsweise *images* der Einblattdrucke ebenfalls am Beispiel Frankfurts untersucht werden. Etwa zeitgleich zu den gedruckten Karten des Frankfurter Raums entstanden um 1616 über 30 illustrierte Einblattdrucke, die sich mit einem Frankfurter Verbrechen und dessen Bestrafung beschäftigten: dem „Fettmilchauf-

---

40 Abbildung der Keys[e]rl[ichen] Freyen-Reichs-Wahl-und Handelsstatt Franckfurt Am Mayn. Mit ihrem Gebiet und Gräntzen vorgestelt von Joh[ann] Baptist Homann, Kupferstich, koloriert, Nürnberg um 1710, weitere Aufl. 1711, 1715, 1724.

41 Zu Verbrechen, Strafjustiz und Strafe in illustrierten Einblattdrucken: *Dietmar Peil:* Strafe und Ritual. Zur Darstellung von Straftaten und Bestrafungen im illustrierten Flugblatt, in: *Wolfgang Harms/Alfred Messerli* (Hrsg.), Wahrnehmungsgeschichte und Wissensdiskurs im illustrierten Flugblatt der Frühen Neuzeit (1450 – 1700). Basel 2002, S. 465 – 486; *Harriet Rudolph:* Warhafftige Abcontrafactur? Die Evidenz des Verbrechens und die Effizienz der Strafjustiz in illustrierten Einblattdrucken (1550 – 1650), in: *Gabriele Wimböck/Karin Leonhard/Markus Friedrich* (Hrsg.), Evidentia. Reichweiten visueller Wahrnehmung in der Frühen Neuzeit. Münster 2007, S. 161 – 183; *Jörn Robert Westphal:* Die Darstellung von Unrecht in Flugblättern der Frühen Neuzeit. Mönchengladbach 2008; *Karl Härter:* Criminalbildergeschichten: Verbrechen, Justiz und Strafe in illustrierten Einblattdrucken der Frühen Neuzeit, in: *Härter/Sälter/Wiebel* (Hrsg.), Repräsentationen (wie Anm. 25), S. 25 – 88; *Daniela Kraus:* Kriminalität und Recht in frühneuzeitlichen Nachrichtendrucken. Bayerische Kriminalberichterstattung vom Ende des 15. bis zur Mitte des 19. Jahrhunderts. Regensburg 2013.

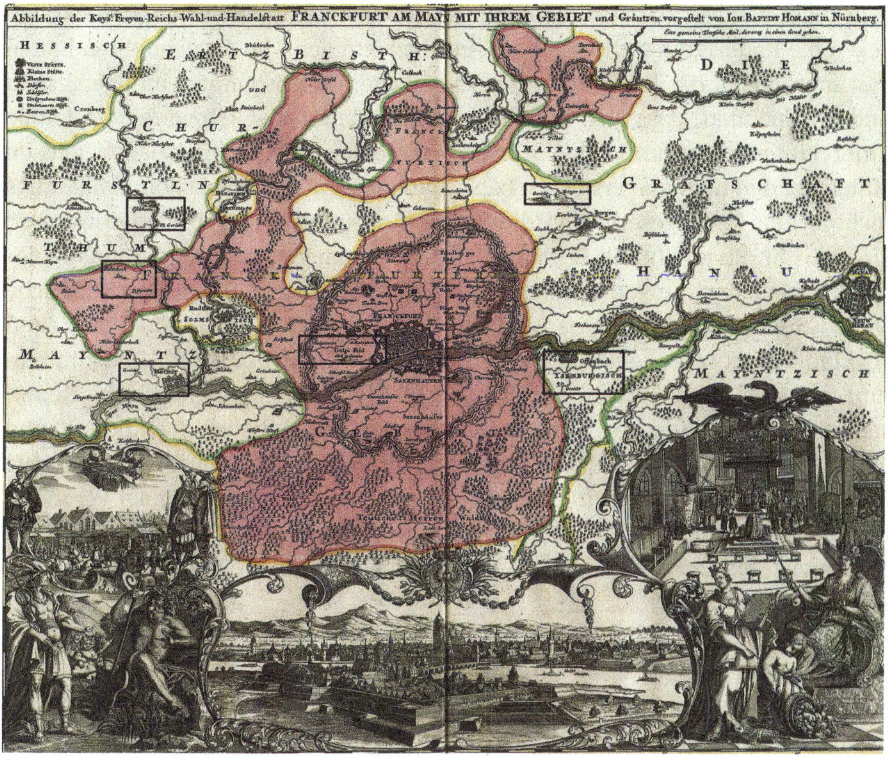

Abb. 41: Abbildung der Keysrl. Freyen-Reichs-Wahl-und Handelsstatt Franckfurt Am Mayn.

stand".[42] Dabei handelte es sich um eine Revolte von Frankfurter Bürgern und Handwerkern, die 1612 als Protestbewegung begann, sich gegen den Rat, aber auch die jüdische Gemeinde richtete und 1614 zur Plünderung der Judengasse und Vertreibung der Juden führte. Der Kaiser reagierte mit einer kaiserlichen Kommission (Kurfürst von Mainz und Landgraf von Hessen-Darmstadt) und der Androhung der Reichsacht. Nach dem Pogrom führten Kommission und Reichshofrat ein Strafverfahren gegen 38 „Rebellen" durch, die des Aufruhrs, Landfriedensbruchs und Majestätsverbrechens (Verletzung der kaiserlichen Mandate und Gewalt gegen die unter kaiserlichem Schutz stehenden Juden) beschuldigt wurden. Das Inquisitionsverfahren endete mit peinlichen beziehungsweise Kriminalstrafen, die 1616

42 Dazu *Matthias Meyn:* Die Reichsstadt Frankfurt vor dem Bürgeraufstand von 1612 bis 1614. Struktur und Krise. Frankfurt am Main 1980; *Christopher R. Friedrichs:* Politics or Pogrom? The Fettmilch Uprising in German and Jewish History, in: Central European History 2 (1986), S. 186–228.

vollstreckt wurden, darunter Verbannung, Ehrenstrafen und sieben Todesstrafen gegen die Rädelsführer (unter ihnen Vincenz Fettmilch). Im Strafverfahren hatten die Angeklagten die Jurisdiktion des kaiserlichen Reichshofrates infrage gestellt und argumentiert, dass sich Frankfurter Bürger ausschließlich vor einem Frankfurter Strafgericht verantworten müssten, da die Reichsstadt vom Kaiser bereits im Mittelalter den Blutbann erworben habe. Dies erkannte der Reichshofrat allerdings nicht an, da Reichsgesetze und die Rechte des Kaisers verletzt worden waren.[43]

Sowohl die juristische Bewertung des Verbrechens als auch die jurisdiktionellen Überschneidungen wirkten sich auf den Strafvollzug und dessen räumliche Dimensionierung aus. Dieses *spacing* kann an den Illustrationen von rund 20 Einblattdrucken abgelesen werden,[44] die den Strafvollzug und die Hinrichtungsszenerie abbilden und auch im Hinblick auf die ikonographische Repräsentation von politischen Verbrechen, Revolten, rechtlichen Reaktionen und entehrenden Strafen analysiert werden können.[45] Eine exemplarische und dichte Darstellung gibt der 1616 in Frankfurt von Johann Ludwig Schimmel veröffentlichte Einblattdruck *Kurtzer Abriß vnd Bericht der Keyserlichen Execution vnd Verfahrung mit den Aechtern / vnd dero anhenger / sampt einführung der Jüdenschafft.*[46]

Die nachträglich kolorierte Abbildung zeigt in einer Bild im Bild Technik (wie ein moderner Comic) die Hinrichtung der Rädelsführer auf dem Roßmarkt (Bildmitte), die Bestrafung weiterer Delinquenten mit Schandstrafen und Stadtverweis (Hintergrund links und rechts), den Einzug der jüdischen Gemeinde (Bild

---

43 An dieser Stelle kann nicht näher auf das Strafverfahren des Reichshofrats eingegangen werden, das die bisherige Literatur noch nicht ausreichend untersucht hat; die Akten finden sich in: Österreichisches Staatsarchiv, Haus-, Hof- und Staatsarchiv, RHR Decisa 2120 – 2122 und 2140 – 2142.

44 Einige sind abgedruckt in dem Katalog zum Ausstellungsprojekt des Historischen Museums Frankfurt: *Robert Brandt/Olaf Cunitz/Jan Ermel/Michael Graf:* Der Fettmilch-Aufstand. Bürgerunruhen und Judenfeindschaft in Frankfurt am Main 1612–1616. Frankfurt am Main 1996; sowie online im Wikipedia-Art. „Fettmilch-Aufstand", https://de.wikipedia.org/wiki/Fettmilch-Aufstand (abgerufen am 1. Februar 2019).

45 *Karl Härter:* Early Modern Revolts as Political Crimes in the Popular Media of Illustrated Broadsheets, in: *Malte Griesse* (Hrsg.), From Mutual Observation to Propaganda War. Premodern Revolts in Their Transnational Representations. Bielefeld 2014, S. 309 – 350; *Karl Härter:* Images of Dishonoured Rebels and Infamous Revolts: Political Crime, Shaming Punishments and Defamation in the Early Modern Pictorial Media, in: *Carolin Behrmann* (Hrsg.), Images of Shame. Infamy, Defamation and the Ethics of oeconomia. Berlin/Boston 2016, S. 75 – 101.

46 *Johann Ludwig Schimmel:* Kurtzer Abriß vnd Bericht der Keyserlichen Execution vnd Verfahrung mit den Aechtern / vnd dero anhenger / sampt einführung der Jüdenschafft […], Frankfurt am Main 1616, gedruckt in: *John Roger Paas:* The German political broadsheet 1600 – 1700, Bd. 2. Wiesbaden 1986, S. 50.

Abb. 42: Illustration des Einblattdrucks *Kurtzer Abriß vnd Bericht der Keyserlichen Execution* [...].

rechts), die Zerstörung von Fettmilchs Wohnhaus (Vordergrund rechts) und die schändliche Ausstellung von Körpern am Galgen (Hintergrund links) und abgeschlagener Köpfe an einem Stadtturm (Hintergrund rechts). Dargestellt werden unterschiedliche räumliche Dimensionen der Strafjustiz unter Verwendung ikonographisch-symbolischer Zeichen: Die Hinrichtungsplattform und die Hinrichtung der Rädelsführer mit Abtrennung des Schwurfingers als symbolische Bestrafung des Verrats am Kaiser beziehungsweise des Majestätsverbrechens findet in einem Raum statt, der durch Barrieren und bewaffnetes Militär der kaiserlichen Kommission von den zuschauenden Frankfurter Bürgern abgegrenzt und von Grenzpfählen mit Reichsadler (Vordergrund Mitte, Hintergrund rechts) markiert wird. Damit wird ein spezifischer Rechtsraum des Reiches konstruiert und abgebildet, in dem die kaiserlichen Kommissare und deren Amtsträger agieren und die Bestrafung durchführen. Einzig der Zug der jüdischen Gemeinde durchquert diesen Raum imperialer Strafjustiz und zieht unter kaiserlichem Schutz wieder in den Raum der Stadt ein. Die Bürger und der Stadtrat (auf einer Tribüne im Hintergrund, Bildmitte, dargestellt) sind dagegen außerhalb des imperialen Rechtsraums. Durch dieses *spacing* wird deutlich symbolisiert, dass die Bestrafung der Rebellen und des Majestätsverbrechens in die Kompetenz der kaiserlichen und nicht der städtischen Strafgerichtsbarkeit fällt. Wirkung und Verdauerung der Strafen erreichen allerdings den städtischen Raum und beziehen die Orte und Zeichen der reichsstädtischen Strafgerichtsbarkeit mit ein: Im linken Bildhintergrund wird der Frankfurter Hinrichtungsplatz mit dem vierschläfrigen Galgen (wie im Belagerungsplan von 1552) abgebildet, davor sind zwei einschläfrige Schnappgalgen mit aufgehängten Körperteilen und Körpern positioniert, zu denen vom Roßmarkt der bereits oben beschriebene Galgenweg führt. Auch die unter Stäupung aus der Stadt verbannte Delinquentengruppe wird auf diesem Weg aus der Stadt getrieben. An dem mit einem überdimensionierten Reichsadler markierten Stadtturm sind die abgeschlagenen Köpfe der vier Rädelsführer aufgespießt, was ebenfalls den räumlichen Zugriff der kaiserlichen Strafjustiz auf ein Zeichen des städtischen Raumes – der Sachsenhäuser Brückenturm als Zugang und Element der Stadtbefestigung – symbolisiert. Eine starke räumlich-symbolische Funktion hat auch die Schleifung des Wohnhauses von Fettmilch (im Vordergrund links), der die Funktion der räumlich-sozialen Auslöschung des Majestätsverbrechers zukam (dessen Familie aus der Stadt verbannt und dessen Familienname ebenfalls „ausgelöscht“ wurde).

Die gleiche Szenerie mit übereinstimmender Ikonographie, aber in separaten Bildern zeigt die 1616 publizierte *Wahre und eigentliche Contrafactur der Kayserlichen Execution*. Ikonographisch wird das *spacing* des städtischen Raumes durch die kaiserliche Strafjustiz insbesondere durch das dominierende Militär der kaiserlichen Kommission vermittelt, das in Bild „E“ (unten) auch die Juden in die Stadt zurückgeleitet. Das Bild „A“ (rechts oben) zeigt, wie Subdelegierte, Amtsträger und Militär der kaiserlichen Kommissare die auf Wagen angeketteten Delinquenten zur Hinrichtung durch das „Galgentor“ in die Stadt bringen. Im Hintergrund des mittleren Hauptbildes ist der Frankfurter Richtplatz auf dem Galgenhügel mit den beiden einschläfrigen Schnappgalgen und den Rädern auf Pfählen abgebildet und das separate Bild „C“ (links oben) zeigt im Detail den vierschläfrigen Galgen, Vierteilung, aufgehängte Körper, Hinrichtungszug und weitere Rituale der Vollstreckung der Todesstrafen. Ebenfalls in eigenen Bildern dargestellt sind die Schleifung des Hauses und der Brückenturm mit den vier aufgespießten Köpfen der Rädelsführer und dem überdimensionierten kaiserlichen Adler.[47]

47 *Krebs:* Wahre und eigentliche Contrafactur der Kayserlichen Execution so den 28. Febr. An-

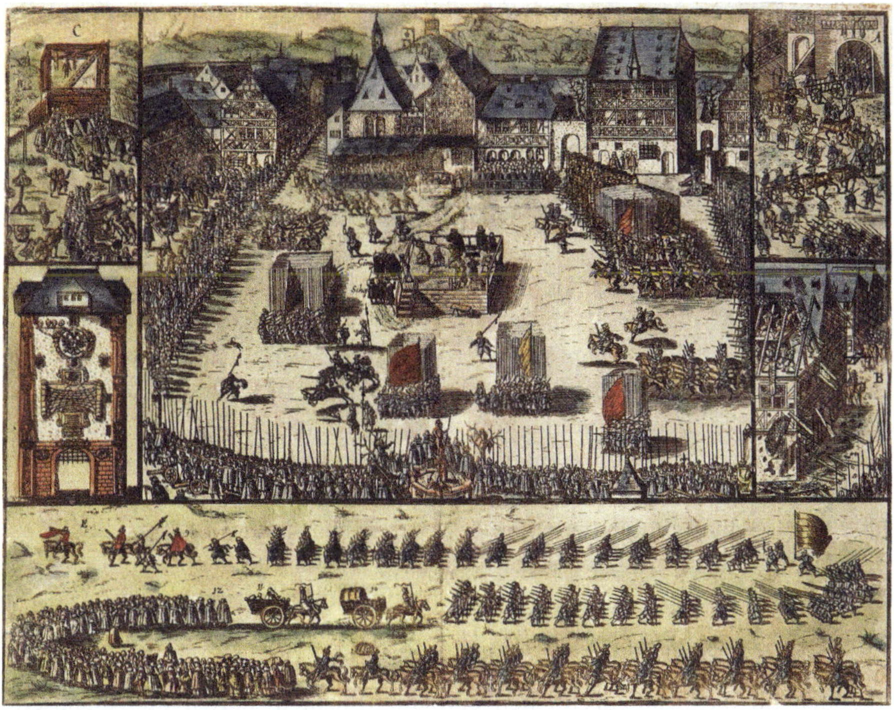

Abb. 43: *Wahre und eigentliche Contrafactur der Kayserlichen Execution.*

Die in der Illustration hervorgehobenen Symbole und ihre räumliche Positionierung sollten eine zentrale Botschaft der kaiserlichen Strafjustiz kommunizieren und verstärken: die *damnatio memoriae* der Verbrecher und des Verbrechens gegen Kaiser und Reich. Gleichzeitig demonstrierte die kaiserliche Justiz ihre Jurisdiktion und Kompetenz im städtischen Raum, indem sie durch das Anbringen von Köperteilen und Köpfen an Einrichtungen des städtischen Rechtsraumes die Bestrafung räumlich verdauerte. Auf dem Platz von Fettmilchs geschleiftem Haus wurde zusätzlich eine Schandsäule errichtet, die das zentrale Thema von drei weiteren illustrierten Einblattdrucken bildete. Die 1617 von Conrad Cortheis publizierte *Eigentliche Abcontrafactur / der auffgerichteten Columnen vnd Säulen* visualisierte sie zusammen mit dem Brückenturm und den aufge-

no 1616 zu Franckfurt am Mayn an etlichen Aechtern und Handwercksgesellen volnzogen werden, 1616, abgedruckt in: *Paas:* German political broadsheet (wie Anm. 46), Bd. 2, S. 57, und *Evelyn Brockhoff* u. a. (Hrsg.), Die Kaisermacher. Frankfurt am Main und die Goldene Bulle 1356–1806, Katalog. Frankfurt am Main 2006, S. 495.

spießten Köpfen, *zu ewiger gedechtnuß / menniglichen zum abschewlichen Exempel / und Vilen zur trewer Warnung.*[48] Die Markierung der kaiserlichen Strafjustiz im städtischen Raum wurde folglich über die eigentlichen Rituale, Zeichen und Erinnerungsorte durch die illustrierten Einblattdrucke weiter verdauert und ging – wie die Richtstätten und Galgen in den Karten – weit über Frankfurt hinaus und auch mittels anderer Medien in das allgemeine kulturelle Gedächtnis ein.[49] Zu Beginn des 19. Jahrhunderts waren in Frankfurt Schandsäule, am Brückenturm aufgespießte Schädel und auch der Galgenplatz verschwunden. Die Eliminierung der Einrichtungen und Zeichen der Strafjustiz aus dem Frankfurter Raum hatte sich bereits zuvor in den Karten und Einblattdrucken vollzogen, aus denen die Richtstätten und die Galgensignaturen allmählich verschwunden waren. Ihre ikonographisch-symbolische Wirkung haben sie freilich behalten und sie werden bis heute als Zeichen der vormodernen Strafjustiz verstanden. Der zusammenfassende Vergleich der Repräsentation von Stätten und Räumen der Strafjustiz in frühneuzeitlichen Karten und Einblattdrucken zeigt, dass Funktion und Botschaft über den ebenfalls intendierten Zweck der Abschreckung und Sensationslust deutlich hinausgingen. Dem Galgen kam eine spezifische ikonographisch-symbolische Wirkung zu, um die Jurisdiktionsräume frühneuzeitlicher Strafjustiz zu visualisieren und zu repräsentieren. Dies gilt für die konkreten geographischen Räume, in denen sich die Einrichtungen befanden und Rituale vollzogen wurden, als auch für die frühneuzeitlichen bildhaften Medien. Karten und illustrierte Einblattdrucke entwickelten freilich Formen der Visualisierung und Repräsentation von Stätten und Räumen der Strafjustiz, die charakteristische Zeichen und Botschaften einem allgemeinen, nicht im konkreten Raum anwesenden Publikum vermittelten und verdauerten. Dabei entstanden neue räumliche Beziehungen und Räume: Die Galgenlandschaften der Karten visualisierten unterschiedliche Jurisdiktionsräume, die verschiedenen Obrigkeiten zugeordnet werden konnten.

---

48 *Conrad Cortheis:* Eigentliche Abcontrafactur / der auffgerichteten Columnen vnd Säulen: so auff dem Platz Vincents Fettmilchs Kuchen Beckers geschleifften Behausung / zu ewiger gedechtnuß / menniglichen zum abschewlichen Exempel / und Vilen zur trewer Warnung / den 22. Augusti 1617 zu Franckfurt am Mayn ist aufgerichtet Worden. Frankfurt am Main 1617, abgedruckt in: *Paas:* German political broadsheet (wie Anm. 46), Bd. 2, S. 74.

49 Vgl. hierzu, allerdings meist auf Frankfurt begenzt und ohne Berücksichtigung der Einblattdrucke: *Robert Jütte:* Der Frankfurter Fettmilch-Aufstand und die Judenverfolgung von 1614 in der kommunalen Erinnerungskultur, in: *Birgit E. Klein* (Hrsg.), Memoria – Wege jüdischen Erinnerns. Berlin 2005, S. 163–176; *Kathrin S. Hartmann:* Frühneuzeitliche Verfassungskonflikte im Spiegel bürgerlicher Erinnerungskultur. Das Beispiel Frankfurt am Main 1749–1832, in: *Werner Daum/ Kathrin S. Hartmann/Simon Palaoro/Bärbel Sunderbrin* (Hrsg.), Kommunikation und Konfliktaustragung. Verfassungskultur als Faktor politischer und gesellschaftlicher Machtverhältnisse. Berlin 2010, S. 223–248.

Abb. 44: Die Schandsäule als Markierung kaiserlicher Strafjustiz im städtischen Raum.

Insofern repräsentierten sie einerseits den Zusammenhang von Strafgerichtsbarkeit und Landesherrschaft, konnten aber auch auf Überschneidungen und Veränderungen hinweisen. Die illustrierten Einblattdrucke visualisieren darüber hinaus auch das *spacing* reichsstädtischer und imperialer Rechtsräume mittels der charakteristischen Zeichen und Stätten der Strafjustiz. Karten und Einblattdrucke bedienen sich dabei einer weitgehend übereinstimmenden Ikonographie mit dem Galgen als dem wohl wirkungsstärksten Symbol, das sich bereits in den Augenscheinkarten zur Galgensignatur verdichtete. Im Ergebnis entfalteten die bildhaften Medien der Frühen Neuzeit damit ein das kulturelle Gedächtnis langfristig prägendes *spacing* des Raumes der Strafjustiz, das dem der Flurnamen nahezu vergleichbar ist, darüber hinaus aber auch mit Galgenlandschaften und Galgensignatur ein Symbol der vormodernen Strafjustiz verankert hat, das die populären *images* und Erinnerungsbilder bis heute prägt.

Claudia Hattendorff

Bild und Augenzeugenschaft

Überlegungen zu einer Nahbeziehung

1.

In der Dreiecksbeziehung von Raum, Recht und Karte spielt ein Thema eine offensichtliche und untersuchungswürdige Rolle: das Verhältnis von ‚Bild' und ‚Augenzeugenschaft'.

Zwar mögen in systematischer Hinsicht Bilder auf der einen und Karten und Diagramme auf der anderen Seite je nach theoretischem Standpunkt unterschiedliche Dinge sein.[1] Angesichts der beim Reichskammergericht als Beweismittel vorgelegten Objektgruppe der sogenannten Augenscheine wird allerdings eine Überlappung von Bild und Karte deutlich, denn die Augenscheine partizipieren an unterschiedlichen Verfahren der Darstellung, die nicht notwendig kartographischer, sondern eben auch bildlicher Natur sind. Augenzeugenschaft wiederum ist für beides, Bild wie Karte, von Bedeutung: Die Augensinnlichkeit der Bilder und die Zeugenschaft des Auges stehen in enger Beziehung. Beide Phänomene sind so stark miteinander verwoben, dass eine historische und systematische Perspektivierung ihrer Verbindung zentral scheint – gleichzeitig ist diese Verbindung nicht selten fast unsichtbar, weil wir sie unwillkürlich gedanklich naturalisieren. Und auch im Falle von Karten ist Augenzeugenschaft selbstverständlich in bestimmter Ausprägung wichtig, als hier mit Hilfe des Sehsinns aufgenommene Daten in eine Darstellung überführt werden, die augensinnlich gelesen werden kann und darüber hinaus im weitesten Wortsinn Zeugnischarakter hat.

2.

Im Folgenden sollen ‚Bild' und ‚Augenzeugenschaft' aus kunsthistorischer Perspektive adressiert werden. Das heißt: Nicht die Geschichte der Kartographie oder

1 Siehe die kurze Diskussion zum möglichen Bildcharakter von Karten und Diagrammen bei *Wolfram Pichler/Ralph Ubl:* Bildtheorie zur Einführung. 2. Aufl. Hamburg 2016 (Zur Einführung), S. 126–129.

https://doi.org/10.1515/9783110683424-008

die des Rechts sind die Folie, vor der das Thema betrachtet wird, sondern die Geschichte des Bildes.[2] In der Kunst- und Geschichtswissenschaft haben sich hierzu zwei einflussreiche Forschungspositionen gebildet: Ernst Gombrichs „eye-witness principle" und Peter Burkes Konzept „eyewitnessing".

Gombrichs Augenzeugenprinzip ist die negative Regel, nach der beim Bildermachen nur das dargestellt wird, was von einem fixen Punkt aus mit einem Auge gesehen werden kann. Dies bedeute keinesfalls eine vollumfängliche Übersetzung menschlichen Sehens, sondern vielmehr eine Reduktion auf „ein absolut vorhandenes Kriterium der Wirklichkeitstreue".[3] Eine Darstellung, die dem Augenzeugenprinzip folgt, vermittele nämlich insofern wahre Informationen über die Realität, als sie falsche Angaben, das heißt alles von dem gewählten Standpunkt aus nicht Sichtbare, aussondere. Sie folge dem „Kriterium der Widerspruchsfreiheit" und damit dem härtesten Maßstab, den es für die Wirklichkeitstreue von Bildern gebe.[4] Obwohl wir mit nicht mit einem, sondern mit zwei Augen und außerdem nicht fixiert, sondern performativ sehen und obwohl die Netzhaut gekrümmt ist, stellt Gombrich zufolge die Zentralperspektive also keine rein konventionelle Form der Darstellung dar. Sie ist seinem Verständnis nach auch ein Behältnis für objektive Wahrheiten und gerade deswegen als eine Konstruktion von Augenzeugenschaft adäquat beschrieben. Gombrichs Position bedeutet sowohl eine Öffnung als auch eine Einschränkung des Themas: Zum einen steht sein „eye-witness principle" für eine Bedeutungsmaximierung, denn Gombrich insistiert, dass Augenzeugenschaft derjenigen Form des Bildermachens grundsätzlich eingeschrieben sei, die in der europäischen Tradition tief verankert ist. Zum anderen lässt sich eine gedankliche Minimierung nicht übersehen, da Gombrich Augenzeugenschaft nicht breit reflektiert, sondern in einem engen Verständnis auf einen fixierten Sehakt reduziert und sie zudem einschränkend als wahr im Sinne von widerspruchsfrei definiert.[5]

Peter Burke beruft sich in seinem Buch *Eyewitnessing* direkt auf das Gombrichsche Augenzeugenprinzip und nutzt es als Beleg für die gedankliche Hy-

---

2 Für rezente Überlegungen zum Thema ‚Bild und Augenzeugenschaft' siehe *Claudia Hattendorff:* Augenzeugenschaft als Konzept. Konstruktionen von Wirklichkeit in Kunst und visueller Kultur seit 1800 – Zur Einführung, in: *dies./Lisa Beißwanger* (Hrsg.), Augenzeugenschaft als Konzept. Konstruktionen von Wirklichkeit in Kunst und visueller Kultur seit 1800. Bielefeld 2019, S. 11–29.

3 *Ernst H. Gombrich:* Bild und Auge. Neue Studien zur Psychologie der bildlichen Darstellung. Stuttgart 1984, S. 248–294, Zitat S. 248; siehe auch *Ernst H. Gombrich:* Art and illusion. A study in the psychology of pictorial representation. 5. Aufl. London 1977, S. 99–125.

4 *Ernst H. Gombrich:* Kriterien der Wirklichkeitstreue: Der fixierte und der schweifende Blick, in: *Gombrich:* Bild und Auge (wie Anm. 2), S. 252.

5 Ebd., S. 248f.

perbel, dass Bilder grundsätzlich „acts of eyewitnessing" aufzeichneten.[6] Diese unscharfe, apodiktische Feststellung adressiert der Autor zweifelsohne an die Zunft der Historiker, die traditionell mit Text- und nicht mit Bildquellen operieren und wenn sie Bilder nutzen, diese – so der nicht unberechtigte Vorwurf – als Spiegelbild einer historischen Realität lesen. Burke hingegen fasst vor dem Hintergrund eines wesentlich vom Fach Kunstgeschichte etablierten Forschungsstandes zusammen, wie Tradition, Medium, Gattung, Kontext, Funktion und Gebrauch, aber auch Konzepte vom Bild und unterschiedliche methodische Ansätze zur Analyse von Bildern, die Aussagefähigkeit von Bildern für den Historiker determinieren oder determinieren können. Diese Aussagefähigkeit sieht Burke nicht darin, dass einzelne Bilder einen vermeintlich homogenen „Zeitgeist" illustrierten, sondern dass sie vielmehr auf eine vielfältige Weise Hinweise auf Ideen, Sichtweisen, Mentalitäten und Praktiken sowie auf die materielle Kultur der Vergangenheit enthielten. In diesem Zusammenhang sind für Burke auch die genannten „acts of eyewitnessing" eine von den erwähnten Faktoren bestimmte kulturelle Praxis. Augenzeugenschaft ist für ihn eine Akteursperspektive, das heißt ein wirklicher oder konstruierter Standpunkt der Produzenten von Bildern oder auch eine Erwartungshaltung auf Seiten der Betrachter von Bildern. Auf der Ebene der Bilder selbst äußert sich Augenzeugenschaft Burke zufolge in einer spezifischen, besonders realitätsnahen Form der Darstellung, die er den „eyewitness style" nennt.[7] Wenn Burke also einleitend feststellt, dass Bilder grundsätzlich Augenzeugnisse seien, und sich in diesem Zusammenhang auf Gombrich beruft, so verwischt er die charakteristische Begrenztheit des Gombrichschen Augenzeugenprinzips. Im Verlaufe seines Buches spricht Burke dann aber übergangslos von anderem: einer den Zeitläuften unterworfenen, umfassenden Form von Augenzeugenschaft nämlich, die er einerseits als Konzept und Erwartung bei der Bildherstellung und -betrachtung, andererseits als nicht allein durch die perspektivische Einrichtung bedingten Realitätseffekt einzelner Bilder begreift.

Für den vorliegenden Zusammenhang ist Gombrichs Position insofern interessant, als diese strenge Definition drei Dinge zu einem wirkmächtigen Konzept fest zusammenbindet: Raum, Bild (im Sinne von perspektivisch angelegtem Bild) und Augenzeugenschaft. Eingespannt in ein je anderes Frageinteresse zeigen Gombrich und Burke darüber hinaus, dass auch Bildproduzenten und Betrachter Teil der Überlegungen sein müssen – und nicht lediglich Bilder, die mit Augenzeugenschaft assoziiert sind und daher Zeugnischarakter haben oder diesen zu-

---

6 *Peter Burke:* Eyewitnessing. The uses of images as historical evidence. Ithaca/New York 2001, S. 14.

7 Burke entdeckt diesen etwa in Werken van Eycks, Carpaccios, Ter Borchs oder Delacroix', aber auch in einem Film Rossellinis über Ludwig XIV. (ebd., S. 14, 84, 130, 143, 162–163, 180).

mindest zugesprochen bekommen. Gombrichs „Augenzeugenprinzip“ demonstriert zudem mit aller Deutlichkeit, dass Bilder Augenzeugenschaft nach Regeln konstruieren und nicht erlebte Augenzeugenschaft eins zu eins abbilden.

Aus kunsthistorischem und durch die Positionen Gombrichs und Burkes informiertem Blickwinkel sind den folgenden Ausführungen zwei grundsätzliche Einsichten voranzustellen:

(1) Das mit Mitteln der Mimesis operierende Bild, das für die westliche Tradition von so großer Wichtigkeit war (und heute im Zeitalter der technisch generierten Bilder der globale Standard ist), ist immer eine Konstruktion: kein simpler Spiegel der Realität, kein wirkliches Fenster in der Wand. Das heißt: Auch eine mit und im Bild hergestellte Augenzeugenschaft ist eine solche Konstruktion; Bilder sind keine transparenten Zeugnisse von Augenzeugenschaft.

(2) Ganze Bildgattungen weisen Eigenschaften auf, die mit bestimmten Modalitäten der Produktion korrelieren und auf die eine oder andere Weise Augenzeugenschaft bedeuten können. Landschaftsveduten – den erwähnten Augenscheinen verwandt – und Porträts sind hier zu nennen, außerdem Illustrationen von Reiseberichten in ferne Weltgegenden sowie von Kuriositäten oder Wundern der Natur, aber auch Historien- bzw. Ereignisbilder.

Die grundsätzlichen Fragen, die an das im Folgenden diskutierte Material gestellt wird, müssen präziser Weise daher lauten: Wie können beziehungsweise konnten Bilder *explizit als Augenzeugnisse konstruiert* werden? Auf welche Weise wurden Konstruktionen von Augenzeugenschaft als Faktor bei der Produktion ebenso wie bei der Rezeption von Bildern wirksam? Welche ausdrücklichen Effekte von Augenzeugenschaft wurden von Form, Inhalt, Technik oder Medium von Bildern hervorgerufen?

3.

Im vorliegenden Beitrag finden diese Fragen auf Bilder französischer Provenienz Anwendung, die an der Epochenschwelle von der Frühen Neuzeit zur Moderne entstanden sind. Sowohl die Frankreichlastigkeit als auch die Konzentration auf die Zeit um 1800 verdanken sich individuellen Forschungspräferenzen. Der Zeitraum, mit dem sich der vorliegende Band beschäftigt, wird im Folgenden also gewissermaßen von hinten aufgerollt, indem für Augenzeugenschaft einschlägige Beispiele aus der Bildproduktion vor allem des 18. Jahrhunderts vorgestellt und von da aus Streiflichter auf das 16. und 17. Jahrhundert geworfen werden.

Erstes Fallbeispiel ist eine Sammlung graphischer Darstellungen, die unter dem Titel *Tableaux historiques de la Révolution française* bekannt ist.[8] Dieses Konvolut gestochener und radierter Blätter ist eine Bild-Text-Kombination, bei der die Stiche jeweils von längeren *discours* begleitet werden, welche die illustrierten zeithistorischen Ereignisse beschreiben und einordnen. In dieser Form erschienen die Stiche seit 1791 in Editionen wachsenden Umfangs.[9]

Die Vorlagen für die ersten 68 Stiche zu Ereignissen der Zeit vom Juni 1789 bis zum August 1792 – das heißt, in revolutionäre Ereignisse übersetzt, vom Ballhausschwur bis zum Tuileriensturm – lieferte der Zeichner Jean-Louis Prieur,

---

8 Obwohl die Serie der *Tableaux historiques* als vermeintlich objektive Illustration der Ereignisse der Französischen Revolution in der historischen Literatur zu diesem Ereigniskomplex omnipräsent ist und gleichzeitig als eines der „wenigen künstlerischen Vorhaben der Revolution [gilt], das nicht im Projektstadium stecken blieb“ (*Claudette Hould:* Neue Hypothesen zu den französischen Ausgaben der „Tableaux historiques de la Révolution française“, in: *Christoph Danelzik-Brüggemann/Rolf Reichardt* [Hrsg.], Bildgedächtnis eines welthistorischen Ereignisses. Die *Tableaux historiques de la Révolution française.* Göttingen 2001 [Formen der Erinnerung, Bd. 10], S. 35–84, Zitat S. 67/70), ist sie erst in den letzten zwanzig Jahren von der kunst- und bildhistorischen Forschung stärker beachtet worden; siehe *Warren Roberts:* Jacques-Louis David and Jean-Louis Prieur, revolutionary artists. The public, the populace, and images of the French Revolution. Albany 2000; *Danelzik-Brüggemann/Reichardt:* Bildgedächtnis (wie Anm. 3); *Claudette Hould/ Philippe Bordes* (Hrsg.): La Révolution par la gravure. Les *Tableaux historiques de la Révolution française*, une entreprise éditoriale d'information et sa diffusion en Europe (1791–1817) (Ausst.-Kat.). Vizille/Paris 2002; *Claudette Hould* (Hrsg.): La Révolution par l'écriture. Les *Tableaux de la Révolution française*, une entreprise éditoriale d'information (1791–1817). Paris 2005; *Claudette Hould/Alain Chevalier* (Hrsg.): La Révolution par le dessin. Les dessins préparatoires aux gravures des *Tableaux historiques de la Révolution française* (1789–1802) (Ausst.-Kat. Vizille). Paris 2008; *Claudia Hattendorff:* Bild und Augenzeugenschaft bei Jean-Louis Prieur und Louis François Lejeune. Visuelle Wahrheitsbezeugungen in Frankreich um 1800, in: Marburger Jahrbuch für Kunstwissenschaft 43 (2016), S. 67–94. Die Forschung spricht gelegentlich von der fotografischen Qualität vor allem der ersten, etwa 70 Darstellungen umfassenden Gruppe von Stichen (nicht ohne diese Annahme dann mit Hinweisen auf Unterschiede zum fotografischen Dispositiv auch wieder zu relativieren); siehe *Danelzik-Brüggemann/Reichardt:* Bildgedächtnis (wie Anm. 3), S. 12, und *Christoph Danelzik-Brüggemann:* Zur Bildsprache der „Tableaux historiques de la Révolution française“, in: *Danelzik-Brüggemann/Reichardt:* Bildgedächtnis (wie Anm. 3), S. 303–312, hier S. 304, 310. Sie lobt darüber hinaus „ihren dokumentarischen Wert für die historischen Ereignisse“ (*Hould:* Neue Hypothesen [wie Anm. 3], S. 67/70), und auch ihre angebliche Augenzeugenschaft wird angesprochen; siehe *Hans-Jürgen Lüsebring:* Rhetorische Gesten und ikonographische Darstellungen. Zur Präsenz und Funktion mündlicher Kommunikationsformen in den „Tableaux historiques de la Révolution française“, in: *Danelzik-Brüggemann/Reichardt:* Bildgedächtnis (wie Anm. 3), S. 281–301, hier S. 281 f.

9 Waren zuerst 48 Blätter und Begleittexte annonciert, so umfasste das Werk im Jahre 1817 schlussendlich drei Foliobände mit über 150 Stichen. Kurz zur Editionsgeschichte *Hould:* Neue Hypothesen (wie Anm. 3), S. 35 f.; ausführlich *Hould/Bordes:* La Révolution (wie Anm. 3), passim.

selbst ein Akteur der Revolution: Er war später Mitglied in dem Revolutionskomitee einer Pariser Sektion sowie im Revolutionstribunal und wurde 1795 durch die Guillotine hingerichtet. Im Lichte seines dokumentierten politischen Engagements direkt nach seiner Tätigkeit als Zeichner zeithistorischer Ereignisse scheint es nicht ausgeschlossen, dass persönliches Erleben zumindest bei einem Teil seiner Darstellungen eine Rolle spielte. Auf jeden Fall lassen sich bei den *tableaux*, die auf Vorzeichnungen Prieurs zurückgehen (Tafeln 1–63 und 65–68), Bildeigenschaften herauspräparieren, die – auch etwa im Vergleich mit ähnlichen Darstellungen der Zeit – seine Bilder als Vehikel von Augenzeugenschaft erscheinen lassen.

Was sind das für Bildeigenschaften? In den Drucken nach Prieur wird der Akt des Anschauens spannungsreich inszeniert. Einerseits wird durch einen Anschnitt der Bildinhalte, das heißt der dargestellten Bauwerke, Stadträume und Menschenmassen, und durch eine mitunter starke Verkürzung der in die Tiefe fluchtenden Architektur ein Eindruck von Teilhabe und Unmittelbarkeit der Betrachtung erzeugt. Andererseits erlebt der Betrachter eine Distanzierung vom Geschehen aus einer Position der Überschau.

Diese Überschau resultiert aus der Art und Weise, wie die Bildhandlung dargestellt wird. In der überwiegenden Zahl der *tableaux* sind volkreiche Szenen gezeigt, bei denen ein einziges, gemeinsames Handlungsmoment Teilepisoden übergeordnet ist oder diese auch ganz ersetzt. Besonders augenfällig ist dies in Prieurs Darstellung des Ballhausschwurs, die – anders als die bekannte großformatige Zeichnung Jacques-Louis Davids zum selben Thema –[10] keine narrativen Momente einbezieht, die der Dynamik der Schwurhandlung zuwiderlaufen (Abb. 45).

Gleichzeitig ist die Bildnarration von großem Detailreichtum gekennzeichnet. Sie verzichtet zwar auf Nebenhandlungen, zeigt aber die Haupthandlung in großer Bandbreite. Als Beispiel sei Tafel 46 angeführt, die die Plünderung eines adligen Hauses in Paris im November 1790 sehr ausführlich wiedergibt.[11] Detailreichtum charakterisiert auch die Darstellung der architektonischen Rahmung, etwa im Falle des Blattes zum Tuileriensturm,[12] das einen wohl verlässlichen Eindruck vom Aussehen des Palastes im letzten Jahrzehnt des 18. Jahrhunderts gibt, und zwar bis in Einzelheiten der Architektur hinein.[13] An diesen Detailreichtum knüpft sich aus heutiger Perspektive die Vermutung his-

---

10 Versailles, châteaux de Versailles et de Trianon, MV8409; INVDessins736; RF1914.

11 Paris, Bibliothèque nationale de France, Cabinet des estampes, De Vinck, 3589.

12 Paris, Bibliothèque nationale de France, Cabinet des estampes, De Vinck, 4900.

13 *Hould:* Neue Hypothesen (wie Anm. 3), S. 70, 73, 78.

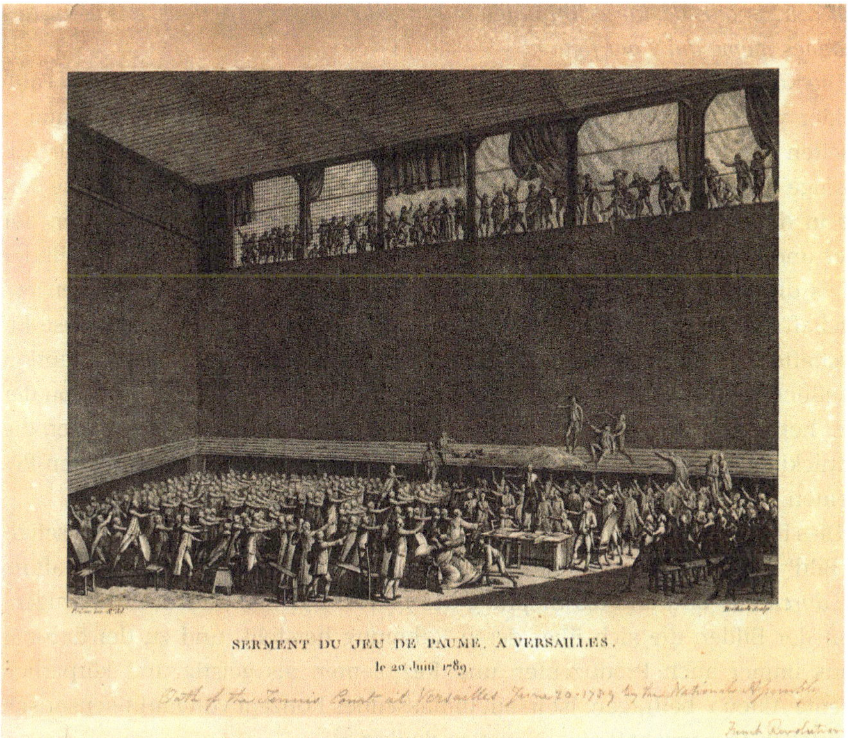

Abb. 45: Pierre-Gabriel Berthault nach Jean-Louis Prieur, *Serment du Jeu de Paume, à Versailles : le 20 juin 1789*, 1802, Radierung und Kupferstich, 25 × 29 cm, London, British Museum, Cabinet of Prints and Drawings, 1871,0812.5258 (© Trustees of the British Museum).

torischer Richtigkeit, er war aber wahrscheinlich auch dem zeitgenössischen Betrachter ein Zeichen von Authentizität.

Neben der Vermutung, dass der Künstler als politischer Akteur tatsächlich Augenzeuge der gezeigten Ereignisse gewesen sein könnte, und den Eigenschaften der von Prieur verantworteten Darstellungen – spannungsreiche Betrachteransprache und genaue Autopsie des Ortes und Wiedergabe eines Ereignisses in seiner Augenblicklichkeit und Kontingenz – gibt es noch einen dritten Faktor, der nahelegt, die *tableaux* unter der Maßgabe von Augenzeugenschaft zu diskutieren: eine eindeutige, in diesem Fall textliche Rahmung.

Die zeitgenössischen Werbetexte, welche die sukzessive Publikation der Blätter begleiten, machten Augenzeugenschaft und Authentizität als Qualitäts- und Alleinstellungsmerkmal der Serie stark. Sie bezeichneten die Blätter als *tableaux exacts* und als eine *peinture fidelle*, die durch *la vérité la plus pure* gekennzeichnet sei. An einer Stelle heißt es ausdrücklich: *Les Dessins pris sur place et par des témoins oculaires, offrent la plus fidelle image des actions, des lieux, des personnes même qui y ont figuré.*[14]

Die Komponenten einer Konstruktion von Augenzeugenschaft liegen im Falle der hier vorgestellten Blätter aus den *Tableaux historiques* also offen zutage: Aufseiten der Produktion ist die reale Möglichkeit zu nennen, dass Prieur Augenzeuge der dargestellten Ereignisse und Orte war, sowie die strategische Angabe in den die Publikation begleitenden Werbetexten, dass die Autoren der Bilder und Texte den Status von *témoins oculaires* hätten. Aufseiten der Bilder sind es die beschriebenen Bildeigenschaften, die den Eindruck von Augenzeugenschaft erwecken können, auch wenn immer zu bedenken ist, dass diese Eigenschaften auch konventioneller Natur sein können. Aufseiten der Rezeption schließlich sind die Bedingungen zu nennen, die von der Betrachterfunktion der Bilder hergestellt werden, aber auch von der textlichen Rahmung der Bilder, die ausdrücklich nahelegt, dass die aufgezeigten Merkmale der Darstellung den Rezipienten im Sinne von Augenzeugenschaft angetragen werden.[15]

Dies führt zu einer ersten Schlussfolgerung: Beim Thema ‚Augenzeugenschaft und Bild' ist immer Dreierlei in den Blick zu nehmen: die Augenzeugenschaft *im* Bild, *durch das* Bild und *als Ursprung* des Bildes. Das heißt auch: Eine Zeugenschaft der Bilder, die sich über deren Rahmung herstellt, und zu der darüber hinaus immer auch Produzenten und Rezipienten als geistig und körperlich präsente Akteure beitragen, ist in ein umfassendes Konzept von multi-sensorisch vermittelter Zeugenschaft eingebettet zu denken.[16]

Auch die zweite Gruppe von Fallbeispielen stammt aus dem Feld der Druckgraphik, die immer den Vorteil der Adresse besitzt. Bei- und Unterschriften, die in direktem Zusammenhang mit dem Bild stehen, geben uns zusätzliche Informationen, etwa zu den Produzenten, den Verlegern oder dem Publikationsort und -jahr. Es kommt immer wieder vor, dass sie auch von den Umständen sprechen, unter denen die bildliche Darstellung vorgeblich oder tatsächlich entstand.

Seit dem Spätmittelalter finden sich vor allem nördlich der Alpen Darstellungen, die mit sprachlichen Wendungen wie *ad vivum* und *contrafactum* und ihren jeweiligen volkssprachlichen Entsprechungen bezeichnet wurden. Als Wiedergaben von Tieren, Pflanzen, Gebäuden und außergewöhnlichen Geschehnissen und vor allem als Porträts realer Personen standen sie zum einen im Zusammenhang mit der zunehmend entwickelten Fähigkeit, mit bildlichen Darstellungen eine Mimesis zu produzieren. Zum anderen waren sie Ausdruck einer

---

14 Siehe den Text dieses *prospectus* bei *Hould/Bordes:* La Révolution (wie Anm. 3), S. 299.

15 Zum Vorstehenden ausführlicher siehe *Hattendorff:* Bild und Augenzeugenschaft (wie Anm. 3), S. 68–78.

16 *Hattendorff:* Augenzeugenschaft als Konzept (wie Anm. 2), S. 17–19.

wachsenden Notwendigkeit, neue und neuentdeckte Tatbestände visuell glaubhaft zu machen, und Gradmesser der Tatsache, dass sinnlichen Eindrücken, insbesondere solchen, die mit Hilfe des Gesichtssinnes hervorgebracht wurden, wachsendes Gewicht beigemessen wurde.[17]

Es fällt nun auf, dass ab der zweiten Hälfte des 18. Jahrhunderts druckgraphische Darstellungen in ihrer Adresse zuweilen nicht nur angeben, dass eine bildliche Aufnahme *nach der Natur* gefertigt worden sei, sondern dass dieser Anspruch stärker differenziert wurde. Gelegentlich wird jetzt die ausdrückliche Behauptung aufgestellt, dass die bildliche Aufnahme vor Ort *und* exakt zum Zeitpunkt des dargestellten Ereignisses erfolgt sei, der Entwurfszeichner also nicht nur Augenzeuge einer Lokalität, sondern tatsächlich auch des Geschehens gewesen sei, das sich dort abgespielt hat.

Bei Darstellungen des Sturms auf die Bastille und der anschließenden Zerstörung des Bauwerks oder der Hinrichtung Ludwigs XVI. etwa sprechen Stiche oder Nachstiche davon, dass diese *Gezeichnet nach der Natur zur Zeit der Einnahm* [der Bastille] oder *Drawn* [...] *from a sketch taken on the spot at the time* seien.[18] Ein *dessiné sur les lieux au moment de la scène* findet sich auf einem Blatt, das aus Anlass des Konföderationsfestes 1790 veröffentlicht wurde.[19]

Diese vermutlich teils auch topischen Bemerkungen auf Blättern aus der Zeit der Französischen Revolution waren zweifelsohne durch den grundstürzenden Charakter der dargestellten Ereignisse motiviert. Gleichzeitig kann man beobachten, dass eine Klasse eruptiver Ereignisse par excellence, die (zeitgenössische) Katastrophe, zu dieser Zeit erst bildwürdig und durch ihre Bildwürdigkeit konzeptuell erfasst wird[20] –in wandlungsbeschleunigter Zeit, so kann man schlussfolgern, wird die Intensität des Moments zum Faktor bildlicher Darstellung.

Die neue Bildwürdigkeit zeitgenössischer Ereignisse verweist auf eine wichtige Gattungsadaption, nämlich die Umformulierung der hochkulturellen Leitgattung des Historienbildes zum Ereignisbild ab der zweiten Hälfte des 18. Jahr-

---

17 Dazu *Klaus Niehr:* „Verae Imagines" – Über eine Abbildqualität in der frühen Neuzeit, in: *Frank Büttner/Gabriele Wimböck* (Hrsg.), Das Bild als Autorität. Die normierende Kraft des Bildes. Münster 2004 (Pluralisierung & Autorität, Bd. 4), S. 261–302, hier S. 267–270; *Peter Parshall:* Imago contrafacta: images and facts in the northern Renaissance, in: Art History 16 (1993), H. 4, S. 554–579, hier S. 555 f., 563–565.

18 Siehe Paris, Bibliothèque nationale de France, Cabinet des estampes, De Vinck, 1565; De Vinck, 1582; De Vinck, 1668; De Vinck, 5191; De Vinck, 5193; De Vinck, 5194; De Vinck, 5196.

19 Siehe Paris, Bibliothèque nationale de France, Cabinet des estampes, De Vinck, 3774.

20 Zum Entstehen des Konzeptes „Katastrophe" im Zusammenhang mit der Entstehung von Katastrophenbildern siehe *Jörg Trempler:* Katastrophen. Ihre Entstehung aus dem Bild. Berlin 2013 (Kleine kulturwissenschaftliche Bibliothek, Bd. 85).

hunderts.[21] Mit einer solchen Darstellung gegenwärtiger Ereignisse in der Malerei, bei der Druckgraphik mitunter durchaus vorbildlich gewirkt hat, konnte eine Veränderung der Beziehung von Raum, Zeit und Handlung einhergehen: Kamen, was bei zeitgenössischen Ereignissen nahelag, die drei aristotelischen Einheiten ostentativ zur Anwendung, wurde der Charakter einer Darstellung als Augenzeugnis deutlich herausgestellt.

Angesichts dieser Gemengelage kann man annehmen, dass um 1800 ein komplexes Geflecht von Kausalbeziehungen Augenzeugenschaft auf der einen und Bild und visuelle Kultur auf der anderen Seite besonders dicht aneinanderbindet.[22] Eine zweite Schlussfolgerung lautet also: Die genannten Beispiele, die in bewegten Zeiten Augenzeugenschaft und Authentizität ausdrücklich und nuancenreich für bildliche Darstellungen behaupten, lassen vermuten, dass Augenzeugenschaft multifaktoriell bedingt im Bereich der Bilder an der Epochenschwelle von Früher Neuzeit zur Moderne Konjunktur hatte – zumindest in der französischen und angelsächsischen Bildkultur. Dies geschah just zu der Zeit, als im Heiligen Römischen Reich die am ebenfalls 1806 aufgelösten Reichskammergericht geübte Praxis, Augenscheine als Beweismittel anzufertigen und zuzulassen, an ein Ende kam.

Abschließend sei eine dritte Gruppe von Beispielen angeführt. Bevor sich das Ereignisbild als Genre herausbildete, gab es schon immer eine Klasse anspruchsvoller und großformatiger Bilder, die sich vom Historienbild unterschied – das vor allem im 16. und 17. Jahrhundert konturiert wurde und Themen aus antiker Mythologie und Geschichte, Bibel und Literatur darstellte – und die vielmehr rezente oder zeitgenössische Ereignisse darstellte: das Schlachtenbild.

Gerade beim Schlachtenbild hat eine Augenzeugenschaft des Künstlers Tradition. Jan Cornelisz Vermeyen und Adam Frans van der Meulen begleiteten Karl V. beziehungsweise Ludwig XIV. auf ihren Feldzügen und bemühten sich um genaue Wiedergaben der jeweiligen Kriegstheater. In Vermeyens Kartons für eine Folge von Tapisserien zum Tunisfeldzug Karls V. werden dabei Aufnahmen des Geländes in Überschau mit Einzelszenen kombiniert, die den Bildvordergrund bestimmen. Ihre Schilderung zeugt einerseits von genauer Beobachtung, andererseits von einer tendenziösen Lesart des Geschehens im Sinne einer Überlegenheit der Streitmacht unter dem Banner des Christentums. Die Präsenz des

21 Zur Geschichte von Historienbild und Ereignisbild siehe *Ekkehard Mai/Anke Repp-Eckert* (Hrsg.): Triumph und Tod des Helden. Europäische Historienmalerei von Rubens bis Monet (Ausst.-Kat.). Köln 1987; *Stefan Germer/Michael F. Zimmermann* (Hrsg.): Bilder der Macht – Macht der Bilder. Zeitgeschichte in Darstellungen des 19. Jahrhunderts. München/Berlin 1997 (Veröffentlichungen des Zentralinstituts für Kunstgeschichte, Bd. 12).

22 Dazu ausführlicher *Hattendorff:* Augenzeugenschaft als Konzept (wie Anm. 2), S. 21–24.

Künstlers vor Ort thematisieren ostentativ die in die Darstellungen einbezogenen Selbstporträts Vermeyens in seiner Doppelrolle als Maler und Kartograph.[23] Im Falle van der Meulens wissen wir, dass der Künstler bei den Kriegen Ludwigs XIV. zeichnerische Aufnahmen des Geländes immer erst in den Tagen nach der Schlacht anfertigte. Er bereitete so Mittel- und Hintergrund für die Gemälde vor, die später im Atelier entstanden und erst dort um den Bildvordergrund mit seinen Figuren ergänzt wurden.[24] Die genauen Aufnahmen der topographischen Situation grundieren die Bildhandlung und dienen deren Beglaubigung, eine Bildhandlung, die insofern konventioneller Natur ist, als durch die klare Zweiteilung in eine vordere Bildbühne zur Darstellung der Kommandoebene sowie einen Mittel- und Hintergrund mit einer den realen Gegebenheiten entsprechenden Schilderung des Kriegsschauplatzes die Rolle Ludwigs als Feldherr jeweils besonders herausgestellt wird.[25]

Für eine Illustration der Truppenbewegungen beziehungsweise der Position der Heere im Feld konnten auch Darstellungsverfahren eine Rolle spielen, die auf der Grundlage eigener Beobachtung beim Anfertigen von Landkarten zum Einsatz kamen. Ein berühmtes Beispiel neben einer Darstellung Vermeyens für die genannte Teppichfolge ist Jacques Callots zeitnah hergestellte Radierung aus sechs Platten, die die Belagerung von Breda 1625 zeigt. Zwischen Bildvorder- und Bildhintergrund ist hier eine leicht gegen den Horizont geneigte kartographische Darstellung des Geländes um die belagerte Stadt eingezogen, für die Callot das Gelände mit Hilfe des spanischen Militärberaters Giovanni Francesco Cantagallina vermessen hatte (Abb. 46). Darstellungsverfahren und Zeugenschaft werden im Bild zugleich reflektiert: Am unteren Bildrand links sieht man über der Angabe des Maßstabs eine Darstellung von Künstler und Geometer.[26]

In Frankreich wurde zum Ende des 18. Jahrhunderts eine Darstellung von Kriegstheatern und Schlachtverläufen nach Regeln der militärischen Aufklärung,

---

23 Siehe *Wilfried Seipel* (Hrsg.): Der Kriegszug Kaiser Karls V. gegen Tunis. Kartons und Tapisserien (Ausst.-Kat. Wien). Mailand 2000.

24 Dazu *Thomas Kirchner:* Paradigma der Gegenwärtigkeit. Schlachtenmalerei als Gattung ohne Darstellungskonventionen, in: *Germer/Zimmermann* (Hrsg.), Bilder der Macht (wie Anm. 16), S. 107–124, hier S. 112; *Thomas Kirchner:* Authentizität und Fiktion. Zur Inszenierung von Geschichte und Zeitgeschehen in der Kunst der Neuzeit, in: *Vittoria Borsò/Christoph Kann* (Hrsg.), Geschichtsdarstellung. Medien, Methoden, Strategien. Köln 2004 (Europäische Geschichtsdarstellungen, Bd. 6), S. 215–225, hier S. 223.

25 *Kirchner:* Paradigma (wie Anm. 19), S. 115.

26 Zu der Radierung Callots siehe *Beate Engelen:* Jacques Callot – die Belagerung von Breda. Kunst über den Krieg als Apotheose und Sinnbild, in: *Jutta Nowosadtko/Matthias Rogg* (Hrsg.), „Mars und die Musen". Das Wechselspiel von Militär, Krieg und Kunst in der Frühen Neuzeit. Münster 2008 (Herrschaft und soziale Systeme in der Frühen Neuzeit, Bd. 5), S. 133–150.

Abb. 46: Jacques Callot, *Tabula Obsidionis Bredanae*, nach 1628, Radierung, 127 × 179 cm (sechs Blätter plus Beischriften), London, British Museum, Cabinet of Prints and Drawings, 1980,U.4 (© Trustees of the British Museum).

bei der eine eingehende Inaugenscheinnahme von Gelände und militärischen Stellungen notwendig eine große Rolle spielte, institutionalisiert. Das Dépôt de la Guerre des französischen Kriegsministeriums wurde das zentrale Archiv für Schriften und visuelle Darstellungen mit kriegswissenschaftlicher und militärhistorischer Relevanz. Es war zudem selbst Auftraggeber und Verleger von Karten und anderen bildlichen Repräsentationen von Kriegsschauplätzen und Schlachtenplänen zur historischen Dokumentation und zur Unterweisung im Rahmen der Offiziersausbildung. Zu diesem Zweck dem Dépôt direkt unterstellt war das Geniekorps, in dem Spezialisten, unter ihnen bildende Künstler, dienten, die mit der Anfertigung dieser bildlichen Repräsentationen beziehungsweise ihrer Vorstudien in situ betraut waren.[27]

Zu diesen Künstlern zählte Louis-Albert-Ghislain Bacler d'Albe, seit 1799 Oberkommandant dortselbst, und seit 1800 der Piemontese Pietro Giuseppe Bagetti.[28] Bacler d'Albe ist Autor der 1797 begonnenen, aus zahlreichen Einzelblättern bestehenden *Carte du théâtre de la guerre en Italie lors des premières campagnes de Bonaparte* ebenso wie von Zeichnungen und Gemälden zu militärischen Kampagnen Napoleons (Abb. 47).[29] Bagetti perfektionierte Darstellungen der norditalienischen Kriegstheater aus einer extremen Vogelperspektive, die eine ordnende Überschau über die spezifische topographische Situation sowie die Truppenstellungen im Gelände und die siegreiche militärische Taktik erlauben.[30]

Die gezeigten Beispiele stehen für die Objektivierung einer vor Ort vorgenommenen Geländeaufnahme mit Mitteln der darstellenden Geometrie und der Kartografie. Diese objektivierte Autopsie des Ortes wurde dann mit einer Darstellung des militärischen Geschehens kombiniert, das eine bereinigte Konstruktion eines möglichst idealen Schlachtverlaufs war. Dies entsprach der didaktischen Funktion, die visuellen Darstellungen im Kontext des Dépôt de la Guerre bei der Offiziersausbildung zugewiesen war; deutlich ist aber auch, dass

---

27 Zur Geschichte des Dépôt de la guerre siehe *Patrice Bret:* Le Dépôt général de la guerre et la formation scientifique des ingénieurs-géographes militaires en France (1789–1830), in: Annals of Science 48 (1991), S. 113–157.

28 Dazu *Isabelle Bruller:* Des artistes au service de professionnels. L'art et l'art de la guerre; genèse d'une collection 1744–1805, in: L'art de la guerre. La vision des peintres aux XVIIe et XVIIIe siècles. Akten der Tagung der École militaire am 7. Juni 1997. [Paris] 1998, S. 37–46, hier S. 40 f.

29 Zur Italienkarte Bacler d'Albes siehe *Giulia Gorgone:* Carte d'Italie. La prima campagna d'Italia di Napoleone Bonaparte nella carta geografica di Bacler d'Albe. Rom 2012.

30 Zu den Darstellungen Bagettis zum ersten und zweiten Italienfeldzug Bonapartes siehe *Virginia Bertone* (Hrsg.): Giuseppe Pietro Bagetti pittore di battaglie. Vues des campagnes des français en Italie (1796 e 1800): I disegni delle campagne napoleoniche della GAM di Torino (Ausst.-Kat.). Turin 2000.

Abb. 47 : Michelangelo Mercoli nach Louis-Albert-Ghislain Bacler d'Albe, *Passage du Pô* [...] *peint sur le lieu par Bacler Dalbe ; gravé par Mercoli fils*, 1796, Radierung und Kupferstich, 51,5 × 69,5 cm, Paris, Bibliothèque nationale de France, Cabinet des Estampes, Hennin, 12206 (Source gallica.bnf.fr / BnF).

diese Objektivierungen von Ort und Geschehen gleichfalls im Dienste einer ausdrücklich positiv konnotierten Kommunikation des Kriegsgeschehens standen.[31]

Die dritte Schlussfolgerung lautet, dass Bild und Augenzeugenschaft beziehungsweise ein durch Augenzeugenschaft definiertes Blickregime nicht nur durch das Gerichtswesen, wie im Falle der sogenannten Augenscheine, *institutionell* gerahmt sein konnten, sondern – wie im vorliegenden Fall – etwa auch durch das Militärwesen. Dabei zeigt sich, dass hier ebenfalls das Verhältnis von Autopsie des Raumes und räumlicher Einrichtung des Bildes eine zentrale Rolle spielte, eine räumliche Einrichtung, die zwischen perspektivischen und kartographischen Darstellungsverfahren hin und her oszilliert und auch darin den Augenscheinen verwandt ist.

31 Letzterer Aspekt sehr deutlich bei *Bruller:* Des artistes (wie Anm. 23), S. 42–45.

4.

Fassen wir die vorstehenden Überlegungen zum Thema ‚Bild und Augenzeugenschaft' noch einmal zusammen: Mit Bezug auf bildliche Darstellungen vor allem, aber nicht nur des 18. Jahrhunderts lässt sich argumentieren, dass Bild und Augenzeugenschaft in einer Nahbeziehung stehen, eine explizite Inszenierung von Augenzeugenschaft aber eine spezifische Bildfunktion ist, die in ebenso spezifischen Kontexten wahrgenommen wurde und spezifischer medialer und bildlicher Mittel bedurfte. Bei ‚Bild und Augenzeugenschaft' ist ferner zu bedenken, dass die Beziehung zwischen diesen beiden Größen performativ zwischen der Produktion und Rezeption von Bildern und den Darstellungen selbst ausgespielt wird, eine weite Definition, die sich bewusst von einer engen Position unterscheidet, wie sie das sogenannte Augenzeugenprinzip markiert, mit dem Ernst Gombrich Augenzeugenschaft dezidiert auf die Größe ‚Raum' (im Sinne von perspektivisch angelegtem Bildraum) bezieht.[32] Wie das Beispiel der Schlachtendarstellungen darüber hinaus zeigte, konnten diese ‚Aufführungen' von Augenzeugenschaft unter Verwendung von Bildern auch außerhalb des Kontextes des Rechts institutionell gerahmt sein – entscheidend ist, dass hier wie dort eine spezifische Funktionalität bildlicher Augenzeugnisse klar erkennbar wird. Schließlich lässt sich beobachten, dass an der Epochenschwelle von der Frühen Neuzeit zur Moderne das Thema ‚*Bild* und Augenzeugenschaft' noch einmal an Aktualität gewann; dass in diesem Zeitraum technische Innovationen im Bereich des reproduktiven Bildes, unter anderem die Entwicklung der Fotografie, forciert wurden, ist sicher kein Zufall, vielmehr ein verwandtes Symptom.

---

32 Zur Position Gombrichs siehe oben Anm. 2.

Joachim Kemper

Historische Kartenüberlieferung in Archiven

Von analog zu digital?[1]

Der Beitrag setzt mit einer kleinen persönlichen Vorbemerkung ein. Den Autor treibt seit Jahren die Frage der archivischen Offenheit und der digitalen Öffnung und „Erweiterung“ von Archiven um. Dies steht auch im folgenden Text im Fokus bzw. hat zur Frage geführt, welche digitalen und evtl. „kollaborativen“ Angebote zu historischen Karten derzeit im Umlauf sind – denn die Digitalisierung ist für die Karten der Archive im eigentlichen Sinn eine große Chance.

1 Eine Zukunftsvision aus Estland?

„In recent years we have had quite stormy developments on e-services. We are a very modern archive, concentrated on being available for our users around the clock. Virtual reading room VAU [...] is the central access point to all online services and resources. All inventories are online: from the year 2013 users can submit their ordners on not digitised items also online. Everyone can also find here central digital collection Saaga [...] and different online solutions for different types of records. For example: FOTIS-database of photos, database of seals and stamps, database of parchments, database of historical maps etc.“[2] Vielen Archivar*innen wird dieses Zitat, das aus einem Beitrag des Estnischen Nationalarchivs herangezogen wird, wie eine Zukunftsvision erscheinen, obgleich es bereits mehrere Jahre alt ist. Der kleine baltische Staat, dessen staatliches Archivwesen einen sehr in die Zukunft gerichteten Eindruck macht, hat aktuell über 50 000 Karten in digitaler Form verfügbar sowie archivische Informationen zu fast 150 000 Karten aufrufbar.[3]

1 Leicht überarbeitete und mit den wichtigsten Nachweisen versehene Fassung des Vortrags vom 13. September 2018.

2 *Liina Lõhmus:* Register of the Maps in National Archives of Estonia: Visions, Plans, Practices, in: Cartography and cadastral Maps. Visions from the past for a vision of our future. Pisa 2015 (Seminari e convegni, Bd. 39), S. 81–84 (hier S. 81).

3 http://www.ra.ee/kaardid/index.php/en (abgerufen am 15. Januar 2019).

https://doi.org/10.1515/9783110683424-009

2 Archivwissenschaft nach Johannes Papritz – und am Ende Digitalisierung?

Von Estland aus machen wir zuerst aber eine digitale „Rolle rückwärts“ und blicken auf die Kartenerschließung aus Sicht der Archivwissenschaft. Der im deutschen Archivwesen immer noch sehr präsente Johannes Papritz (1898 – 1992)[4] hat sich im Jahr 1967 grundlegend über die „Kartentitelaufnahme im Archiv“ ausgelassen. Dass die archivische Titelaufnahme damals und noch bis weit in die 2000er Jahre bzw. in das „digitale Zeitalter“ hinein oft genug auf Karteikarten erfolgt ist, soll uns jetzt nicht weiter stören. Allein auf 87 Seiten (in späterer Auflage) erörtert Papritz, wie die korrekte Verzeichnung und archivische Bearbeitung von Karten vor sich gehen solle. Papritz‘ Werk ist in Archivkreisen immer noch wohlbekannt und in sechster Auflage erhältlich.[5] In diesem Zusammenhang sei die persönliche Beobachtung gestattet, dass eine „dogmatische“ und tendenziell verengte Beachtung der Papritz'schen Richtlinien und Vorgaben (z. B. bezüglich der typologischen Einteilung von Karten und Plänen oder der Erschließung von Archivalien) sicher nicht für alle Zeiten Gültigkeit beanspruchen kann. Jetzt sind aber leider der Wille zur Veränderung und der Blick auf neue Methoden nicht die große Kernkompetenz des Archivwesens (wobei Ausnahmen die Regel bestätigen). Auch die archivische Erschließung von Karten und Plänen hat letztlich wenig Veränderungen erfahren, sieht man vom Wandel der Erschließungsgrundlage ab (die Nutzung einer internen Datenbank statt der Karteikarte oder gar eines maschinenschriftlichen Findbuchs). Grundlegend bei Papritz ist sicherlich der Versuch, die Karten in Archiven von denjenigen, die in Bibliotheken gesammelt und aufbewahrt werden, per Definition zu trennen (was auch im Zuge der Etablierung der Papritz'schen Archivwissenschaft zu verstehen ist): Archivische Karten entstehen „organisch“, aus „zwingender Veranlassung“ in den „Kanzleien“. Solche Karten (und dies ist tatsächlich ein wichtiger Aspekt, der aber früher in Archiven auch nicht immer beachtet wurde) sind mit den zugehörigen Akten und Amtsbüchern verbunden; ohne diese sind sie nicht richtig zu verstehen, ist der Entstehungszweck nicht zu erschließen. Dass auch die Entstehungsstufen und Provenienzangaben (zurecht) eine wichtige Rolle bei der Verzeichnung spielen, dies versteht sich hier von selbst.

---

4 https://de.wikipedia.org/wiki/Johannes_Papritz (abgerufen am 17. Januar 2019).

5 *Johannes Papritz:* Die Kartentitelaufnahme im Archiv. Mit Maßstabschlüssel für alte Meilen und Ruten. 6. Aufl. Marburg 1998 (Veröffentlichungen der Archivschule Marburg, Bd. 3). Siehe auch zuletzt: *Gerald Kreucher:* Karten im Archiv – Einführung in Kartentypologie und Erschließung, in: Archivpflege in Westfalen-Lippe 85 (2016), S. 4 – 12.

Von Papritz gehen wir zeitlich einen Schritt nach vorne: Die Digitalisierung wirft bei Kartenbeständen sicherlich viele Fragen auf, bietet aber auch viele Optionen. In Standardwerken wie der „Einführung in die Archivkunde" von Eckhart G. Franz sind Karten und Pläne lange Zeit auf kaum mehr als zwei Textseiten abgehandelt worden.[6] Die neueste Auflage der „Einführung" ist laut Impressum von Thomas Lux, Stadtarchivar in Lüneburg, „komplett neu überarbeitet und aktualisiert" worden. Viele Formulierungen sind jedoch anscheinend übernommen worden und wirken angesichts der aktuellen Aufgaben aller Kulturerbeeinrichtungen wie aus der Zeit gefallen. Ein Beispiel wäre wiederum der Bereich der Digitalisierung: das alte Franz'sche Kapitel (aus den Auflagen eins bis acht) ist weiterhin mit „Sicherungs- und Ersatzverfilmung" betitelt: Hier wäre der Platz gewesen, um die neue Kulturtechnik der Digitalisierung zu verorten. Ganze sechs Zeilen sind immerhin jetzt der „digitalen Reprotechnik" gewidmet; im Kapitel zu Karten und Plänen wiederum finden sich (und dies ist jetzt wirklich ein Fortschritt) einige Aussagen zu digitalen Geodaten und Geoinformationssystemen.[7]

Was bei allem aber außen vor bleibt, ist Folgendes: Die Herausforderung, vorhandene mehr oder minder historische Kartenüberlieferungen zu digitalisieren, zur digitalen Nutzung freizugeben und vielleicht am Ende sogar in neue Kontexte für die wissenschaftliche Nutzung zu stellen. Die technische Durchführung der Digitalisierung ist oft genug eine Herausforderung, wenn man als Archiv, Bibliothek oder Museum nicht über eine gut ausgestattete Digitalisierungswerkstatt verfügt. Großformatige Karten sind natürlich von der schieren Größe her ein Problem und benötigen entsprechend große Scanstationen (A1 oder A0). Aber selbst solche großen Buchscanner, die bei Karten mittlerweile gerne eingesetzt werden, stoßen durchaus an Grenzen. In solchen Fällen gibt es dann die Möglichkeit, mittels Saugwänden noch größere Vorlagen scannen zu können; das Landesarchiv Baden-Württemberg, das sicherlich technisch gut ausgerüstet ist, verfügt in Karlsruhe und Stuttgart über zwei solcher Vorrichtungen. Auch Teilaufnahmen mit späterer digitaler Zusammensetzung sind eine Option bei übergroßen Karten.[8] Aber es gilt noch manches zu berücksichtigen: die Bindung von Karten zu Mappen, die Anbringung auf Rollen, der konservatorische Zustand, das breite Farbspektrum, die teils vielen Kartendetails – alles in allem sind beim

6 Beispiel (4. Aufl.): *Eckhart G. Franz:* Einführung in die Archivkunde. 4. Aufl. Darmstadt 1993 (wbg, Reihe: Die Geschichtswissenschaft), S. 60 – 62.

7 *Franz: Einführung* (wie Anm. 6), ergänzt und fortgeführt von Thomas Lux. 9. vollst. überarb. und erw. Aufl. Darmstadt 2018, S. 84 – 88 (Karten und Pläne).

8 *Thomas Fritz/Ulrich Schludi:* Große Formate – Große Herausforderungen. 1 400 großformatige Karten aus dem Hohenlohe-Zentralarchiv digitalisiert, in: Archivnachrichten (Landesarchiv Baden-Württemberg) 53 (2016), S. 42.

Scannen viele Faktoren zu berücksichtigen. Auch die Nutzung im Lesesaal birgt Herausforderungen, denn die Aushebung und Vorlage der Originale sind nicht unbedingt banale Angelegenheiten. Insofern, und dies ist sicherlich eine positive Nachricht, sind sich viele Archivar*innen bewusst, dass Karten bei der Digitalisierung eigentlich Priorität genießen sollten. Die „Deutsche Forschungsgemeinschaft" (DFG) hat zuletzt in der Ausschreibung zur „Digitalisierung archivalischer Quellen" Karten und Pläne dezidiert in die Förderung mit aufgenommen.[9] Eines der Pilotprojekte, die der Ausschreibung vorangegangen sind, war ein umfangreiches Vorhaben des Landesarchivs Nordrhein-Westfalen zur Digitalisierung von Karten und Plänen.[10]

3 Internationale Digitalisierungsprojekte

Zunächst soll der Blick auf zwei umfassende und sehr beachtenswerte internationale Projekte zur Digitalisierung und Präsentation von Digitalisaten gerichtet werden. Gerade solche übergreifenden Vorhaben stehen oder fallen mit den jeweiligen (nationalen bzw. regionalen) Beiträgen der beteiligten Einrichtungen und Staaten.

3.1 Mapire: Das kartographische Erbe der Habsburgermonarchie

Ich komme zunächst zum Portal „Mapire" (kurz für: „Maps of the Empire"), einem vielfach vorbildlichen historischen Landkarten-Projekt, das zu wesentlichen Teilen auf Initiativen aus Ungarn beruht.[11] In Ungarn waren bereits vor einer ganzen Reihe von Jahren die Karten der ersten, zweiten und dritten militärischen Landesaufnahme digitalisiert und anschließend in einer Reihe von DVDs, also

---

9 Übersicht und Ausschreibungstext: https://www.dfg.de/download/pdf/foerderung/programme/lis/ausschreibung_archivgutdigitalisierung_2019.pdf (abgerufen am 25. März 2020).

10 Abschlussbericht des Landesarchivs unter: https://www.archivschule.de/uploads/Forschung/Digitalisierung/Ergebnisse/LAV_NRW_Abschlussbericht_DFG_Archivgutdigitalisierung.pdf (abgerufen am 17. Januar 2019).

11 https://mapire.eu/de/ (abgerufen am 18. Januar 2019); zu den folgenden Ausführungen daneben auch: *Hannes Kulovits:* Mapire – Die Landesaufnahmen in einfach benutzbarer digitaler Form. Präsentation anlässlich 250 Jahre Landesaufnahme, Festsymposion (Bundesamt für Eich- und Vermessungswesen), 13.–14. Mai 2014 (https://antrag.bev.gv.at/pls/portal/docs/PAGE/BEV_PORTAL_CONTENT_ALLGEMEIN/0100_NEWS/ARCHIV_2014/250-JAHRE_LANDESAUFNAHME/VORTRAEGE-FESTSYMPOSIUM/VORTRAEGE-PDF/KULOVITS.PDF) (abgerufen am 25. März 2020).

letztlich „offline" publiziert worden. Der digitale Kartenbestand betraf seinerzeit neben Ungarn und Transsilvanien auch das heutige Kroatien. Die hinter den DVDs stehende ungarische Firma „Arcanum"[12] hat dann mit den bis dahin beteiligten und zusätzlichen internationalen Partnern den Weg von der DVD-Edition hin zu einer Online-Präsentation erfolgreich zurückgelegt (was in anderen Fällen auch schon missglückt ist[13]). Das Angebot von „Mapire" ist damit für die Gebiete der ehemaligen Habsburgermonarchie ebenso einschlägig geworden wie teils für das restliche Europa. Die Karten sind georeferenziert, ausgewählte Kartenbereiche dürfen auch exportiert werden. Verschiedene „Zeitzonen" können bei den Karten verglichen werden (aufgrund der Quellenbasis stehen das 18. und 19. Jahrhundert dabei im Vordergrund). Eigene Vermessungen der Nutzer*innen (für Entfernungen zum Beispiel) sind möglich. Ein Hinweis zur Georeferenzierung, die wesentlich in Zusammenarbeit der Firma „Arcanum" und einer Budapester Universität bearbeitet wurde: Im Projekt der Georeferenzierung, das heißt der Verbindung der historischen Karte mit dem heutigen geographischen Raum, sind pro Tag durch einen Mitarbeiter etwa 300 Karten mit Koordinaten versehen worden (die Genauigkeit beläuft sich bis auf 50 Meter). Der rechtliche Hintergrund für die Digitalisierung basiert letztlich auf einem zwischenstaatlichen Vertrag zwischen Ungarn und Österreich aus dem Jahr 1926, in dem die Aufbewahrung der Bestände in Wien, aber der gleiche Zugang für beide Staaten geregelt wurde. Wie außerhalb des österreichischen Archivwesens wohl nur wenige „Eingeweihte" wissen, gibt es auf dieser Basis bis heute eine „Archivgesandtschaft" aus Budapest in Wien, im Österreichischen Staatsarchiv; und dieses ist mit einem geschätzten Kartenbestand von 600 000 Karten vom 16. Jahrhundert bis heute eines der größten Karten-Archive weltweit. Das Angebot von Mapire geht aktuell deutlich über die zuerst genannten Militärkatasterkarten hinaus.

Als kleiner Kritikpunkt sei angemerkt, dass, um mit „Mapire" richtig arbeiten zu können, man sich natürlich mit den Feinheiten des Portals intensiver zu beschäftigen hat. Aber dies ist ja gerade bei Kartenportalen anscheinend auch notwendig und der Materie selbst geschuldet. Zuletzt hat „Arcanum" weitere Neuentwicklungen angekündigt.[14]

---

12 https://www.arcanum.hu/en/ (abgerufen am 20. Januar 2019).

13 Als leider aktuell problematisches Beispiel seien die „Fontes Civitatis Ratisponensis" genannt, deren letzter „Bearbeitungsstand" Jahre zurück liegt: http://bhgw20.kfunigraz.ac.at/ss.htm (abgerufen am 18. Januar 2019).

14 Unter anderem soll zu den Neuerungen eine Gesamtkarte Europas im 19. Jahrhundert gehören (auf Basis detailreicher militärischer Kartenwerke und Landaufnahmen); das Österreichische Staatsarchiv wird seine Kooperation mit „Mapire" vertiefen und ausbauen. Alles in allem also gute Zeichen, dass sich „Mapire" weiter entwickeln wird.

3.2 Old Maps Online

Während „Mapire“ ganz wesentlich von archivischer Seite getragen wird, basiert das Portal „Old Maps Online“ vor allem auf den Kartenbeständen von Bibliotheken, auch wenn etwa das Niederländische Nationalarchiv stärker involviert ist.[15] Im Portal liegen die Karten (man möchte meinen: zeitgemäß!) georeferenziert vor, und zwar in der Regel als Angebote bei den jeweiligen Einrichtungen. Der Kartenbestand (einsetzend im 15. Jahrhundert; insgesamt über eine halbe Million Karten) geht über die Kontinente hinweg, was in gewisser Weise auch zu Unübersichtlichkeiten führen kann, sofern man sich mit den Möglichkeiten und Optionen des Portals nicht vertraut macht. Ähnlich wie bei „Mapire“ steht hinter „Old Maps Online“ übrigens eine Spezialfirma; in diesem Fall handelt es sich um „Klokan“, einen Schweizer Spezialisten für digitale Kartentools und Georeferenzierung.[16] Das Gesamtportal umfasst über 400 000 Karten, die man auch selbst weiter bearbeiten oder teils auch transkribieren kann.

4 Beispiele aus deutschen Archiven

Es folgt nun der Blick auf zwei Kartenpräsentationen aus Deutschland. Beide basieren auf umfassenden Digitalisierungsprojekten in Nordrhein-Westfalen und in Baden-Württemberg. Ergänzt wird dies durch den Hinweis auf übergreifende bzw. landeskundlich orientierte Portale.

4.1 Kataster des Herzogtums Kleve

Das Kataster des Herzogtums Kleve ist eines der ältesten Katasterwerke der Frühen Neuzeit. Die Präsentation der Archivalien bzw. des kleinen, aber wichtigen Kartenbestands erfolgt seit einiger Zeit im Archivinformationssystem des Landesarchivs Nordrhein-Westfalen.[17] Aufgrund der Einbindung in die Gesamttektonik der Bestände wirkt das digitale Angebot der Klever Karten etwas „versteckt“ bzw. nicht sonderlich intuitiv.[18] Folgt man dem Direktlink[19] im Landesarchiv, dann

---

15 https://www.oldmapsonline.org/ (abgerufen am 20. Januar 2019).

16 https://www.klokantech.com/ (abgerufen am 20. Januar 2019).

17 Direktlink: http://www.archive.nrw.de/LAV_NRW/jsp/findbuch.jsp?archivNr=185&tektId=113&id=21078 (abgerufen am 20. Januar 2019).

18 So z. B. der Hinweis dazu über https://tour-de-kultur.de/2017/03/12/kultur-news-kw-10 – 2017/ (abgerufen am 20. Januar 2019).

erhält man zunächst einen Überblick zur strukturellen Einordnung (Bestände vor 1816, historische Landesarchive); dann „nähern“ wir uns Kleve und erhalten die Findbucheinleitung (samt Permalink). Bei dem folgenden Klick auf „Verzeichnungseinheiten“ erhält man letztlich auch den Zugriff auf die Digitalisate (über das Kamerasymbol). Die Ansicht der Karten ist sehr zufriedenstellend. Als Tool wird der „DFG-Viewer“ verwendet, der in letzter Zeit einige Verbesserungen erfahren hat, und zwar hinsichtlich der Bedürfnisse von Archivquellen.[20]

4.2 Großformate aus dem Hohenlohe-Zentralarchiv, „LEO-BW“ und Karten-„Crowdsourcing“

Betrachten wir ergänzend ein jüngeres Projekt aus dem Landesarchiv Baden-Württemberg, genauer aus dem Hohenlohe-Zentralarchiv in Neuenstein. Im Hohenlohe-Zentralarchiv, das seitens des Staatsarchivs Ludwigsburg betreut wird, war 2015/2016 mit der Digitalisierung der Karten- und Plansammlung begonnen worden. Es handelt sich um 1400 teils großformatige und in manchen Fällen auch bereits stark angegriffene Vorlagen aus der Frühen Neuzeit, darunter Landesaufnahmen und zahlreiche Augenscheine. Das Projekt ist derzeit in der Endphase, noch sind nicht alle Karten über die Datenbank des Landesarchivs online verfügbar. Die durchschnittliche Scanmenge pro Woche beträgt übrigens in diesem Fall knapp 50 Karten, was ja den doch erheblichen Aufwand bei Kartendigitalisierungen zeigt. Die Hohenloher Karten sind noch nicht im landeskundlichen Portal „LEO-BW“ verfügbar, was aber geplant ist.[21] Das Landesarchiv betreibt derzeit noch ein anderes Projekt, das hier erwähnt werden sollte; es bringt historisches Kartenmaterial mit „Freiwilligen“ zusammen: Das Ziel ist die Georeferenzierung über „Crowdsourcing“ im Rahmen eines Pilotprojekts. Die Ergebnisse sollen dann ebenso in das landeskundliche Portal LEO-BW einfließen – ein durchaus vorbildliches Projekt. Auch der Hohenloher Kartenbestand soll beispielhaft bearbeitet und zumindest in einfacher Form georeferenziert werden.[22]

19 Siehe Anm. 17.

20 Informationsseite: https://dfg-viewer.de/ (abgerufen am 20. Januar 2019).

21 Ich danke Dr. Ulrich Schludi (Landesarchiv Baden-Württemberg, Staatsarchiv Ludwigsburg) für weiter gehende Informationen. Siehe auch: *Fritz/Schludi:* Große Formate (wie Anm. 8).

22 In einfacher Form u. a. deswegen, weil eine annähernd genaue Georeferenzierung bei älteren Kartenbeständen ungleich schwieriger ist. http://landesarchiv-bw.georeferencer.com/start (abgerufen am 22. Januar 2019).

4.3 Das bayerische Portal „bavarikon“ und die „Deutsche Digitale Bibliothek“

Viel weniger Karten im „Angebot“ hat aktuell noch das bayerische Portal „bavarikon“, das allerdings stetig wächst und von der Darstellung her für den Zweck, rasch an Informationen zu Karten und Pläne zu erhalten, übersichtlich aufgebaut ist.[23] Eine Frage, die jetzt gestellt werden könnte, ist, ob die Darstellung in übergreifenden Portalen wie der „Deutschen Digitalen Bibliothek“ benutzerfreundlicher ist (im Vergleich zu „LEO-BW“ und „bavarikon“). Die „Deutsche Digitale Bibliothek“ bietet die Möglichkeit einer übergreifenden Suche über Archive, Bibliotheken, Museen etc. hinweg. Letztlich wird man aber oft wieder im eigentlichen Angebot des Datengebers landen (mit allen Vor- und Nachteilen). Die Zukunft gehört, so ist zu hoffen, allerdings der „Deutschen Digitalen Bibliothek“ bzw. dem damit verbundenen „Archivportal D“ sowie guten regionalen bzw. landeskundlichen Portalen (wie „bavarikon“ oder „LEO-BW“); deren Anbindung über Schnittstellen an das deutschlandweite Angebot der „Deutschen Digitalen Bibliothek“ ist wichtig. Und diese Anbindung ist auch aus Sicht der zahlreichen Archive von grundlegender Bedeutung, die bisher noch zu oft ihre eigenen Daten und Digitalisate nur im eigenen Findmittelsystem ablegen. Die übergreifende Suche ermöglicht auch der Digitalen Geschichtswissenschaft ganz andere Zugangs- und Beforschungsmöglichkeiten.

5. Ausblick

Zusammenfassend kann festgestellt werden, dass bei einigen der aufgezeigten Projekte deutlich geworden sein dürfte, wohin die digitale „Reise“ gehen wird. Die Möglichkeiten der technischen Bearbeitung und Durchführung von Digitalisierungsprojekten werden tendenziell immer besser. Die große Frage bleibt die nach den personellen und finanziellen Ressourcen, damit auch etwa die Kartenschätze aus kleineren Einrichtungen berücksichtigt werden können. Dass die DFG ja nun ein Förderprogramm für Archive aufgelegt hat, stimmt positiv – ist die DFG auch nicht die einzige in Frage kommende Fördereinrichtung. In die Zukunft weisen auch die „kollaborativen“ Aspekte bei der Georeferenzierung, letztlich bei der Einbindung von „Bürgerarchivar*innen“ (oder eben auch von Historiker*innen mit deren Wissen!). Hier muss leider noch Wasser in den Wein gegossen werden:

23 Vgl. https://www.bavarikon.de/ (Kartensuche dann auch via https://www.bavarikon.de/search/map) (abgerufen jeweils am 22. Januar 2019).

Die Monopolrolle der Archivar*innen bei der Erschließung von Beständen wird immer noch allzu gerne verteidigt. Die Tendenz geht allerdings zu webbasierten gemeinschaftlichen Projekten zur Erschließung, wie im Fall des baden-württembergischen „Crowdsourcing"-Vorhabens; und dies nützt allen Seiten: der Forschung, den Archiven und letztlich der gesamten interessierten Öffentlichkeit. Außerhalb der Archive, aber mit vielen Schnittmengen, stehen die digitalen Geisteswissenschaften. Ihre neuen Methoden werden über kurz oder lang auch in Archivprojekten und in der Archivarbeit einfließen. Ein Stichwort sind dabei virtuelle Forschungsumgebungen (also die gleichzeitige, örtlich versetzte kollaborative Forschungstätigkeit).[24] Viele der bis jetzt genannten Kartenprojekte basieren darauf, dass die besitzenden Archive und anderen Einrichtungen die Vorlagen nicht nur digitalisieren, sondern auch in einer weiter nutzbaren Qualität zur Verfügung stellen. Auch hier verlieren die Archive sukzessive frühere Monopole und sehen sich (völlig zurecht) mit geänderten Nutzungs- und Recherchegewohnheiten konfrontiert.[25]

---

24 Exemplarisch sei auf den „virtuellen Kartentisch" heiMAP der Universität Heidelberg verwiesen: „Ziel des Projektes ist die Schaffung eines virtuellen Kartentischs zur kollaborativen Forschungsarbeit an überwiegend historischen Karten und Geodaten (WebGIS), der in ein Web-Portal mit modularen Werkzeugen und Diensten zum Projekt- und Datenmanagement integriert ist. Die virtuelle Arbeitsumgebung und das Arbeiten auf historischen Karten in situ bietet hier Lösungen für eine Reihe drängender Probleme in der gegenwärtigen geisteswissenschaftlichen Forschung mit Raumbezug: Orientierung im vormodernen Raum durch Erschließung historischer Karten, aktives und quellennahes Forschen auf Karten anstatt mit Karten, gemeinsame Arbeit online anstatt Desktop-Anwendungen mit sehr hohen Einstiegshürden, Zugänglichkeit durch Konzentration auf Kernfunktionen und zielgruppengerechte Dokumentation, enge Verknüpfung mit Diensten der Universitätsbibliothek, Rechtemanagement und Provenienznachweis, Standardkonformität der erarbeiteten Geodaten durch assistierte Datenmodellierung, Langzeitspeicherung, Propagierung und Re-import von Datensätzen unter neuen Fragestellungen." An heiMAP beteiligt sind neben sozusagen „klassischen" Instituten (Institut für Fränkisch-Pfälzische Geschichte; UB; Landesarchiv) auch das Rechenzentrum der Universität und der Heidelberger Lehrstuhl für Geoinformatik. https://www.urz.uni-heidelberg.de/de/heimap (abgerufen am 22. Januar 2019).

25 Der Vortrag endete mit dem Hinweis auf den Kultur-Hackathon „Coding da Vinci Rhein-Main" (2018), auf dessen Ergebnisse auch an dieser Stelle gerne hingewiesen wird: https://codingdavinci.de/events/rheinmain/ (abgerufen am 22. Januar 2019).

Anette Baumann, Evelien Timpener und Sabine Schmolinsky

Space and law – Introduction

On Thursday, November 3, 1558, a group of persons inspected a parcel of pasture land in the vicinity of the village of Niederdorfelden in Hesse. Participating in the inspection of this disputed meadow, in the framework of litigation at the Imperial Chamber Court, were individuals of differing status and position: the litigants,[1] their attorneys, the witnesses under oath, and the members of the special commission of evidence appointed for this purpose.[2] From this third day of November on, various activities are discernable in this space and in the realm of law: the area was paced off and the inspection was recorded in writing in a report, and later rendered visual as a map. For purposes of clarification, the disputed pastureland was given the title *'das felt darumb man zankt'* (*the field under dispute*) (see Fig. 1).[3]

Fig. 1: Hauptstaatsarchiv Darmstadt P I 2190

The example above illustrates not only the close nexus between space and law but also the performative actions and medial configurations that constitute

1 The litigants: the Hanau Bailiff Philip von Budenheim vs. Burgrave Johann Brendel von Homburg and the builders of the Friedberg Castle.

2 See Central State Archive (HStA) Marburg, fonds 81, No. D 1/24, f. 33 ff; Central State Archive Darmstadt, fonds F 3, 22/1.

3 Map in: Central State Archive Darmstadt, P 1, No. 2190.

https://doi.org/10.1515/9783110683424-010

the inspection. Comprising the *in situ* inspection are the lines and surfaces generated by the movements of the persons' bodies in space, which in addition are subject to the particular spatial-temporal requirement of all having to be present in the same space at the same time. Against the backdrop of a network of oral statements, a report is created on the basis of relevant forms and formulas which collates the communications that occurred and the lines of argumentation involved. Within another medial mode, the representation of facts asserted verbally and recorded in writing is complemented by a map as visualization. In a number of maps, the path taken by the inspection or even the members of the commission of evidence are visually represented (Fig. 2).

Since the practices of land inspection and regional cartography also exercised an influence on administration, jurisprudence, theories of evidence, bearing witness and extrajudicial procedures, these thematic areas are examined in the present volume from the perspective of different disciplines. To that end, reflections and observations on space and law are gathered together here from the fields of general history, art history, cartographic history, history of law and archival science.

Since the various interests of rulers in regard to the regional area became visible and manifest particularly in the period between 1450 and 1800 in both written and visual documentation, this time frame is given special attention in this volume of conference proceedings: it was specifically the regional and local areas that were closely interconnected with legal claims and jurisdiction, and were increasingly described from the late medieval period onward with the aid of spatial visualizations.[4] Although research since the so-called *spatial turn*[5] has repeatedly raised the topic of regional cartography in connection

---

4 As Paul D.A. Harvey impressively described already back in the 1980s, local and regional cartography experienced an upsurge in Europe beginning in the 15th century: *P.D.A. Harvey:* Local and Regional Cartography in Medieval Europe, in: *J.B. Harley/David Woodward* (eds.), The History of Cartography, Vol. 1: Cartography in Prehistoric, Ancient, and Medieval Europe and the Mediterranean. Chicago 1987, pp. 464–501, here p. 464. Especially from the last quarter of the 15th century and thereafter, new maps of this type were added ever more rapidly: see *David Woodward:* Cartography and the Renaissance: Continuity and Change, in: *David Woodward* (ed.), The History of Cartography, Vol. 3.1: Cartography in the European Renaissance. Chicago/London 2007, pp. 3–24, here p. 11. The new discovery and publication of a coordinate-based treatise by Claudius Ptolemaeus in the 15th century spurred cartography and geography as well, particularly in Italy. See *P.D.A. Harvey:* The History of Topographical Maps. Symbols, Pictures and Surveys. London 1980, pp. 74–75.

5 In the framework of the so-called *spatial* turn, geography and the social and cultural sciences (and several other disciplines as well) have joined interdisciplinary hands anew in exploring space and time. I forego a listing here of the numerous publications on this *turn* and will instead

Fig. 2: Hauptstaatsarchiv Marburg P II 22057

with the expansion of royal administration, for a long period there has been no detailed examination either of the maps or the corresponding files. Through map listings and archive exhibitions, the topic of regional cartography has been a central focus since the late 1970s.[6] Various German archivists called attention to the numerous extant regional maps slumbering in the archives, which due to the problems associated with storing, restoration and classification were in

refer to these surveys: *Jörg Döring/Tristam Thielmann:* Einleitung: Was lesen wir im Raume? Der Spatial Turn und das geheime Wissen der Geographen, in: *idem* (eds.), Spatial Turn. Das Raumparadigma in den Kultur- und Sozialwissenschaften. Bielefeld 2008, pp. 7–45, esp. pp. 7–13. For a conceptual notion and evaluation of the *spatial turn* for the historical sciences, see *Susanne Rau:* Räume. Konzepte, Wahrnehmungen, Nutzungen. Frankfurt/New York 2014, pp. 8–14.

6 It was mainly the regional and federal state archives in the German-speaking area that developed a strong interest in accessing regional maps. For the most important studies in chronological sequence, see: *Edgar Krausen:* Die handgezeichneten Karten im Bayerischen Hauptstaatsarchiv sowie in den Staatsarchiven Amberg und Neuburg a.d. Donau bis 1650. Neustadt a.d. Aisch 1973; *Fritz Hellwig:* Zur älteren Kartographie der Saargegend, in: Jahrbuch für westdeutsche Landesgeschichte 3 (1977), pp. 193–227; *Gerhard Taddey:* Von der Entstehung eines Augenscheins. Landkarten als Beweismittel im historischen Gerichtsprozeß. Ein Beispiel aus Hohenlohe, in: Beiträge zur Landeskunde Baden-Württemberg 1 (1980), pp. 9–15; *Reimer Witt:* Die Anfänge von Kartographie und Topographie Schleswig-Holsteins 1475–1652. Heide in Holstein 1982; *Hans Vollet:* Oberfranken im Bild alter Karten. Ausstellung des Staatsarchivs Bamberg. Neustadt Aisch 1983; *Hans-Jürgen Becker:* Zur Bedeutung der Landkarte für die rechtsgeschichtliche Forschung, in: *Kurt Schmitz* (ed.), Landkarten als Geschichtsquellen. Cologne 1985 (Archivberatungsstelle Rheinland, Archivheft 16), pp. 9–19; *Gerhard Aymans:* Die handschriftliche Karte als Quelle geographischer Studien, in: *Schmitz* (ed.), Landkarten als Geschichtsquellen, ibid., pp. 21–46; *Hainz Musall et al.* (eds.): Landkarten aus vier Jahrhunderten. Karlsruhe 1986; *Hansmartin Schwarzmaier:* Kartographie und Gerichtsverfahren. Karten des 16. Jahrhunderts als Aktenbeilagen. Zugleich ein Katalog der ältesten handgezeichneten Karten des Generallandesarchivs Karlsruhe, in: *Gregor Richter* (ed.), Aus der Arbeit des Archivars. Festschrift für Eberhard Gönner. Stuttgart 1986 (Veröffentlichungen der staatlichen Archivverwaltung Baden-Württemberg, Bd. 44), pp. 163–186; *Fritz Wolf:* Karten im Archiv. Marburg 1987 (Veröffentlichungen der Archivschule Marburg, Institut für Archivwissenschaft, Bd. 13); *Gerhard Leidel/Monika Ruth Franz:* Altbayerische Flußlandschaften an Donau, Lech, Isar und Inn. Handgezeichnete Karten des 16. bis 18. Jahrhunderts aus dem Bayerischen Hauptstaatsarchiv. Weißenhorn 1998 (Ausstellungskataloge der Staatlichen Archive Bayerns, Bd. 37); *Gerhard Leidel/Monika Ruth Franz:* Von der gemalten Landschaft zum vermessenen Land. Eine Ausstellung des Bayerischen Hauptstaatsarchivs zur Geschichte der handgezeichneten Karten in Bayern, München 6. Oktober–22. Dezember 2006. Munich 2006 (Ausstellungskataloge der Staatlichen Archive Bayerns, Bd. 48); *Günter Frank/Georg Paulus:* Die pfalz-neuburgische Landesaufnahme unter Pfalzgraf Philipp Ludwig. Kollersried 2016 (Regensburger Beiträge zur Heimatforschung, Bd. 6), available now solely in digital form: http://www.heimatforschung-regensburg.de/97 (last accessed June 11, 2019).

part virtually uninvestigated.[7] Even if it was quickly recognized that the practical function of these regional maps was bound up especially with matters of administration and the legal claims raised by the territorial princes,[8] the maps were utilized in research principally for illustrating individual legal disputes. For a long period of time, the inspection map (*Augenscheinkarte*) itself was not investigated as a focus of interest, neither by art historians nor by cartographers.[9] However, that gap is now being addressed and is specifically changing in the most recent research projects.[10] Art history has investigated regional maps since the 1980s,

---

7 See *Gerhard Taddey:* Über den Augenschein. Ein Beitrag zur Frage der Identifizierung historischer Karten, in: Der Archivar 33 (1980), pp. 397–402, here p. 397; *Schwarzmaier:* Kartographie und Gerichtsverfahren (fn. 5), pp. 164–166.

8 See *Harvey:* Local and Regional Cartography (fn. 3), pp. 491–492. On one hand, many regional maps were prepared in connection with new administrative tasks; on the other, they also facilitated greater access to the circumstances on the ground. See *Heinz-Dieter Heimann:* Dorfbild – Ereignisbild – Weltbild. Die neue Sicht der "kleinen" Welt in frühen Kartenwerken, in: *Werner Rösener* (ed.), Kommunikation in der ländlichen Gesellschaft vom Mittelalter bis zur Moderne.-Göttingen 2000, pp. 189–208, here p. 207. By contrast, large territorial mappings, also known as land record / land board (*Landtafel*) or field survey (*Landesaufnahme*), were associated with administrative-political functions or the developing of structures of governance and rule. See *Hans Brichzin:* Augenschein-, Bild- und Streitkarten, in: *Fritz Bönisch/idem/Klaus Schillinger* (eds.), Kursächsische Kartographie bis zum Dreißigjährigen Krieg, Bd. 1: Die Anfänge des Kartenwesens. Berlin 1990, pp. 112–206, here p. 113. Studies of cartographic activities by Gottfried Mascop (before 1550–post-1563) and Wilhelm Dilich (1571–1650) were able to substantiate this assumption in a concrete manner: see *Arnd Reitemeier:* Herzog Julius von Braunschweig-Lüneburg (Wolfenbüttel), Herrscher und Herrschaft, in: Uwe *Ohainski/Arnd Reitemeier* (eds.), Das Fürstentum Braunschweig-Wolfenbüttel im Jahr 1574. Der Atlas des Gottfried Mascop. Bielefeld 2012, pp. 43–63, here pp. 49–50; *Ingrid Baumgärtner:* Wilhelm Dilich und die Landtafeln hessischer Ämter, in: *idem/Axel Halle/Martina Stercken* (eds.), Wilhelm Dilich. Landtafeln hessischer Ämter zwischen Rhein und Weser 1607–1625. Kassel 2011, pp. 9–35, here p. 25; *Martina Stercken:* Repräsentation, Verortung und Legitimation von Herrschaft. Karten als politische Medien im Spätmittelalter und in der Frühen Neuzeit, in: *Baumgärtner/Halle/Stercken* (eds.); *Wilhelm Dilich:* ibid., pp. 37–52, esp. pp. 37, 43. On regional maps and political administration in the state of Hesse, see most recently: *Tom Engel* (ed.): Auf einen Blick. Karten als Instrumente von Herrschaft und Verwaltung. Ausstellung im Staatsarchiv Marburg, 10. Juni–30. September 2016, Marburg 2016, p. 6.

9 As Hans Brichzin concisely noted: "The cartographers thought (...) the scientific requirements of their field were not being fulfilled. The art historians noted that artistic quality was lacking (...)." *Brichzin:* Augenschein-, Bild- und Streitkarten (fn. 7), p. 112.

10 Third party-funded projects such as those by the DFG (German Research Foundation), such as "Der Medienwechsel Augenzeugen und Augenschein: ‚Neues' Raumbewusstsein und die kartographie-historische Entwicklung früher, handgezeichneter regionaler Karten in Hessen" (ed. by *Evelien Timpener*, Univ. Hannover 2016–2018) and "Visuelle Evidenz – Manuskriptkarten, Genealogien und ihre Darstellungsmedien in ihrer Funktion als Beweismittel vor dem Reichskam-

chiefly in their relation to landscape painting.[11] Research on inspection maps was given significant new stimulus through the systematic registering of the files of the Imperial Chamber Court (ICC). The exploration of the ca. 80 000 files housed in the ICC brought to light, along with written files, innumerable plot and site plans and maps as well.[12] Gabriele Recker provided the first combined assessments of the ICC files and maps; she had stumbled onto the old maps during historical-geographical research on transport routes.[13] In this connection, it should be pointed out that the existence of maps in the juridical context can be attested for large areas of Europe since the late medieval period.[14]

---

mergericht (1495–1806)" (ed. by von Anette Baumann, Univ. Gießen, since 2017) testify to the new interest in the function and impact of regional maps in the judicial context of the courts.

11 The nexus recognized by Svetlana Alpers between landscape painting (in the Netherlands) and cartography has attracted especial strong interest and attention, see Svetlana Alpers: The Art of Describing. Dutch Art of the Seventeenth Century. Chicago 1983. Thus, Nils Büttner sought proof for his thesis that "artists were familar with the scientific knowledge of their time," and also wished simultaneously to find out "what impact in particular geography had on their world-view and their works." On this, see *Nils Büttner:* Die Erfindung der Landschaft. Kosmographie und Landschaftskunst im Zeitalter Bruegels. Göttingen 2000, p. 14. Severl years later Tanja Michaelsky investigated differentiated descriptive media in landscape painting: *Tanja Michalsky:* Medien der Beschreibung. Zum Verhältnis von Kartographie, Topographie und Landschaftsmalerei in der Frühen Neuzeit, in: *Jürg Glauser/Christian Kiening* (eds.), Text –Bild –Karte. Kartographie der Vormoderne. Freiburg 2007, pp. 319–349, here p. 319; and *Tanja Michalsky:* Projektion und Imagination. Die niederländische Landschaft der Frühen Neuzeit im Diskurs von Geographie und Malerei. Munich 2011.

12 On exploration/collection of the files, see *Anette Baumann:* Das Projekt der Deutschen Forschungsgemeinschaft zur Verzeichnung der Reichskammergerichtsakten, in: zeitenblicke 3.3 (2004), http://www.zeitenblicke.de/2004/03/baumann4/baumann4.pdf (last accessed June 30, 2019); *Bernhard Diestelkamp:* Rückblick auf das Projekt zur Inventarisierung der Reichskammergerichtsakten, in: *Friedrich Battenberg/Bernd Schildt* (eds.), Das Reichskammergericht im Spiegel seiner Prozessakten. Bilanz und Perspektiven der Forschung. Cologne/Weimar/Vienna 2010 (Quellen und Forschungen zur höchsten Gerichtsbarkeit im Alten Reich, hereafter: QFHG, Bd. 57), pp. 3–10.

13 See *Gabriele Recker:* Von Trier nach Köln 1550–1850. Kartographiehistorische Beiträge zur historisch-geographischen Verkehrswegeforschung. Betrachtungen zum Problem der Altkarten als Quelle anhand eines Fallbeispiels aus den Rheinlanden. Rahden/Westf. 2003, pp. 116–134; *idem*, Prozeßkarten in den Reichskammergerichtsakten. Ein methodischer Beitrag zur Erschließung und Auswertung einer Quellengattung, in: *Anette Baumann/Siegrid Westphal/Stephan Wendehorst/Stefan Ehrenpreis* (eds.), Prozessakten als Quelle. Neue Ansätze zur Erforschung der Höchsten Gerichtsbarkeit im Alten Reich. Cologne/Weimar/Vienna 2001 (QFHG, Bd. 37), pp. 165–182; *idem:* Gemalt, gezeichnet und kopiert. Karten in den Akten des Reichskammergerichts. Wetzlar 2004 (Schriftenreihe der Gesellschaft für Reichskammergerichtsforschung, H. 30).

14 Already in the 1970s, François de Dainville and A.H. Huussenauf pointed to such maps, albeit without analyzing their concrete function; see *François de Dainville:* Cartes et contestations

The conference volume proceeds from the observation that space in that time was not only described in textual form[15] but was also inspected employing performative practices and was illustrated and represented in the most diverse ways. The illustrations comprise visualizations of the space or rights laid claim to, graphic visual inspections and instances of eye-witnessing visually depicted. How then were legal relations mapped?

This central question has a European perspective that prompts us to explore developments and influences. The investigation focuses on one hand on the material objects of spatial description – such as maps, paintings and drawings, sketches – and on the other looks at human action: the associated performative practices. Thus, for example, in connection with competing claims to power, various different traversals of space occurred, in which a commission inspected both the areal entity in question and the legal circumstances and conditions involved.

In the present conference volume, 'space' initially designates regional or local (geographical) space; however, this only becomes comprehensible in connection with its social aspect. Susanne Rau has aptly characterized the concept as a central and dynamic dimension of society and human action. It is only human interaction that orders, norms, lays claim to or governs over space.[16] Yet from this recognition, it also follows that the social dimension of space is repeatedly rendered recognizable by conjunct legal aspects. In this sense, the concept of 'law' encompasses the entire spectrum of jurisdiction per se, extending to the implementation of legal claims to regional spaces of power/authority as ad-

au XVe siècle. Maps and Litigations in the 15th Century, in: Imago Mundi 24 (1970), pp. 99–121; *A.H. Huussen:* Jurisprudentie en kartographie in de xve eeuw. Brussels 1974; *Paul D.A. Harvey:* Local and Regional Cartography (fn. 3), pp. 489–493. For more recent studies on maps in the context of the court, see *William D. Shannon:* Adversarial Map-Making in Pre-Reformation Lancashire, in: Northern History XLVII:2 (2010), pp. 329–342; *Juliette Dumasy-Rabineau:* La vue, la preuve et le droit. Les vues figurées dela fin du Moyen Âge, in: Revue historique 668 (2013/4), pp. 805–831; *Anette Baumann/Anja Eichler/Stefan Xenakis* (eds.), Augenscheine. Karten und Pläne vor Gericht. Wetzlar 2014.

15 Textual descriptions of space were already known from the 8th century: see *Kinji Akashi/ Reinhard Stauber:* entry "Grenze", in: Enzyklopädie der Neuzeit 4 (2006), cols. 1105–1116, here col. 1107. From the late Middle Ages until the end of the 18th century, written boundary descriptions in local and regional space remain important in that they describe an inspection of the space moving from point to point. See *Andreas Rutz:* Die Beschreibung des Raums. Territoriale Grenzziehungen im Heiligen Römischen Reich. Cologne/Weimar/Vienna 2018 (Norm und Struktur. Studien zum sozialen Wandel in Mittelalter und Früher Neuzeit, Bd. 47), pp. 107–111.

16 See *Rau:* Räume (fn. 4), pp. 14, 164–165.

judicated in court cases, negotiations and/or extrajudicial agreements.[17] It is important to recognize that the legal sources are not only textual but can also be visual in nature.[18] Bound up with the scope of matters of litigation are regionality and locality. Maps accompanying the management of the conflict comprise regional maps or local views. Regional maps are conceived of here as visual representations of geographic circumstances and realities.[19]

The various articles in the volume are ordered in terms of chronology and their thematic focus. The first three historical papers explore the context of negotiation and law pertaining to several maps from the 15th and 16th centuries. Thus, Evelien Timpener elucidates the close connection between space, law and regional cartography by examining the legal disputes and negotiations over water regulation in northwestern Europe viewed through the lens of various early maps. In particular, a case study from the Netherlands on the planned construction of dams shows that maps were able to serve as a medium within the framework of negotiations. They facilitated comprehensive discussion about water regulation facilities in a larger spatial complex embedded within existing social structures. Various proposals for a possible solution were combined in the form of a visualization. The maps thus point up a further aspect of early map production: central is not only the representation of space as a static variable – but also the description of space in a permanent process of change.

Elisabeth KISKER presents a series of boundary maps from the second half of the 16th century drawn up in the context of border disputes between the Duchy of Westphalia and the County of Nassau. She describes primarily the form and physical condition of the maps, whose length and signs of wear and tear show that they were subjected to intensive use. A context of use can be presumed in the framework of negotiations and inspection, as Alexander JENDORFF also emphasizes for a Thuringian map he examines. JENDORFF sheds light on the background behind this map and the associated communication processes; it describes a border and was created in connection with administration. Decisive in his eyes is the conflict situation here entailed, for whose resolution use was made of certain legal elements, such as commissions and modes of settling a dispute. Viewed in this context, for Jendorff the map is not just an administrative-

17 These various possibilities coincide with the multitude of contemporary allocations of meaning: see *Heino Speer* (ed.): Deutsches Rechtswörterbuch, Bd. 11. Weimar 2007, cols. 261–302, esp. cols. 261–262.

18 See *Anette Baumann:* Visuelle Evidenz: Beobachtungen zu Inaugenscheinnahmen und Augenscheinkarten am Reichskammergericht (1495–1806), in: Rechtsgeschichte 27 (2019), pp. 2–5, esp. p. 2. http://rg.rg.mpg.de/en/article_id/1330 (last accessed October 11, 2019).

19 See *Harvey:* Local and Regional Cartography (fn. 3), p. 464.

technical measure going back to paradigms in classical antiquity and the late Middle Ages – but also a means of negotiation.

The fourth essay in the volume centers on discussion of the procedure in the Imperial Chamber Court in regard to the inspection map. Anette Baumann describes the formal judicial prerequisites of the commission, the work of the commission of evidence on the spot, and the inclusion of the drawer of the visualization in the process of visual inspection. Decisive for the court was that the visualization of the space always went hand in hand with an actual or, especially in the 18th century, an imagined visual inspection. The observer of the visualized representation of space was supposed to enter it imaginatively, so as to become a part of the space and wander through it, in accordance with the specifications of the report on the visual inspection; the observer thus became in a virtual sense part of the commission with the aid of the "inspection map" created in this manner.

In his contribution, Karl Härter describes the visualization of sites and spaces of criminal justice. With the aid of differing pictorial genres – maps, leaflets, drawings and cover pictures from contemporary published works – the exact appearance of places of execution can be reconstructed and positioned in space. What comes into being in this way is a "map of places of execution" in the present-day territory of the federal state of Hesse. Exemplified in the Free City of Frankfurt/Main, a "spacing" of the criminal jurisdiction can be seen: the maps and illustrations of the places of execution likewise rendered the domain of high and criminal jurisdiction 'perceptible' for the simple ordinary subjects in the regent's realm; in doing so going far beyond the pure "mapping" of the territorial state.

Claudia Hattendorff singles out a special aspect from within the relational complex of space, law and visualization. She explores questions relating to eye witnessing as a cognitive model utilizing images from the time of the French Revolution. Hattendorff sees an overlap in eye witnessing between image and map. Proceeding from the fact that images are basically constructed, they correlate certain specific pictorial genres with specific modalities of production. In this way, they suggest eye witnessing to the observer by constructing the knowledge and experience of reality in a specific manner. It thus proved possible in this fashion to render facts credible through visualization. In a concluding essay, Joachim Kemper provides an archival perspective on the future of map research by discussing the various options for digitalizing maps and plot and site plans in the archives. Kemper points out the digital strategies being pursued by individual countries that in his view offer new opportunities for scientific contexts and issues. He simultaneously interrogates raises questions about the current German archival policies regarding maps and plot/site plans by emphasizing in particular the significance of this specific source genre.

Translated by William Templer

Autorenverzeichnis

Anette Baumann, Prof. Dr., Professorin an der Justus-Liebig-Universität Gießen und Leiterin der Forschungsstelle der Gesellschaft für Reichskammergerichtsforschung e.V. Wetzlar

Karl Härter, Prof. Dr., Forschungsgruppenleiter am Max-Planck-Institut für europäische Rechtsgeschichte Frankfurt am Main und Professor für Neuere und Neueste Geschichte an der Technischen Universität Darmstadt

Claudia Hattendorff, Prof. Dr., Professorin für Kunstgeschichte an der Justus-Liebig-Universität Gießen

Alexander Jendorff, Prof. Dr., Professor für Neuere Geschichte und Vergleichende Landesgeschichte an der Justus-Liebig-Universität Gießen

Joachim Kemper, Dr., Archivdirektor, Leiter des Stadt- und Stiftsarchivs Aschaffenburg

Elisabeth Kisker, M.A., Doktorandin im Lehrgebiet „Geschichte und Gegenwart Alteuropas" des Historischen Instituts an der Fernuniversität in Hagen

Sabine Schmolinsky, Prof. Dr., Professorin für Mittelalterliche Geschichte, Studienrichtung Europäische Geschichte an der Universität Erfurt

Evelien Timpener, Dr., Wissenschaftliche Mitarbeiterin am Lehrstuhl für deutsche Landesgeschichte der Justus-Liebig-Universität Gießen

https://doi.org/10.1515/9783110683424-011

Abbildungsnachweise

	Abbildungen zur Einleitung
Abb. 1	Hauptstaatsarchiv Darmstadt, P I 2190, Maler unbekannt, 16. Jahrhundert.
Abb. 2	Hauptstaatsarchiv Marburg, P II 22057, Maler unbekannt, 16. Jahrhundert.
	Abbildungen zu Evelien Timpener: „Einem das Wasser abgraben“
Abb. 3	Hauptstaatsarchiv Darmstadt, P 1, Nr. 140. Maler unbekannt, 69 x 81 cm, 16. Jahrhundert.
Abb. 4	Den Haag (Niederlande), Nationaal Archief, Den Haag, Verzameling Binnenlandse Kaarten Hingman, nummer toegang 4.VTH, inventarisnummer 236. Maler unbekannt, 47 x 63 cm, 15. Jahrhundert.
Abb. 5	Gouda (Niederlande), Streekarchief Midden-Holland, inventarisnummer 2224 C 1, „Schetsmatige overzichtskaart van de waterbeheersing in het gebied tussen Utrecht, Vianen, Gorinchem, Dordrecht, Rotterdam, Alphen a/d Rijn en Woerden, 1498.“ Maler/Schreiber unbekannt, 31 x 45 cm, 1498.
Abb. 6	Erstellt nach einer Darstellung von Bart Ibeling und C.W. Hesselink-Duursma, mit Dank an Larissa Sebastian.
Abb. 7	Detail aus Den Haag (Niederlande), Nationaal Archief, Den Haag, Verzameling Binnenlandse Kaarten Hingman, nummer toegang 4.VTH, inventarisnummer 236.
Abb. 8	Detail aus Gouda (Niederlande), Streekarchief Midden-Holland, inventarisnummer 2224 C 1.
	Abbildungen zu Elisabeth Kisker: Territoriale Abgrenzung in Wort und Kartendarstellung
Abb. 9a-b und 10	Landesarchiv NRW – Abteilung Westfalen – W 051/ Karten A Nr. 7510.
Abb. 11	Landesarchiv NRW – Abteilung Westfalen – E 401u/ Fürstentum Siegen, Landesarchiv – Urkunden Nr. 200.
Abb. 12a-b	Landesarchiv NRW – Abteilung Westfalen – E 401/ Fürstentum Siegen, Landesarchiv – Akten Nr. 565, fol. 53v/54r.
Abb. 13	Landesarchiv NRW – Abteilung Westfalen – E 401/ Fürstentum Siegen, Landesarchiv – Akten Nr. 565, fol. 65v/66r.
	Abbildung zu Alexander Jendorff: Objektivierung und sozialer Sinn im Widerstreit
Abb. 14	Augenscheinkarte (vgl. LASA A 37a, Nr. 1235, fol. 88 nebst Grenzaufnahme vom 11.09.1579 (fol. 91–94).
	Abbildungen zur Anette Baumann: Beweiskommissionen und Augenscheinkarten
Abb. 15	Gegend um Appenfelden, Bayerisches Hauptstaatsarchiv München, PlSlg. 21407; Maler: Heinrich Brückner aus Kitzingen, 89 cm x 45 cm, nach 1576.

https://doi.org/10.1515/9783110683424-012

Abb. 16 Gegend um Appenfelden, Bayerisches Hauptstaatsarchiv München, PlSlg. 21408; Maler: Lukas Radler aus Bamberg, 1,21 m x 21 cm, nach 1576.

Abb. 17 Der Bodensee bei Konstanz, Generallandesarchiv Karlsruhe, PlSlg, H-Überlingen FN 9; Maler: Othmar Eckenberger, Maße unbekannt, 2. Hälfte 16. Jahrhundert.

Abb. 18 Wüstensachsen, Bayerisches Hauptstaatsarchiv München, PlSlg. 10778, Maler: Jakob Cay, 59 x 42,5 cm, 1584.

Abb. 19 Picknick bei Wüstensachsen, Bayerisches Hauptstaatsarchiv München, PlSlg. 10778, Maler: Jakob Cay, 59 x 42,5 cm, 1584, (Detail).

Abb. 20 Plan Verlauf der Iller, Bayerisches Hauptstaatsarchiv München, PlSlg. 9972a, Maler: Georg Riederer aus Ulm, 46,5 cm x 62,5 cm, Mitte 16. Jahrhundert.

Abb. 21 Gebiet um Absberg, Bayerisches Hauptstaatsarchiv München, PlSlg. 9764, Geometer: Friedrich Seefried, 52 x 77,5 cm, 1594.

Abb. 22 Die Gegend um Geilsheim östlich von Wassertrüdingen (Lkr. Ansbach), Bayerisches Hauptstaatsarchiv München, PlSlg. 21412, Geometer: Johann Konrad Röhlin, 30,6 x 55,3 cm, 1624.

Abbildungen zu Karl Härter: Galgenlandschaften

Abb. 23 Titelbild der 1533 in Mainz gedruckten Ausgabe der Carolina, Bayerische Staatsbibliothek München.

Abb. 24 Kupferstich von Pieter Rodingh, 1676, Karten- und Graphiksammlung der ULB Darmstadt.

Abb. 25 Bleistiftzeichnung von Karl von Amira 1888, ca. 30 x 21 cm (Die rechtsarchäologische Sammlung Karls von Amira [1848–1930], Leopold-Wenger-Institut München, Mappe 22 a).

Abb. 26 Fotografie von Karl Frölich. Motiv: Gerichtslinde auf d. Landberg, aus: Die Bildersammlung Karl Frölich, Max-Planck-Institut für europäische Rechtsgeschichte, Frankfurt am Main.

Abb. 27 *Ohngefehrliche Delineation des Ambts Starkenburg mit dessen angehorigen Centen und angränzenden Herrschaften,* Kurmainzer Jurisdiktionalbuch 1668, Bayerisches Staatsarchiv Würzburg, Mainzer Jurisdiktionalbücher 9 (Ausschnitt).

Abb. 28 Nicolaus Person, Rheno Superiori ab una parte adiacentium descriptio Moguntia, 1690 (Ausschnitt).

Abb. 29 Francofordiae, ac emporii Germaniae celeberrimi, effigiatio [...], Belagerungsplan der Stadt Frankfurt am Main nach Conrad Faber von Creuznach, 1552, online: https://de.wikipedia.org/wiki/Datei:Frankfurt_Belagerungsplan_1552.jpg (abgerufen am 1. Februar 2019).

Abb. 30 Johann Kaspar Zehender, Hinrichtungsstätte der Reichsstadt Frankfurt, 1782, online: https://www.lagis-hessen.de/de/subjects/idrec/sn/oa/id/893 (abgerufen am: 1. Februar 2019).

Abb. 31 Novam Hanc Territorii Francofurtensis Tabulam [...] Iohan. et Cornel. Blaeu. Amsterdam 1600, hier benutzt das Digitalisat der Ausgabe von 1647: https://langen.ykom.de/serverlocal/diys_files//karten/fr__df_dk_0010301_gross.jpg (abgerufen am 1. Februar 2019).

Abb. 32 bis 39 Ausschnitte aus: Novam Hanc Territorii Francofurtensis Tabulam [...] Iohan. et Cornel. Blaeu. Amsterdam 1600, hier benutzt das Digitalisat der Ausgabe von

1647: https://langen.ykom.de/serverlocal/diys_files//karten/fr__df_dk_0010301_gross.jpg (abgerufen am 1. Februar 2019).

Abb. 40 Tabulam hanc Moguntiae geometrice absolvit R. Archiepiscopi moguntinensis geographus, Hessisches Staatsarchiv Darmstadt, Bestand P 1 Nr. 155.

Abb. 41 Abbildung der Keys[e]rl[ichen] Freyen-Reichs-Wahl-und Handelsstatt Franckfurt Am Mayn. Mit ihrem Gebiet und Gräntzen vorgestelt von Joh[ann] Baptist Homann, Kupferstich, koloriert, Nürnberg um 1710, weitere Aufl. 1711, 1715, 1724.

Abb. 42 Johann Ludwig Schimmel, Einblattdruck *Kurtzer Abriß vnd Bericht der Keyserlichen Execution vnd Verfahrung mit den Aechtern / vnd dero anhenger / sampt einführung der Jüdenschafft,* Frankfurt 1616, abgedruckt in: John Roger Paas: The German political broadsheet 1600 –1700, Bd. 2, Wiesbaden 1986, S. 50.

Abb. 43 Krebs, Wahre und eigentliche Contrafactur der Kayserlichen Execution so den 28. Febr. Anno 1616 zu Franckfurt am Mayn an etlichen Aechtern und Handwercksgesellen volnzogen werden, 1616, abgedruckt in: John Roger Paas: The German political broadsheet 1600 –1700, Bd. 2, Wiesbaden 1986, Bd. 2, S. 57, und Evelyn Brockhoff u. a. (Hrsg.), Die Kaisermacher. Frankfurt am Main und die Goldene Bulle 1356 – 1806, Katalog. Frankfurt am Main 2006, S. 495.

Abb. 44 Conrad Cortheis, Eigentliche Abcontrafactur / der auffgerichteten Columnen vnd Säulen: so auff dem Platz Vincents Fettmilchs Kuchen Beckers geschleifften Behausung / zu ewiger gedechtnuß / menniglichen zum abschewlichen Exempel / und Vilen zur trewer Warnung / den 22. Augusti 1617 zu Franckfurt am Mayn ist aufgerichtet Worden. Frankfurt am Main 1617, abgedruckt in: John Roger Paas: The German political broadsheet 1600 –1700, Bd. 2, Wiesbaden 1986, S. 74.

Abbildungen zu Claudia Hattendorff: Bild und Augenzeugenschaft

Abb. 45 Pierre-Gabriel Berthault nach Jean-Louis Prieur, *Serment du Jeu de Paume, à Versailles : le 20 juin 1789*, 1802, Radierung und Kupferstich, 25 × 29 cm, London, British Museum, Cabinet of Prints and Drawings, 1871,0812.5258 (© Trustees of the British Museum).

Abb. 46 Jacques Callot, *Tabula Obsidionis Bredanae*, nach 1628, Radierung, 127 × 179 cm (sechs Blätter plus Beischriften), London, British Museum, Cabinet of Prints and Drawings, 1980,U.4 (© Trustees of the British Museum)

Abb. 47 Michelangelo Mercoli nach Louis-Albert-Ghislain Bacler d'Albe, *Passage du Pô* [...] *peint sur le lieu par Bacler Dalbe ; gravé par Mercoli fils*, 1796, Radierung und Kupferstich, 51,5 × 69,5 cm, Paris, Bibliothèque nationale de France, Cabinet des Estampes, Hennin, 12206 (Source gallica.bnf.fr / BnF).

Joachim Kemper: Keine Abbildungen

Orts- und Namenregister

Printed and bound by CPI Group (UK) Ltd, Croydon, CR0 4YY

05/10/2026

14975895-0001